环境统计学

白厚义　白晓清◎主编

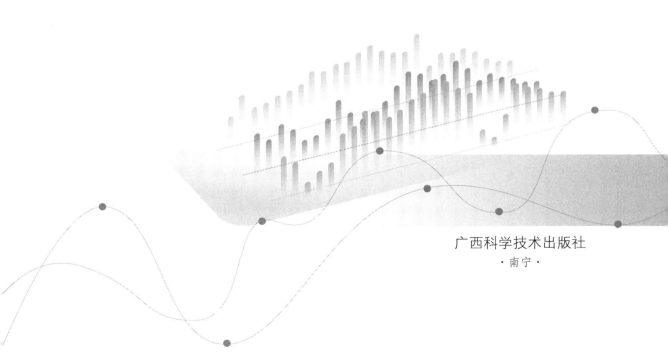

广西科学技术出版社
·南宁·

图书在版编目（CIP）数据

环境统计学 ／ 白厚义，白晓清主编. 南宁 ： 广西科学技术出版社，2024.1

ISBN 978-7-5551-2139-8

Ⅰ.①环… Ⅱ.①白… ②白… Ⅲ.①环境统计学 Ⅳ.①X11

中国国家版本馆CIP数据核字（2024）第032820号

环境统计学

白厚义　白晓清　主编

责任编辑：饶　江　韦贤东	封面设计：韦娇林	
责任校对：苏深灿	责任印制：韦文印	

出　版　人：梁　志　　　　　　　　　　出版发行：广西科学技术出版社

社　　　址：广西南宁市青秀区东葛路66号　　邮政编码：530023

经　　　销：全国各地新华书店

印　　　刷：广西民族印刷包装集团有限公司

开　　　本：787 mm × 1092 mm　　1/16

字　　　数：300千字　　　　　　　　　　印　　张：15.75

版　　　次：2024年1月第1版　　　　　　　印　　次：2024年1月第1次印刷

书　　　号：ISBN 978-7-5551-2139-8　　　定　　价：80.00元

编 委 会

前　　言

环境统计学简称环境统计,也称环境数据的统计分析,是环境试验研究中广泛应用的一种数学方法。它应用数理统计学的原理和方法,分析和处理环境数据的数量变化关系,有利于正确处理观察数据和试验结果,从而推断出较为客观的结论。

本书共分 4 个部分:

第一部分为环境统计的基本理论,主要有:

  1. 总体、样本及误差;

  2. 总体、样本特征数;

  3. 理论分布与抽样分布。

第二部分为一般环境试验数据的计算,主要有:

  1. 环境数据的假设检验;

  2. 环境数据的方差分析。

第三部分为环境数据的回归与相关分析,主要有:

  1. 环境数据的线性回归与相关;

  2. 环境数据的非线性回归;

  3. 环境数据的多项式回归。

第四部分为环境数据的多元分析,主要有:

  1. 环境数据的聚类分析;

  2. 环境数据的判别分析;

  3. 环境数据的主成分分析和因子分析。

本书适用于高等院校环境类专业的研究生,也可作为相关科技人员的参考用书。全书内容较多,共分 9 章,可根据专业学时灵活安排。第一至第六章可作为一般内容讲授,第七至第九章可作为研究生重点讲授内容。

本书引用了具有先进性、科学性以及实用性的大量资料,在此对列入和未列入参考文献以及提名和未提及的著作者均表示衷心感谢!

书稿承蒙在数理统计方面有颇深造诣的、广西大学二级教授白厚义老师审阅和指正,特此表示深切感谢。

由于我们的水平有限,不妥之处在所难免,敬请读者批评指正。

广西大学　白晓清

2023 年 10 月

目　　录

第一章　环境统计的基本理论

环境统计是环境数据的统计分析的简称,也称环境统计学,是环境试验研究中广泛应用的一种数学方法。它应用数理统计学的原理和方法,分析和处理环境数据的数量变化关系,有利于正确处理观察数据和试验结果,从而推断出较为客观的结论。

本章重点介绍总体、样本及误差的基本概念,总体与样本的特征数,理论分布与抽样分布,为进一步学习环境统计分析方法奠定基础。

第一节　总体、样本及误差

一、总体

具有共同性质的个体所组成的集团,称为总体,即研究对象的全体。总体往往是设想的或抽象的。例如,研究不同污染物的污染状况,所有污染物就是一个总体。

总体按大小程度不同,可分为有限总体和无限总体。有限总体包含的个体数是可数的,其数量是有限的。例如研究某受镉污染地区目前不同水稻品种籽粒中的镉含量,目前该地区水稻品种是可数的,数量是有限的,所以这种总体是有限总体。无限总体包含的个体是无穷无尽的,数量是不可数的。例如研究受镉污染地区不同条件下水稻籽粒的含镉量,不同条件下水稻籽粒含镉量就是一个个体,而不同条件包括不同环境、不同治理方式、不同水稻品种、同一品种不同籽粒个体等是不可数的,因此其个体是无限的,这种总体称为无限总体。

二、样本

研究任一事物,一般在于揭示其总体的规律性。总体的性质决定于其中个体的性质。要对总体作出合乎实际的正确估计,最好是对总体中的全部个体进行观察。但是由于一个总体包含的个体数往往很多,甚至无穷,以致在研究时难以对其逐一观察。因此,只能从总体中抽出一部分个体进行研究,这部分个体就称为样本或抽样总体。

如果从总体中抽取样本时,是采用随机的方法抽取的,所获得的样本称为随机样本。在一般的研究中,均要求随机样本。根据样本包含个体数目的多少,样本也有大小之分,包含个体数大于或等于 30 为大样本,小于 30 为小样本。

三、误差

误差是指观测、测定结果与其对应真值之差。真值是客观存在的,随着科学技术的进步,测定值逐步接近于真值。在环境学研究中,一般是取已知标准样的测定值作为真值;在没有标准样品的情况下,常用已确认为标准值的测定结果作为真值,或者取大样本的平均值作为真值的近似值。

由于观测、测定过程中往往受许多外来因素干扰,研究中所取得的数据普遍存在有误差,只是误差大小不同而已。产生误差的原因主要三点:一是技术方面的原因,观测时所用的仪器、工具本身精度的限制;二是测定方法、人员素质的影响;三是外界环境条件带来的影响。因此,无论是理论上或应用上,人们对所收集的含有误差的统计数据进行科学的分析处理,以实现去伪存真,这是非常必要的。要做到这一点,就必须弄清误差的基本概念及其计算方法。

(一)误差的种类

误差按其性质不同可分为三种。

(1)偶然误差:观测、测定中由于偶然因素(如微气流、微小的温度变化、仪器的轻微振动等)所引起的误差。通常所讲的误差,均是指这类偶然误差。

偶然误差具有偶然性,是不可预知的,所以这类误差是不可避免的,只能减少,不能消除。偶然误差具有随机性,服从一定的概率分布,其发生受概率的大小所支配,也就是说,偶然误差就其个体看是偶然的,而就其总体来说,却具有其必然的内在规律。根据研究,偶然误差服从正态分布。随着重复次数的增加,偶然误差由于正负相抵消,其平均值不断缩小,逐渐趋于零。因此,多次测定的平均值比单个测定值的偶然误差小,这种性质称为抵偿性。

偶然误差是在整个试验过程中形成的,试验的科学设计和正确实施均能减小试验误差,提高试验精确度。

(2)系统误差:由于某个或某些固定的因素引起的有确定规律的误差,其误差的符号和数值在整个试验过程中是恒定不变的,或者是遵循着一定规律变化的。例如温度升高或降低,仪器的量值偏高或偏低,以及化验人员的习惯和偏向等都能引起这类系统误差。系统误差的出现一般是有规律的,其产生的原因往往是可预知的。因而这种误差可以根据其产生的原因加以校正和消除。系统误差是试验结果准确度的表征。一般来说,在试验过程中应尽可能设法预见到各系统误差的具体来源,并竭力设法消除其影响。如果存在某种系统误差而未能预见和消除,就会增大试验误差。

(3)疏失误差:观测、测定中因某种不应有的错误造成所得数据与事实明显不符的误差。例如记录错误、读数错误、称量错误、试剂加错、样本取错或仪器异常而未能发觉所带来的错误等,均属疏失误差。这种误差实质上就是由疏忽大意、操作不正确等主观原因造成的,均无规律可循,在试验过程中应避免这种错误的发生。疏失误差应作为异常值予以剔除。

(二)误差的表示法

误差的表示因性质、要求不同而有所区别,通常有如下五种表示方法。

(1)误差区间:表示误差区间有多大(误差范围),定义为一定条件下一组观察值的最高值与最低值之差,即

$$\max x_k - \min x_k \quad (k=1,2,\cdots,n) \tag{1.1.1}$$

(2)绝对误差:指测定值与真值之差,即

$$绝对误差 = 测定值 - 真值$$

(3)相对误差:指误差与真值间的比值,即

$$相对误差＝误差/真值$$

在应用上,一般取误差与测定值间的比值,即

$$相对误差＝误差/测定值$$

(4)离差:指测定值 x_k 与测定值的平均数之差,即

$$d_k = x_k - \overline{x} \tag{1.1.2}$$

(5)算术平均误差:指测定值的所有离差绝对值之和除以测定次数,即

$$\overline{d} = \frac{\sum_{k=1}^{n} |x_k - \overline{x}|}{n} \tag{1.1.3}$$

此外,极差、方差、标准差、变异系数等均是误差的不同表示方法,这些将在后文做介绍。

第二节　总体、样本特征数

任何事物的存在总是与其环境条件密切相关,同一总体中的各个体不可能都处在绝对相同的条件之中,由于受偶然因素的影响不同,个体间的变异是必然的。例如同一稻田中,不同植株的高度、穗长、粒重等总是有差异的。同一总体中个体间具有变异的每种性状或特征,其在量方面可以表现为不同数值,对于这种因个体不同而变异的量,在统计学中称为变量,而不同个体在某一性状方面具体表现的数值称为观察值。如水稻株高就是一个变量,其中某株水稻株高 98 cm 就是一个观察值。变量有连续和不连续之分,总体中相邻的两个观察值之差可达无限小者为连续变量,相邻两个观察值之差最小为 1 者为不连续变量,或称非连续性变量。

研究任何事物时,既应说明总体的集中性,又应说明总体的变异性,凡能说明不同总体集中性和变异性特征的数值均称为总体特征数,亦称参数。样本特征数是总体特征数的估计值,称为统计值或统计数。参数或统计数通常包括平均数、极差、方差、标准差和变异系数等。平均数反映总体或样本的集中性特征,而极差、样本平均差、平方和、方差、标准差、变异系数则为总体或样本的变异性特征数。

一、表示数据集中趋势的特征数

表示数据集中趋势的特征数包括平均数、中位数和众数。

(一)平均数

平均数包括算术平均数、加权平均数、几何平均数、调和平均数和平方平均数等。它们适用于在性质相同的个体间求平均值。在环境科学中,前三者较为常用。

1. 算术平均数

一个具有 N 个观察值的总体,其观察值为 $x_1, x_2, \cdots, x_N$,则该总体的算术平均数 μ 定义为

$$\mu = \frac{1}{N}(x_1 + x_2 + \cdots + x_N) = \frac{1}{N}\sum_{i=1}^{N} x_i \quad (i=1,2,\cdots,N) \tag{1.2.1}$$

对含有 n 个观察值 $x_1, x_2, \cdots, x_n$ 的样本,其平均数 $\overline{x}$ 的定义式为

$$\bar{x} = \frac{1}{n}(x_1 + x_2 + \cdots + x_n) = \frac{1}{n}\sum_{i=1}^{n} x_i \tag{1.2.2}$$

因此,一组数量资料各个观察值的总和除以观察值的个数所得的商,称为算术平均数,简称平均数或均数。算术平均数主要适用于具有对称分布的数据,例如正态分布、二项分布等。

2. 加权平均数

如果样本个体数据 $x_1, x_2, \cdots, x_n$ 取值因频数不同或对总体的重要性不同而有所差异,则常采用加权平均方法。加权平均数是考虑了各数值所占比重后算出的平均数。加权平均数的定义式为

$$\bar{x} = \frac{\sum_{i=1}^{n}(f_i x_i)}{\sum f_i} = \frac{f_1 x_1 + f_2 x_2 + \cdots + f_n x_n}{f_1 + f_2 + \cdots + f_n} \tag{1.2.3}$$

定义式中,f_i 为个体数据出现的频数,或是因该个体对样本贡献不同而取的不同数值,称之为权重。

3. 几何平均数

几何平均数以 G 表示,定义式为

$$G = (\prod_{k=1}^{n} x_k)^{\frac{1}{n}} = \sqrt[n]{x_1 \cdot x_2 \cdot \cdots \cdot x_n} \tag{1.2.4}$$

定义式中的 $\prod$ 为连乘符号。

定义式取对数即

$$\lg G = \frac{\lg x_1 + \lg x_2 + \cdots + \lg x_n}{n}$$

计算几何平均数通常是求对数后,再用反对数的方法求出。几何平均数主要用于对数正态分布的数据。

4. 调和平均数

调和平均数以 H 表示,定义式为

$$H = \frac{n}{\sum_{k=1}^{n} \frac{1}{x_k}} = \frac{n}{\frac{1}{x_1} + \frac{1}{x_2} + \cdots + \frac{1}{x_n}} \tag{1.2.5}$$

5. 平方平均数

平方平均数以 Q 表示,定义式为

$$Q = \sqrt{\frac{\sum_{k=1}^{n} x_k^2}{n}} = \sqrt{\frac{x_1^2 + x_2^2 + \cdots + x_n^2}{n}} \tag{1.2.6}$$

在应用上述平均数时,如果环境数据对称性很差,则算术平均数并不能反映数据曲型水平。

(二)中位数

中位数是指将样本数据从大到小,或从小到大依次排列后,居中间位置的数。中位数以 M_C 表示,定义式为

$$M_C = x_{\frac{n+1}{2}} \quad (n \text{ 为奇数时})$$

$$M_C = \frac{1}{2}(x_{\frac{n}{2}} + x_{\frac{n}{2}+1}) \quad (n \text{ 为偶数时}) \tag{1.2.7}$$

在环境研究中收集的数据有时比较分散，个别数据离群较远，难以判断去留。这种数据应用中位数表示其集中性较好。

（三）众数

样本数据中出现频数最高的值称为众数，即频率最大的值。在一组数据中，众数可以不止一个。众数以 M_O 表示。如果平均数以 $\overline{x}$ 表示，中位数以 M_C 表示，则众数 M_O 的定义式为：

$$M_O = 3M_C - 2\overline{x} \tag{1.2.8}$$

（四）计算方法

［例 1.2.1］　某地排污明渠锌监测值（mg·L^{-1}）0.114、0.300、0.126、0.308、0.140、0.342、0.160、0.190、0.260、0.220，求算术平均数 $\overline{x}$，中位数 M_C，众数 M_O。

1. 计算算术平均数

$$\overline{x} = \frac{\sum\limits_{k=1}^{10} x_k}{n} = \frac{x_1 + x_2 + \cdots + x_{10}}{10} = 0.216$$

2. 计算中位数

将数据排序，中位数的计算为

$$M_C = \frac{1}{2}(x_{\frac{n}{2}} + x_{\frac{n}{2}+1})^{\frac{1}{2}} = \frac{1}{2}(x_5 + x_6) = \frac{1}{2}(0.190 + 0.220) = 0.205$$

3. 计算众数

$$M_O = 3M_C - 2\overline{x} = 3 \times 0.205 - 2 \times 0.216 = 0.183$$

二、表示数据分散性的特征数

每个样本都有一批观察数据，以平均数作为样本的代表值。样本平均数代表性的优劣，依赖于样本内各个观察值的分散性，即变异程度。因而为了更全面地描述样本，只有平均数是不够的，还必须度量其变异度。表示变异度的统计数或参数较多，最常用的有极差、方差、标准差和变异系数。

（一）极差

极差又称全距，即资料中最大观察值与最小观察值的差值。极差以 R 表示，定义式为

$$R = \max(x_1, x_2, \cdots, x_n) - \min(x_1, x_2, \cdots, x_n) \tag{1.2.9}$$

极差计算简便，当 $n < 10$ 时常采用。但极差用于度量资料的分散性不够理想，即不能较好地反映变异事物的变异程度。因为极差是由两个极端值决定，没有利用变异资料的全部信息，且易受数据中极端值的影响。因此，当观察数量多、变异度大，特别是出现极端值时，不宜采用极差进行度量。

（二）样本平均差

样本中各数据与其算术平均数之差的绝对值的平均数称为样本平均差，以 d 表示，

定义式为

$$d = \frac{1}{n} \sum_{k=1}^{n} |x_k - \overline{x}|$$ (1.2.10)

(三)平方和

为了正确反映资料的变异度,较合理的方法是根据样本全部观察值来度量变异资料的变异度。这时要选定一个数值作为标准。平均数既然为总体或样本的代表值,则以平均数作为标准最为合理。含有 n 个观察值的样本,其各观察值为 $x_1, x_2, \cdots, x_n$,将每个观察值与平均数相减,可得到总体离均差、样本离均差,即

总体离均差$(x_k - \mu)$　$k=1,2,\cdots,N,\mu$ 为总体平均数

样本离均差$(x_k - \overline{x})$　$k=1,2,\cdots,n,\overline{x}$ 为样本平均数

离均差的一个重要性质是它的总和等于 0,即

$$\sum(x - \mu) = 0 \quad \sum(x - \overline{x}) = 0$$

因为离均差有正有负,且正负相等,所以相加必然等于 0,证明过程为

$$\sum(x - \overline{x}) = \sum x - \sum \overline{x} = \sum x - n\overline{x} = \sum x - n \cdot \frac{\sum x}{n} = 0$$

由于离均差的总和等于零,因此离均差不能反映变异度的大小。如果把各个离均差进行平方,则可消除负号,并可加大离均差的分量,从而提高其度量变异度的灵敏度。将各个离均差的平方数进行总和所得数值简称为平方和,以 SS 表示,定义式为

$$SS_{总体} = \sum(x - \mu)^2$$
$$SS_{样本} = \sum(x - \overline{x})^2$$ (1.2.11)

样本平方和的一个重要性质是它的值为最小,即 $\sum_{k=1}^{n}(x_k - \overline{x})^2$ 为最小。

可以证明如下

$$\sum_{k=1}^{n}(x_k - \overline{x})^2 < \sum_{k=1}^{n}(x_k - a)^2$$

式中 a 为不等于 $\overline{x}$ 的常数,设 $a = \overline{x} \pm \Delta$,则

$$\sum_{k=1}^{n}(x_k - a)^2 = \sum_{k=1}^{n}(x_k - \overline{x} \pm \Delta)^2 = \sum_{k=1}^{n}[(x_k - \overline{x}) \pm \Delta]^2$$
$$= \sum_{k=1}^{n}(x_k - \overline{x})^2 \pm 2\sum_{k=1}^{n}(x_k - \overline{x})\Delta + \sum_{k=1}^{n}\Delta^2$$
$$= \sum_{k=1}^{n}(x_k - \overline{x})^2 + n\Delta^2$$

因为 $n\Delta^2$ 永为正值,所以

$$\sum_{k=1}^{n}(x_k - \overline{x})^2 < \sum_{k=1}^{n}(x_k - a)^2$$

由此可以延伸

$$\sum_{k=1}^{n}(x_k - \overline{x})^2 < \sum_{k=1}^{n}(x_k - \mu)^2$$

当样本容量较小时,平方和可直接用定义式计算。当样本容量较大时,平方和可用如下简式计算:

$$SS = \sum x^2 - \frac{(\sum x)^2}{n}$$ (1.2.12)

（四）方差

离均差平方的平均数称为方差，也称均方。总体方差以 σ^2 表示，定义式为

$$\sigma^2 = \frac{\sum(x-\mu)^2}{N} \tag{1.2.13}$$

式中：$\sum(x-\mu)^2$ 为总体平方和，N 为总体观察的个数。总体方差不易得到，通常用样本方差进行估计，样本方差以 S^2 表示，定义式为

$$S^2 = \frac{\sum(x-\overline{x})^2}{n-1} = \frac{\sum x^2 - \dfrac{(\sum x)^2}{n}}{n-1} \tag{1.2.14}$$

式中：$\sum(x-\overline{x})^2$ 为样本平方和，n 为样本容量，$n-1$ 为自由度。

（五）标准差

方差的正平方根称为标准差。在计算方差时，离均差经过平方，原来的度量单位（kg、cm 等）也随之变为平方，再经开平方则又恢复至原来的度量单位，所以标准差是个有名数，其度量单位与观察值相同。显然，标准差反映出观察值的离散程度，标准差越小，观察值越集中。总体标准差和样本标准差的计算方法分别为

$$\sigma = \sqrt{\frac{\sum(x-\mu)^2}{N}} \tag{1.2.15}$$

$$S = \sqrt{\frac{\sum(x-\overline{x})^2}{n-1}} = \sqrt{\frac{\sum x^2 - \dfrac{(\sum x)^2}{n}}{n-1}} \tag{1.2.16}$$

从总体方差（或总体标准差）和样本方差（或样本标准差）的定义式可以看出，两者的除数是不同的，总体方差是总体平方和除以总体包含的个体数 N，而样本方差不是样本平方和除以样本包含的个体数 n，而是以自由度（$n-1$）作为除数。这是因为所获得的样本资料通常不知 μ 的数值，所以不得不用样本平均数 $\overline{x}$ 来代替 μ，由于 $\overline{x}$ 与 μ 总有差异，前已证明 $\sum(x-\overline{x})^2$ 比 $\sum(x-\mu)^2$ 小。因此由

$$S^2 = \frac{\sum(x-\overline{x})^2}{n}$$

算出的方差将偏小。如果分母用自由度（$n-1$）来代替，则可避免方差偏小。

自由度以 df 表示。它的统计意义是指样本内独立而能自由变动的观察值个数。例如一个有 5 个观察值的样本，因受统计数 $\overline{x}$ 的约束，在 5 个观察值中只 $n-1=4$ 个数值可以在一定范围内自由变动取值，而第五个观察值则必须满足 $\sum(x-\overline{x})=0$。如当样本平均数 $\overline{x}$ 等于 5，假设前 4 个数值为 6、4、3、7，那么第五个数值就只能是 5；若前 4 个数值为 8、4、6、5，则第五个数值必须是 2，这样才能符合 $\overline{x}=5$ 的约束条件。因此，该样本的自由度等于观察值个数减去约束条件的个数（$n-1$）。如果受 k 个约束条件，则自由度应为 $n-k$ 个，即

$$df = n-1 \qquad （一个约束条件）$$
$$df = n-k \qquad （k \text{ 个约束条件}）$$

在应用时，小样本（$n<30$）一定要用自由度来计算方差或标准差；如果为大样本（$n\geqslant 30$），则 n 和 $n-1$ 相差微小，也可不用自由度，而直接用 n 作为除数。

（六）变异系数

当样本的单位不同或均数不同时，方差、标准差只能表示一个样本的变异度。若要比较两个样本的变异度，则因单位不同或均数不同，而不能用方差或标准差进行直接比较。这种情况可用变异系数进行比较。

变异系数为该样本的标准差与均数的百分比，以 CV 表示，定义式为

$$CV(\%) = \frac{S}{\bar{x}} \times 100 \tag{1.2.17}$$

变异系数是一个百分数，它是一个不带单位并消除了均数不同的影响的纯数，因此可用于单位不同或均数不同的两个样本的变异度比较。比较两个样本的变异度时，变异系数优于方差或标准差。

（七）计算方法

[例 1.2.2] 以例 1.2.1 为例，计算其极差、样本平均差、平方和、方差、标准差和变异系数。

1. 计算极差

$$R = \max(x_1, x_2, \cdots, x_{10}) - \min(x_1, x_2, \cdots, x_{10}) = 0.342 - 0.114 = 0.228$$

2. 计算样本平均差

$$d = \frac{1}{n}\sum_{k=1}^{10}|x_k - \bar{x}| = \frac{1}{10}|0.114 - 0.216| + \cdots + |0.220 - 0.216| = 0.0700$$

3. 计算平方和

$$SS = \sum x^2 - \frac{(\sum x)^2}{n} = 0.114^2 + \cdots + 0.220^2 - \frac{(0.114 + \cdots + 0.220)^2}{10} = 0.0614$$

4. 计算方差

$$S^2 = \frac{\sum x^2 - \frac{(\sum x)^2}{n}}{n-1} = \frac{0.114^2 + \cdots + 0.220^2 - \frac{(0.114 + \cdots + 0.220)^2}{10}}{10-1} = 0.00682$$

5. 计算标准差

$$S = \sqrt{\frac{\sum x^2 - \frac{(\sum x)^2}{n}}{n-1}} = \sqrt{\frac{0.114^2 + \cdots + 0.220^2 - \frac{(0.114 + \cdots + 0.220)^2}{10}}{10-1}} = 0.08258$$

6. 计算变异系数

$$CV = \frac{S}{\bar{x}} \times 100\% = \frac{0.08258}{0.216} \times 100\% = 38.231\%$$

第三节　理论分布与抽样分布

在各种试验中，不论如何严格控制外界条件，其观测值总会表现出一定的变异现象。这些变异大多表现为以平均数为中心的次数最多，离平均数愈远，次数愈少，向两极端值呈对称分布，但也有少数变异现象具有各种不同程度的非对称分布或偏斜分布。由于变量的次数分布有各种类型，因此也相应地有各种理论分布或法则，这是统计理论的基础。

一、频率与概率

（一）事件

在自然界，很多事件发生的可能性是不尽相同的。在一定条件下，必然发生的事件称为必然事件，必然不发生的事件称为不可能事件，可能发生也可能不发生的事件称为随机事件。随机事件由于其特殊性，吸引人们研究和掌握其客观规律性。

（二）频率

研究随机事件不仅要知道可能出现哪些事件，更重要的是掌握各个事件出现的可能性大小，从而揭示随机事件的统计规律，以指导人们的实践活动。但是，要认识随机事件的规律性，仅通过个别的观察或试验是不够的，必须通过大量的观察或试验。在大量重复试验中，某一事件已发生的次数占试验总次数的比率称为频率。如果事件 A 在 n 次试验中出现 a 次，则比值$\frac{a}{n}$称为事件 A 在 n 次试验出现的频率，记作

$$f_{(n)}A = \frac{a}{n} \tag{1.3.1}$$

一般来说，一个事件的频率并不是常数。首先，事件的频率与重复试验的次数有关，它随着试验次数的改变而改变；其次，即使在相同条件下进行不同的两组 n 次试验，其事件的频率也会不同。例如在同一批小麦中取 10 粒麦种，结果可能有 1 粒不发芽，如果同时取另外 10 粒可能有 2 粒不发芽，虽然同是 10 次重复试验，但麦种不发芽的频率是不同的。随着重复试验或观察次数 n 不断增大，每个事件频率的波动不断减小，并逐渐趋于稳定，这称为频率的稳定性。

（三）概率

概率是表示随机事件出现的可能性大小的一个概念。

1. 定义

一般来说，如果在同一条件下，试验或观察的次数 n 无限大，则随机事件 A 发生的频率$\frac{a}{n}$必然稳定接近某一常数 P，即随机事件 A 的概率。概率是对某一事件将发生的可能性大小所作出的度量。

一般情况下，P 值不可能准确获得，因此以 n 充分大时事件 A 的频率$\frac{a}{n}$作为该事件概率 P 的近似值，这样就能对任何随机事件出现的概率作出估计。

随机事件的概率表现了事件的客观规律性，它反映事件在一次试验中发生的可能性大小，概率大表示发生的可能性大，概率小表示发生的可能性小。

2. 性质

事件的概率总是正数或零，它不可能大于 1，也不可能小于 0。因为表示概率的频率分数 a 不可能大于 n，也不可能小于 0，概率的大小总是介于 0 和 1 之间，即 $0 \leqslant P(A) \leqslant 1$。

$P(A)$ 愈大，事件 A 就愈容易发生，如 $P(A)$ 接近于 1，表示在大多数情况下该事件总是发生的；如 $P(A) = 1$，那么该事件是必然事件。相反，$P(A)$ 愈小，表示事件 A 愈不

容易发生;如 $P(A)$ 接近 0,表示该事件很难发生,或者发生机会非常小,以致于认为它是不可能发生的;如果是不可能事件,则 $P(A)=0$。概率论的"小概率的实际不可能性"原理是本书第二章统计推断的基本原理,它表明概率很小的事件,在一次试验中实际上是不可能出现的。

3. 运算法则

法则 1 若事件 A 的概率是 $P(A)$,那么其对立事件 $\overline{A}$ 的概率为 $P(\overline{A})=1-P(A)$。

法则 2 若事件 A 与事件 B 是互斥的,其概率各为 $P(A)$ 和 $P(B)$,那么两个事件和的概率为 $P(A+B)=P(A)+P(B)$。加法法则可以推广到多个互斥事件。

法则 3 若确定事件 A 的概率时不受事件 B 的影响,反之亦然,那么这两个事件是互相独立的,称为独立事件。对于这类事件,同时出现这一新事件的概率必为每个事件概率的积:$P(A \cdot B)=P(A) \cdot P(B)$。乘法法则可以推广到多个独立事件。

二、频数与频率分布

(一)定义

频数就是总体或样本中某观察值或某区间的观察值所出现的次数。频数分布则为总体或样本中不同观察值或不同区间的观察值出现的次数组成的分布,通常以频数分布表或频数分布图表示。如将频数换算成频率,则称频率分布。

(二)统计方法

1. 求出极差
即求出总体或样本的极差(全距)。

2. 确定组数及组距
组数的多少,与总体或样本的大小及极差都有关系,通常如果总体或样本变异大,观察值个数在 100 个以上,可分为 8~15 组,总体或样本较小时不应小于 6 组,总体或样本很大时也不要超过 30 组。组数过多或过少都不好,应把总体或样本大小与极差结合起来考虑以确定组数。组数确定后,组数除以极差为组距。对于非连续性变量,其组距必须为整数。

3. 决定组限
组限就是每组的上限和下限,一般是前一组的上限即为后一组的下限。为了避免组限界上的观察值无法归组问题,组限的数值应比原测量值精度高一位,第一组的下限应低于最小值。对于非连续性变量,组限的数值应与原测量值精度相同,组限界上的观察值,习惯上是上限不包括在本组之内。

4. 统计频数
组限确定后,即可统计每组观察值的个数(频数)及频率,这样得到的分组统计表即为频数与频率分布表。为了更加直观,也可把频数与频率分布表画成直方图,以频数或频率为纵坐标,组限为横坐标,画出以组距为底、频数或频率为高的矩形。

现举例说明:已测得某地 155 个土样有机质的含量(表 1.3.1),试统计出其频数与频率分布。

（1）求极差：$R = 1.41 - 0.76 = 0.65$。

（2）组数和组距：本例共 155 个观察值，极差为 0.65，以分 11 组为宜，则组距为 $\frac{0.65}{11}$ ≈ 0.06。

（3）组限：表 1.3.1 中数据精度为小数后第二位，最小值为 0.76，所以确定 0.755～0.815 为第一组，0.815～0.875 为第二组，其余类推。详见表 1.3.2。

表 1.3.1　某地 155 个土样有机质含量

1.41%	1.32%	1.19%	1.08%	1.21%	1.17%	1.23%	1.13%	0.96%
1.04%	1.02%	1.06%	0.90%	0.83%	0.89%	1.05%	1.06%	1.07%
1.26%	1.23%	1.07%	1.10%	1.21%	1.11%	1.34%	1.37%	1.23%
0.91%	1.09%	1.03%	1.11%	0.99%	1.03%	1.21%	0.97%	1.12%
0.96%	1.00%	1.08%	1.07%	1.09%	0.97%	0.94%	1.24%	1.06%
0.81%	1.06%	1.06%	0.90%	1.05%	1.05%	1.04%	0.99%	0.93%
1.14%	1.17%	1.10%	1.12%	1.12%	1.24%	1.13%	1.07%	0.87%
0.87%	0.96%	0.87%	1.08%	1.06%	1.00%	1.03%	1.06%	1.00%
1.12%	1.10%	1.05%	1.14%	1.07%	1.06%	1.11%	1.01%	0.96%
1.15%	0.91%	1.31%	1.22%	1.25%	1.26%	1.27%	1.18%	1.16%
1.17%	1.17%	1.33%	1.19%	1.24%	1.10%	0.76%	1.06%	1.01%
0.95%	0.99%	1.15%	1.22%	1.19%	1.18%	1.05%	1.09%	1.01%
1.31%	1.08%	1.33%	1.16%	1.21%	1.25%	1.14%	1.07%	1.06%
1.12%	1.28%	0.76%	1.03%	0.88%	1.21%	1.14%	1.17%	1.03%
1.24%	0.97%	0.96%	0.95%	0.92%	0.96%	0.96%	0.95%	1.04%
0.98%	1.07%	1.14%	1.00%	1.12%	1.01%	1.20%	0.84%	0.98%
0.94%	1.18%	0.90%	1.04%	0.92%	1.16%	1.10%	1.01%	1.32%
1.28%	0.98%							

表 1.3.2　频数与频率分布

组限	频数	频率
0.755～0.815	3	2%
0.815～0.875	5	3%
0.875～0.935	10	6%
0.935～0.995	21	14%
0.995～1.055	24	15%
1.055～1.115	32	21%
1.115～1.175	23	15%
1.175～1.235	17	11%
1.235～1.295	11	7%
1.295～1.355	7	5%
1.355～1.415	2	1%

(4)统计频数和频率:将各组的频数和频率统计结果列于表 1.3.2,即为频数与频率分布表。再按该表中的频率作成直方图,则得到土壤有机质含量的频率分布直方图(图 1.3.1)。从上述的频数分布表及频率分布图就可清楚地看出 155 个土样有机质含量的变异规律,集中在平均数(1.08%)附近的比较多,远离平均数的比较少,而且对平均数呈对称分布。

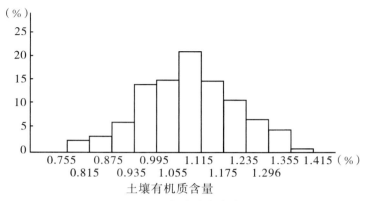

图 1.3.1　频率分布直方图

三、正态分布

(一)概念

正态分布是一种最常见也是最重要的连续性随机变量的理论分布,在数理统计学中占有非常重要的地位。在环境学和生物学的研究中,大多数试验所获得的资料都呈正态分布或接近正态分布。

在研究连续性变量的无限型总体时(如上例土壤有机质含量),如果观察值无限增多,组距无限缩小,则各组的频率将趋于一个稳定值,直方图的形状就趋于一条曲线,频率分布就变为概率分布。这条曲线排除了抽样误差,完全反映了总体的变异规律,形如图 1.3.1 的分布曲线称为正态分布曲线。在数理统计学中已经证明,正态分布随机变量的概率密度函数 $\varphi(x)$ 的定义式为

$$\varphi(x) = \frac{1}{\sigma\sqrt{2\pi}} e^{-\frac{1}{2}\left(\frac{x-\mu}{\sigma}\right)^2} \tag{1.3.2}$$

式中:x—正态分布中的随机变量;

　　　e—2.718,是自然对数的底;

　　　μ—正态分布总体的平均数,是曲线最高点的横坐标;

　　　σ—正态分布总体的标准差,其大小表达曲线高低宽窄的程度。

图 1.3.2 是不同情况下的正态分布曲线,曲线 A、B、C 具有相同的 μ,但 σ 不同,所以胖瘦不一样,曲线 B 与 D 具有相同的 σ,但 μ 不同,所以位置不一样。通过平均数 μ 和标准差 σ 就可把正态分布曲线确定出来。正态分布常以记号 $N(\mu, \sigma^2)$ 来表示,将 $\mu=0$,$\sigma=1$ 时的正态分布称为标准正态分布。

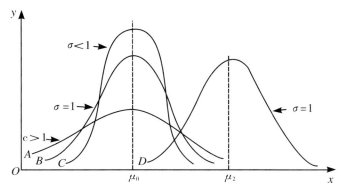

图 1.3.2　正态分布曲线

$\delta = x - \mu$，则 δ 就是观察值的误差，代入式(1.3.2)，得误差 δ 的概率密度函数为

$$\varphi(\delta) = \frac{1}{\sigma\sqrt{2\pi}} e^{-\frac{1}{2}\left(\frac{\delta}{\sigma}\right)^2} \tag{1.3.3}$$

式(1.3.3)说明误差是服从正态分布的。

正态分布首先由迪莫佛(De Moiver)在 1733 年讨论三项分布的极限形式时所发现，但并未被人们注意。后来由高斯(Gauss)及拉普拉斯(Laplace)在研究误差时重新发现，所以正态分布曲线也称高斯曲线。

(二)正态分布曲线的特点

(1)正态分布曲线是以算术平均数 μ 为轴点，左右对称，是一条对称曲线。说明不论 $\delta = x - \mu$ 为正或负，即绝对值相等的误差，其出现的概率相同。

(2)当 $x = \mu$ 即 $\delta = 0$ 时，$\varphi(\delta)$ 的值最大，正态分布曲线的算术平均数、中位数和众数是相等的，三者合一，位于 μ 点上。

(3)正态分布的多数次数集中于算术平均数 μ 附近，离平均数越远，其相应的次数越少；在 $|x - \mu| \geqslant 3\sigma$ 以上，其次数极少。

(4)正态分布曲线在 $|x - \mu| \geqslant 1\sigma$ 处有"拐点"。曲线两尾向左右伸展，永不接触横轴，因此当 $x \to \pm\infty$ 时，分布曲线以 x 轴为渐近线，曲线全距为 $-\infty$ 到 $+\infty$。

(5)正态分布曲线与 x 轴之间的总面积等于 1。知道一个总体遵从正态分布，就可求出任一区间 (a, b) 中变量的概率。设变量 x 落入区间 (a, b) 的概率为 $P(a \leqslant x \leqslant b)$，则

$$P(a \leqslant x \leqslant b) = \frac{1}{\sigma\sqrt{2\pi}} \int_a^b e^{-\frac{1}{2}\left(\frac{x-\mu}{\sigma}\right)^2} \mathrm{d}x \tag{1.3.4}$$

其概率即图 1.3.3 中直线 $x = a$，$x = b$ 横坐标和曲线 $\varphi(x)$ 所夹的面积(图中阴影部分)。

由于以上积分的计算比较麻烦，为便于一般化的应用，需将正态分布标准化。

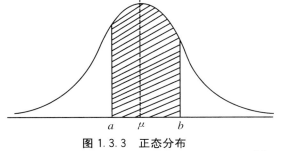

图 1.3.3　正态分布

令

$$u = \frac{x - \mu}{\sigma} \tag{1.3.5}$$

并且以 σ 为其度量单位,则式(1.3.2)和式(1.3.3)即可被标准化为

$$\varphi(u) = \frac{1}{\sqrt{2\pi}} e^{-\frac{1}{2}u^2} \tag{1.3.6}$$

式(1.3.6)称标准正态分布,其中的 u 为正态标准离差或正态离差,亦称概率度。任何正态分布都可根据以上变换转化为标准正态分布。

设 x 落入区间 (μ, b),也就是落入区间 $\left(0, \frac{b-\mu}{\sigma}\right)$ 即 $(0, u)$ 的概率为 $P(u)$,则

$$P(u) = \frac{1}{\sqrt{2\pi}} \int_0^u e^{-\frac{1}{2}u^2} \mathrm{d}u \tag{1.3.7}$$

附表1就是根据式(1.3.7)计算出的不同 u 时的概率。由于正态分布对 μ 对称,区间 $(0, u)$ 的概率等于区间 $(-u, 0)$ 的概率。

设 x 落入区间 (u_1, u_2) 的概率为 P,则

$$P = P(u_2) - P(u_1) \tag{1.3.8}$$

同时,$P(-u) = -P(u)$。

式(1.3.8)为附表1求任何区间概率的通式。正态分布概率表的形式有多种,式(1.3.8)只适用于本书所列的附表1,不适用于其他形式,在应用时应加以注意。

例如:某正态总体的 $\mu = 1.08$,$\sigma = 0.13$,试计算 x 落入 $(1.08, 1.21)$ 的概率。

$$u_1 = \frac{1.08 - 1.08}{0.13} = 0 \quad u_2 = \frac{1.21 - 1.08}{0.13} = 1$$

所以 $P = P(u_2) - P(u_1) = P(1) - P(0) = P(1)$,

即 x 落入 $(1.08, 1.21)$ 中的概率为 $u = 1$ 时的概率。查附表1,先从第一列找到1.0向右查,再从第一行找到0.00向下查,相交处的数值0.3413便是所求概率。即

$$P = P(u_2) - P(u_1) = P(1) = 0.3413$$

使用上述方法,可以计算出正态分布总体中的变量 x 落入以下区间的概率:

落在 $(\mu - \sigma, \mu + \sigma)$ 的概率为 68.3%;

落在 $(\mu - 2\sigma, \mu + 2\sigma)$ 的概率为 95.4%;

落在 $(\mu - 3\sigma, \mu + 3\sigma)$ 的概率为 99.7%;

落在 $(\mu - 1.96\sigma, \mu + 1.96\sigma)$ 的概率为 95%;

落在 $(\mu - 2.58\sigma, \mu + 2.58\sigma)$ 的概率为 99%。

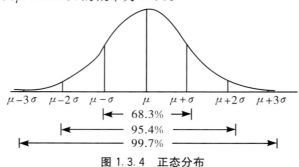

图 1.3.4 正态分布

正态分布总体中的变量 x 的取值区间为 $(-\infty, +\infty)$，然而从上述概率的区间可知，$\mu \pm 1.96\sigma$ 和 $\mu \pm 2.58\sigma$ 范围内的分别包含了 95% 和 99% 的观察值，$|x-\mu| > 1.96\delta$ 和 $|x-\mu| > 2.58\delta$ 的概率是很小的，分别为 5% 和 1%。在生物统计上，常把概率小于 5% 的事件称为小概率事件。小概率事件在一次试验中几乎是不可能事件，这就是小概率原理。例如，某观察值大于 $\mu + 1.96\sigma$，因其出现的概率小于 5%，所以可以判断该观察值不属于平均数为 μ 的总体；其与 μ 的差数大于 1.96σ 也不是由随机误差所致，而是其他原因引起的。

四、抽样分布

（一）概念

在生物统计中，最基本的问题是研究总体与随机样本之间的关系，可从两个方向加以研究。第一个方向是从总体到样本，主要研究从总体中独立抽取随机样本的统计数的概率分布，即抽样分布；第二个方向是从样本到总体，主要研究从一个样本或一系列样本所得的统计数，去推断原总体的参数，即统计推断问题，这将在本书第五章详细讨论。这里仅谈抽样分布。

样本是用来估计总体的，所以样本必须能代表总体。要使样本能代表总体，就必须是随机抽样，即保证在抽样时总体中的每一个体被抽出的概率是相等的。从总体进行随机抽样分为复置抽样和不复置抽样两种。前者指每次抽出一个个体后，该个体应复返原总体。从无限型总体抽样，复置与不复置所得样本都是随机性的。但从有限型总体抽样，如果是复置的，则可当具有无限型总体一样性质；如果是不复置的，则所得样本不再是随机样本了。

研究抽样分布的方法通常有两种：一种是直接研究法，即从一个总体抽取样本计算其统计数。从有限型总体按复置抽样抽出的所有样本，其数可用 N^n 公式计算，N 为总体的个体数，n 为抽出的样本容量。如在 $N=10$ 的总体中，抽取 $n=5$ 的样本，共可得 $10^5 = 100000$ 个样本。列出样本统计数的频率分布规律，即可得到样本统计数的抽样分布。另一种是蒙迪卡罗（Monto-Carlo）研究法。当 n 或 N 很大时，使用直接研究法计算有困难，这时可采用收集足够的样本来研究样本统计数的抽样分布。这种方法借助于计算机更为方便。

（二）样本平均数的抽样分布

假设一个有限总体，共有 3 个总体单元，即 $N=3$。各总体单元的观察值分别为 2,4,6。如果从这一总体中抽出所有样本，而每样本仅有 1 个观察值，则仅有 $N^n = 3^1 = 3$ 个样本，这 3 个样本观察值为 2,4,6。如果每个样本包括 2 个观察值，则 $n=2$，则抽出样本数目为 $N^2 = 3^2 = 9$ 个。按照此法，增加样本容量将很快增加样本数目。例如 $n=3$ 时，$N^n = 3^3 = 27$；$n=4$ 时，$N^n 3^4 = 81$；$n=8$ 时，$N^n 3^8 = 6561$；等等。现将 $n=2,4,8$ 的所有样本及抽样分布列入表 1.3.3，并绘成直方图 1.3.5 以表示其分布形状。

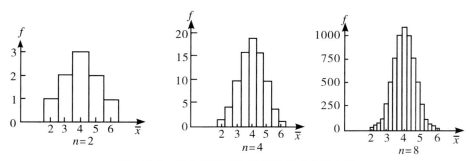

图 1.3.5　各种不同样本容量的 $\bar{x}$ 分布直方图

表 1.3.3　各种不同样本容量的样本平均数($\bar{x}$)的抽样分布

$n=2$		$n=4$		$n=8$	
$\bar{x}$	f	$\bar{x}$	f	$\bar{x}$	f
2	1	2.0	1	2.00	1
				2.25	8
		2.5	4	2.50	36
				2.75	112
3	2	3.0	10	3.00	266
				3.50	504
		3.5	16	3.25	784
				3.75	1016
4	3	4.0	19	4.00	1107
				4.25	1016
		4.5	16	4.50	784
				4.75	504
5	2	5.0	10	5.00	266
				5.25	112
		5.5	4	5.50	36
				5.75	8
6	1	6.0	1	6.00	1
$\sum$	9		81		6561
$\mu_{\bar{x}}$	4		4		4
$\sigma^2_{\bar{x}}$	4/3		2/3		1/3

由表 1.3.3 和图 1.3.5 可知,样本平均数的分布与抽样时样本容量(n)关系密切,当 n 值增大时,直方图逐渐趋向于正态分布曲线形状,说明样本平均数是呈正态分布的。这是通过实验方法证明的。概率论中的中心极限定理用数学方法证明,当样本容量 n 很大时,不论原总体是否属于正态分布,样本平均数都遵从正态分布。样本平均数所构成总体的平均数与标准差也可由实验获得。现用数学方法导出如下。

(1)样本平均数所构成新总体的平均数,因为

$$E(\bar{x})=E\left(\frac{1}{n}\sum x\right)=\frac{1}{n}\sum E(x)=\frac{1}{n}\cdot n\cdot \mu=\mu$$

所以,样本平均数所构成新总体的平均数等于原总体的平均数 μ。

(2)样本平均数的标准差:设样本平均数的标准差为 $\sigma_{\overline{x}}$,因为

$$\sigma_{\frac{2}{x}} = D(\overline{x}) = D\left(\frac{1}{n}\sum x\right) = \frac{1}{n^2}\sum D(x) = \frac{1}{n^2} \cdot n\sigma^2 = \frac{\sigma^2}{n}$$

所以

$$\sigma_x = \sigma/\sqrt{n} \qquad\qquad (1.3.9)$$

样本平均数的标准差简称均数标准差,它反映了样本平均数的变异程度,代表着样本平均数和总体平均数之间差异的平均水平,即样本平均数的平均误差,故均数标准差亦称为样本平均数的标准误差,简称标准误差或标准误。

(3)样本平均数 $\overline{x}$ 分布的概率密度函数:由上述知 $\overline{x}$ 遵从正态分布,其总体平均数等于原总体平均数 μ,标准差为 $\sigma_{\overline{x}}$,则其分布的概率密度函数为

$$\varphi(\overline{x}) = \frac{1}{\sigma_{\overline{x}}\sqrt{2\pi}} e^{\frac{1}{2}\left(\frac{\overline{x}-\mu}{\sigma_{\overline{x}}}\right)^2} \qquad\qquad (1.3.10)$$

令 $\Delta = \overline{x} - \mu$,则 Δ 就是平均数的误差,代入式(1.3.10),则样本平均数误差的概率密度函数为

$$\varphi(\Delta) = \frac{1}{\sigma_{\overline{x}}\sqrt{2\pi}} e^{-\frac{1}{2}\left(\frac{\Delta}{\sigma_{\overline{x}}}\right)^2} \qquad\qquad (1.3.11)$$

得到样本平均数及其误差分布的概率密度函数后,就可利用附表1求出 $\overline{x}$ 或 Δ 落入任何区间的概率。在这里,$u = \dfrac{\overline{x}-\mu}{\sigma_{\overline{x}}}$ 或 $u = \dfrac{\Delta}{\sigma_{\overline{x}}}$。

(三)平均数差值的抽样分布

为了研究样本平均数差值的分布,假定有两个正态总体的平均数和标准差分别为 μ_1、σ_1 和 μ_2、σ_2。从第一个总体随机抽取 n_1 个观察值,同时独立地从第二个总体随机抽取 n_2 个观察值,计算出样本平均数和标准差 $\overline{x}_1$、S_1 和 $\overline{x}_2$、S_2,从统计原理可以推导出其样本平均数的差数$(\overline{x}_1 - \overline{x}_2)$也呈正态分布,具有平均数和标准差如下:

$$\mu_{(\overline{x}_1 - \overline{x}_2)} = \mu_1 - \mu_2$$

$$\sigma_{(\overline{x}_1 - \overline{x}_2)} = \sqrt{\frac{\sigma_1^2}{n_1} + \frac{\sigma_2^2}{n_2}} \qquad\qquad (1.3.12)$$

这个分布也可标准化,获得 u 值。u 分布是标准正态分布,服从 $N(0,1)$标准正态分布。

$$u = \frac{(\overline{x}_1 - \overline{x}_2) - (\mu_1 - \mu_2)}{\sigma_{(\overline{x}_1 - \overline{x}_2)}} \qquad\qquad (1.3.13)$$

由 u 值可查附表1,获得其相应的概率。

例如,设第一个总体包括4个观察值2,3,3,4$(N_1 = 4, n_1 = 2)$,其 $\mu_1 = 3$,$\sigma_1^2 = \dfrac{1}{2}$,所有样本数为 $N^n = 4^2 = 16$ 个;再设第二个总体包括3个观察值1,2,3$(N_2 = 3, n_2 = 2)$,其 $\mu_2 = 2$,$\sigma_2^2 = \dfrac{2}{3}$,所有样本数为 $N^n = 3^2 = 9$ 个。要研究这些样本平均数差值的分布,必须作出所有可能的比较$(\overline{x}_1 - \overline{x}_2)$,计 $16 \times 9 = 144$ 个,其结果见表1.3.4。

表 1.3.4　样本平均数差值的分布

$\overline{x}_1 - \overline{x}_2$	f	$f(\overline{x}_1 - \overline{x}_2)$	f	$f(\overline{x}_1 - \overline{x}_2 - 1)^2$
-1.0	1	-1.0	-2	4
-0.5	6	-3.0	-1.5	13.5
0.0	17	0.0	-1	17
0.5	30	15	-0.5	7.5
1.0	36	36	0	0
1.5	30	45	0.5	7.5
2.0	17	34	1	17
2.5	6	15	1.5	13.5
3.0	1	3.0	2	4
总和	144	144	0	84

$$\mu_{(x_1 - x_2)} = \frac{144}{144} = 1 \qquad \mu_1 - \mu_2 = 3 - 2 = 1$$

$$\sigma^2_{(\overline{x}_1 - \overline{x}_2)} = \frac{\sum[(\overline{x}_1 - \overline{x}_2) - (\mu_1 - \mu_2)]^2 \cdot f}{144} = \frac{\sum[(\overline{x}_1 - \overline{x}_2 - 1)]^2 \cdot f}{144} = \frac{84}{144} = \frac{7}{12}$$

$$而\left(\frac{\sigma^2_1}{n_1} + \frac{\sigma^2_2}{n_2}\right) = \left(\frac{1/2}{2} + \frac{3/2}{2}\right) = 1$$

表 1.3.4 中 $(\overline{x}_1 - \overline{x}_2)$ 的分布如图 1.3.6 所示,显然其分布完全对称,近似正态分布。

两个总体的样本平均数差值分布具有以下特性:

(1)如果两个总体均为正态分布,则其样本平均数差数 $(\overline{x}_1 - \overline{x}_2)$ 准确地遵循正态分布,无论样本容量大小,都有 $N[\mu_{(\overline{x}_1 - \overline{x}_2)}, \sigma^2_{(\overline{x}_2 - \overline{x}_2)}]$。

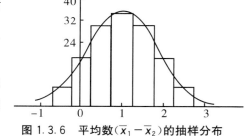

图 1.3.6　平均数 $(\overline{x}_1 - \overline{x}_2)$ 的抽样分布

(2)两个样本均数差值分布的平均数等于两个总体平均数的差数,即 $\mu_{(\overline{x}_1 - \overline{x}_2)} = \mu_1 - \mu_2$。

(3)两个独立样本均数差值分布的方差等于两个总体的样本平均数的方差总和,图 1.3.6 中的平均数 $(\overline{x}_1 - \overline{x}_2)$ 的抽样分布为 $\sigma_{(\overline{x}_1 - \overline{x}_2)} = \sigma^2_{\overline{x}_1} + \sigma^2_{\overline{x}_2} = \frac{\sigma^2_1}{n_1} + \frac{\sigma^2_2}{n_2}$。

(4)如果两个总体为为正态分布,当 $n_1, n_2 > 30$ 时,上述原理仍可应用。

五、置信限与置信概率

由于我们所研究对象的真值无法测得,因而误差的具体数值也就无法确定。然而,我们可以在一定概率保证下估计一个合理的误差范围或区间,这个区间称为置信区间或置信距,区间的上、下限称为置信限。保证在合理误差范围内的概率称为置信概率或置信度,亦称置信系数。置信区间以外的区间称为否定区间。否定区间的概率称为显著性水平,常用 α 表示,则置信概率 $P = 1 - \alpha$。置信区间和否定区间总称为统计区间。

误差的合理范围取多大,也就是置信概率取多大才算合适,取决于试验的目的及其用途。如果试验的意义重大,则置信概率可以取大一些;如为一般试验,则置信概率不妨取小一点。生物学统计上通常所用的置信概率为 95％和 99％。如果置信概率取 95％，当 σ 为已知时，则误差 $\delta=x-\mu$ 的置信区间为 $(-1.96\sigma,1.96\sigma)$，误差 $\Delta=\overline{x}-\mu$ 的置信区间为 $(-1.96\sigma_{\overline{x}},1.96\sigma_{\overline{x}})$；当 σ 为未知并且是小样本时，则误差 $\Delta=\overline{x}-\mu$ 的置信区间为 $(-t_{0.05}S_{\overline{x}},t_{0.05}S_{\overline{x}})$，$t_{0.05}$ 是两尾率即否定区间概率，也就是显著水平为 5％时的 t 值。这些说明误差 δ 或 Δ 落入以上区间的概率为 95％，而落入以上区间以外的概率为 5％。凡抽样误差 δ 或 Δ 落入以上区间以外时，我们可以认为它不属于随机误差，而是由其他原因造成的，下这个结论的可靠程度有 95％。如果置信概率取 99％，当 σ 为已知时，则误差 $\delta=x-\mu$ 的置信区间为 $(-2.58\sigma,2.58\sigma)$，误差 $\Delta=\overline{x}-\mu$ 的置信区间为 $(-2.58\sigma_{\overline{x}},2.58\sigma_{\overline{x}})$；当 σ 为未知且为小样本时，则误差 $\Delta=\overline{x}-\mu$ 的置信区间为 $(-t_{0.01}S_{\overline{x}},t_{0.01}S_{\overline{x}})$。这说明误差 δ 或 Δ 落入以上区间以外即否定区间时，我们可以说它不属于随机误差，而是由其他原因引起的，这个结论有 99％的可靠性。实际中的抽样次数一般很少，根据小概率原理，误差出现在概率为 5％和 1％否定区间的机会是极小的，因此采用置信概率为 95％和 99％进行判断是很可靠的。当然，置信概率为 99％比置信概率为 95％更可靠。

　　总体平均数 μ 一般不能测得，但是我们可以根据置信区间来估计其存在范围。例如置信概率取 99％，当总体标准差为已知时，则 $|\overline{x}-\mu|\leqslant 2.58\sigma_{\overline{x}}$，即 $\overline{x}-2.58\sigma_{\overline{x}}\leqslant\mu\leqslant\overline{x}+2.58\sigma_{\overline{x}}$，区间 $(\overline{x}-2.58\sigma_{\overline{x}},\overline{x}+2.58\sigma_{\overline{x}})$ 就是总体平均数 μ 存在的范围；若 σ 为未知且是小样本时，则 $|\overline{x}-\mu|\leqslant t_{0.01}S_{\overline{x}}$，即 $\overline{x}-t_{0.01}S_{\overline{x}}\leqslant\mu\leqslant\overline{x}+t_{0.01}S_{\overline{x}}$，也就是总体平均数 μ 存在于区间 $(-t_{0.01}S_{\overline{x}}\leqslant\mu\leqslant\overline{x}+t_{0.01}S_{\overline{x}})$。以上估计的可靠程度有 99％。

练习题

　　(1)什么是总体和总体特征数？什么是样本和样本特征数？

　　(2)数据集中和分散趋势的特征数有哪些？它们有何作用？如何计算？

　　(3)何谓频数分布？如何获得频率分布图？怎样区别正态分布与标准正态分布？正态分布曲线有何特点？

　　(4)什么是抽样分布？如何研究抽样分布？

　　(5)样本平均数和平均数差值的抽样分布各有何特点？

　　(6)什么是误差？误差有哪几种？其产生的原因是什么？任何误差是否都是不可避免的？为什么？

　　(7)随机误差遵循什么概率分布？什么是置信区间、否定区间、置信限和置信概率？如何确定置信概率？生物学统计上常用的置信概率为多少？何谓显著水平，它与置信概率有何关系？

　　(8)甲、乙两人测定某土壤铅的含量重复试验 5 次，结果如下表，请分别计算极差、标准差、方差和变异系数。

土壤铅含量测定结果表　　　　　　　　　　　　　　单位:mg/kg

编号	1	2	3	4	5	Σ
甲	5.0	5.5	6.0	6.5	7.0	30.0
乙	4.5	6.0	7.0	7.5	7.5	32.5

第二章　环境数据的统计假设检验

第一节　统计假设检验的基本原理

第一章中已经讨论了从总体到样本的研究方向,即抽样分布问题。本章将讨论从样本到总体的研究方向,就是从一个样本或一系列样本所得结果去推断其总体结果,即统计推断问题。统计推断包括参数估计和统计假设检验两个方面。参数估计是由样本结果对总体参数作出点估计和区间估计。点估计是以统计数估计相应的参数,例如以样本平均数 $\bar{x}$ 估计总体参数 μ。区间估计是以一定概率作保证估计总体参数位于某两个数值之间。在试验工作最开始的目的在于通过实测数据估计所需要的参数,那么所得的参数是否可靠,怎样确定其可靠性? 这是试验研究最重要的部分。在试验中,经常遇到这样的问题,同一处理在不同小区种植其产量存在着差异,这种差异显然是偶然因素造成的,可理解为随机误差。如果不同处理在不同小区种植的产量存在着差异,这种差异是何种原因引起的呢? 例如,A 和 B 两种肥料在相同条件下各试验种植 5 个小区水稻,其平均每亩(1 亩 ≈ 666.7 m²)产量分别为 $\bar{x}_A = 500$ kg、$\bar{x}_B = 520$ kg,二者相差 20 kg。这 20 kg 的差异究竟是两种肥料的本质差异,还是由试验的随机误差造成的呢? 这个问题必须通过统计假设检验才能作出比较正确的推断。因为在试验结果中随机误差和试验的处理效应经常混淆在一起,从表面上不容易分开。统计假设检验是根据某种实际需要,对未知的或不完全知道的统计总体提出假设(这些假设通常构成完全事件系);然后由样本的实际结果,经过一定计算,确定在概率意义上应当接受哪种假设的检验。统计假设检验简称假设检验或统计检验,亦称显著性检验。本章主要介绍平均数、百分数的假设检验,以及总体分布形式的假设检验。

一、统计假设

在科学研究中,首先要对研究总体提出假设,这种假设实际上是试验者根据目的对期望结果的想法。例如,假设施磷处理与不施磷处理小麦产量一样,或者假设施磷处理比不施磷处理好,这种假设称为统计假设。理论上,假设一般有两种,一种是无效假设,记作 H_0;另一种是备择假设,记作 H_A,这两种假设构成完全事件系。无效假设亦称零值假设或解消假设,是直接检验的假设,是对研究总体提出的一个假想目标。其含义是假定样本统计值之间的差异和波动是由误差引起的,它们是来自同一个总体,无本质差别。备择假设与无效假设相反,是假定样本统计值之间的差异和波动不是由误差引起的,而是存在本质差异。它不是直接检验的假设,是无效假设被否定的情况下而必须接受的假设。以下列举一些适于统计检验的假设。

(一)对单个平均数的假设

假设一个样本平均数 $\bar{x}$ 是从一个已知总体(总体平均数为 μ_0)中随机抽出的。

无效假设可记作 $H_0 : \mu = \mu_0$

备择假设可记作 $H_A : \mu \neq \mu_0$

[例 2.1.1] 一个原地方小麦品种的亩产量总体服从正态分布,总体平均每亩产量 μ_0 为 360 kg,标准差 σ 为 40 kg。引进一新品种,种植 16 个小区,其平均每亩产量 $\bar{x}$ 为 380 kg。试问这个新品种在产量性状上是否和原品种相同。

此乃单个平均数的假设检验,是要检验新品种的总体平均每亩产量 μ 是否仍是 360 kg。无效假设应是 $H_0 : \mu = \mu_0$(360 kg),即新品种的总体平均每亩产量与原地方品种一样仍为 360 kg。而 16 个小区平均每亩产量 $\bar{x} = 380$ kg 乃总体每亩产量 $\mu = 360$ kg 中的一个随机样本均数,对应的备择假设为 $H_A : \mu \neq \mu_0$。

(二)对两个平均数相比较的假设

假设两个样本平均数 $\bar{x}_1$ 和 $\bar{x}_2$ 是从两个具有相等平均数的总体中随机抽出的。

无效假设可记作 $H_0 : \mu_1 = \mu_2$

备择假设可记作 $H_A : \mu_1 \neq \mu_2$

例如要检验两个施肥处理的肥效是否相同;两个小麦品种的总体平均产量是否相等;两种农药的杀虫效果是否一样;等等。无效假设认为它们是相同的,两个样本的平均数差异 $\bar{x}_1 - \bar{x}_2$ 是由于随机误差引起的;备择假设则认为两个总体平均不相同,$\bar{x}_1 - \bar{x}_2$ 除误差外,还包含了真实差异。

以上仅列举了平均数的统计假设,对于百分数、变异数和多个平均数的统计假设,其基本原理与平均数的统计假设相同,这里不再一一列举。

提出上述无效假设的目的在于,可从假设的总体里推论其平均数的随机抽样分布,从而算出某一样本平均数的指定值出现的概率,进而研究样本和总体的关系,作为假设检验的理论依据。

二、统计假设检验的基本方法

假设检验,首先是根据试验目的对试验总体提出假设;然后通过试验或调查,取得样本数据;最后检验这些资料结果,看是否和假设所提出的总体参数原结果相符合。如果两者符合,就接受这个假设;如果不符合,就否定它,即推断这个假设是错误的,因而接受其备择假设。但这里有一个重要问题,即怎样区分符合与不符合的界限呢? 这就是统计假设检验的内容。

下面以平均数为例,说明假设检验方法的具体内容。

(一)提出假设

对所研究的总体首先提出无效假设,这一假设必须是有意义的,即在假设的前提下可以确定试验结果的概率。如果检验单个平均数,则假设该样本是从一已知总体(总体平均数为指定值 μ_0)中随机抽出的,记作 $H_0 : \mu = \mu_0$。如例 2.1.1 即假定新品种的总体平均数 μ 等于原地方品种的总体平均数 μ_0,即 $H_0 : \mu = \mu_0$(360 kg);样本平均数 $\bar{x}$ 与 μ

之间的差数 $380-360=20$ kg 乃随机误差;而对应的备择假设则为 $H_A:\mu_1\neq\mu_0$。如果检验两个平均数,则假设两个样本的总体平均数相等,即 $H_0:\mu_1=\mu_2$,也就是假定两个样本平均数的差数 $\overline{x}_1-\overline{x}_2$ 乃随机误差,而非真实差异;其备择假设则为 $H_A:\mu_1\neq\mu_2$。

(二)确定显著水平

用来检验假设的概率标准叫显著水平,即前文所说的否定区间的概率 α。α 是人为规定的小概率的数量界限。在环境学及生物学研究中常取 $\alpha=0.05$ 和 $\alpha=0.01$ 两个等级,通常把 $\alpha=0.05$ 称为显著水平,$\alpha=0.01$ 称为极显著水平。这两个等级是专门用于推断 H_0 正确与否而设的。假设检验时选用的显著水平,除 $\alpha=0.05$ 和 $\alpha=0.01$ 外,还可以选 $\alpha=0.10$ 或 $\alpha=0.001$ 等。到底用哪种显著水平,应根据试验要求和试验结论的重要性而定。如试验中难以控制的因素较多,试验误差可能较大,则 α 值可取大些,如 0.05、0.10 等。反之,如试验耗费较大,对精确度的要求较高,不容许重复,或者试验结论的应用事关重大,则 α 值应选小些,如 0.01、0.001 等。显著水平 α 对假设检验的结果是有直接影响的,因此它应在试验开始前即规定下来。肥料试验中对施肥量试验或施肥方法试验可以采用 $\alpha=0.05$ 的显著水平;对肥料品种形态或肥效鉴定时应选用 $\alpha=0.01$ 的极显著水平。

(三)计算概率

在上述假设 H_0 为正确的假定下,根据统计数的抽样分布,算出实得差异是误差造成的概率。如例 2.1.1 中,只有在假设 $H_0:\mu=\mu_0$(360 kg)为正确的前提下,才有一个平均数 $\mu_{\overline{x}}=\mu=360$ kg,方差是 $\sigma_{\overline{x}}=\delta/\sqrt{n}=40/\sqrt{16}=10$ kg 的均数正态分布总体,而样本平均数 $\overline{x}=380$ kg 则是此分布总体中的一个随机变量。据此,就可以根据正态分布求概率的方法算出在平均数 $\mu=360$ kg 的总体中,抽到一个样本平均数 $\overline{x}$ 和 μ 相差 $\geqslant 20$ kg 的概率,从而确定接受或否定 H_0。具体做法有以下两种:

(1)从 H_0 正确出发,计算出现随机误差的概率。如例 2.1.1,在 $H_0:\mu=\mu_0$ 的假设下可算得

$$u=\frac{\overline{x}-\mu_0}{\sigma_{\overline{x}}}=\frac{380-360}{10}=2$$

查正态离差 u 值表,当 $u=2$ 时,P(概率)介于 0.04 和 0.05 之间,由此说明,这一试验结果 $\overline{x}-\mu_0=20$ kg 属于抽样误差的概率小于 5%。于是可以推断:这一差数不是随机误差,而是两个品种在产量性状上的本质差异。

(2)从 H_0 正确出发,根据 $\overline{x}$ 的抽样分布划出一个区间,如 $\overline{x}-\mu$ 的差数在这一区间则接受 H_0,简称为接受区间,则该差数应解释为随机误差;如 $\overline{x}-\mu$ 的差数在这一区间外则否定 H_0,简称为否定区间,则该差数应解释为本质上不同的真实差异。如何确定这一区间呢? 一般将接受区间和否定区间的两个临界值写成 $\mu\pm u_a\sigma_{\overline{x}}$,接受区间为 $\mu-u_a\sigma_{\overline{x}}<\overline{x}<\mu+u_a\sigma_{\overline{x}}$,否定区间为 $\overline{x}\leqslant\mu-u_a\sigma_{\overline{x}}$ 和 $\overline{x}\geqslant\mu+u_a\sigma_{\overline{x}}$。对于平均数 $\overline{x}$ 和 $u=(\overline{x}-\mu)/\sigma_{\overline{x}}$ 的分布,当取 $\alpha=0.05$ 时,查正态离差 u 值表得 $u_{0.05}=1.96$,那么其接受区间为 $(\mu-1.96\sigma_{\overline{x}},\mu+1.96\sigma_{\overline{x}})$,$\overline{x}$ 落入这个区间内的概率是 95%。而 $(-\infty,\mu-1.96\sigma_{\overline{x}})$ 和 $(\mu+1.96\sigma_{\overline{x}},\infty)$ 为两个对称的否定区间,$\overline{x}$ 落入这个区间的概率为 5%。同理,当取 $\alpha=0.01$ 时,可划出接受区间 $(\mu-2.58\sigma_{\overline{x}},\mu+2.58\sigma_{\overline{x}})$,$\overline{x}$ 落入这个区间内的概率为 99%;它的两

个否定区间为$(-\infty, \mu-2.58\sigma_{\bar{x}})$和$(\mu+2.58\sigma_{\bar{x}}, \infty)$，$\bar{x}$落入这个区间的概率为 1%。在例 2.1.1 中，在$H_0: \mu=360$ kg 的假设下，以$n=16$抽样，样本平均数$\bar{x}$是一个具有$\mu_{\bar{x}}=360$ kg，$\sigma_{\bar{x}}=10$ kg 的均数正态分布。当取$\alpha=0.05$为显著水平时，接受区间下限为 360 $-1.96\times10=340.4$ kg，上限为 360$+1.96\times10=379.6$ kg，它的两个 5%概率的否定区间为$\bar{x}\leqslant340.4$ kg 和$\bar{x}\geqslant379.6$ kg（图 2.1.1）。在这个例子中，实际得到的$\bar{x}=380$ kg 已落入否定区间。因此，可以冒 5%的风险否定H_0。

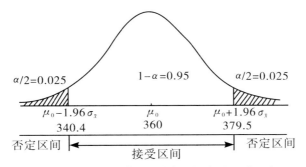

图 2.1.1　0.05 显著水平的接受区间和否定区间

（四）推断H_0的正误

依据小概率原理作出接受或否定H_0的结论。前面已述及当一个事件的概率很小时可认为该事件在一次试验中几乎是不可能事件。因此，在假设检验中若计算的概率小于 0.05 或 0.01，就可以认为是概率很小的事件。故当$\bar{x}-\mu$的概率小于 5%或 1%时，我们就可以认为它不可能属于抽样误差，从而否定H_0假设。反之，如果计算的概率大于 5%或 1%，则认为不是小概率事件，在试验中容易发生，H_0的假设可能是正确的，应该接受。上例中，$\bar{x}-\mu=20$ kg 的概率是 0.0456，小于显著水平$\alpha=0.05$，从而否定H_0，推断出新品种在产量性状上已不同于原地方品种。

在实际检验时，计算概率可以简化，因为在标准正态分布下$P(|u|>1.96)=0.05$，$P(|u|>2.58)=0.01$。因此，在用u分布作检验时，实际算得的$|u|\geqslant1.96$，表明概率$P<0.05$，可在 0.05 水平上否定H_0；若实际算得的$|u|\geqslant2.58$，表明概率$P<0.01$，可在 0.01 水平上否定H_0。反之，若实际算得的$|u|<1.96$，表明$P>0.05$，可接受H_0，不必再计算实际的概率。

值得指出的是，利用小概率原理进行推断，并不是百分之百地肯定不发生错误，因为假设检验是建立在小概率原理基础上的，小概率事件出现的可能性虽小，但还是有出现的可能性。因此，按小概率原理否定H_0，还要担一定的风险。

三、统计假设检验中的两尾检验与一尾检验

在提出一个统计假设$H_0: \mu=\mu_0$时，其对立的备择假设为$H_A: \mu\neq\mu_0$，备择假设是否定无效假设时必然接受的一个假设。在μ不等于μ_0时，存在两种情况：$\mu<\mu_0$时，样本平均数$\bar{x}$就落入左尾否定区间；$\mu>\mu_0$时，$\bar{x}$就落入右尾否定区间。这种具有左尾和右尾两个否定区的假设检验，称为两尾检验。采用这种检验是考虑到$\mu>\mu_0$和$\mu<\mu_0$两种可能性。试验研究的任务一般都在于探测未知，一个措施的效应可能优于原型，也可能

劣于原型,而一个样本平均数 $\bar{x}$ 也可能大于 μ_0 或小于 μ_0。因此,两尾检验被广泛应用。

但在某些情况下,两尾检验不一定符合实际需要,应当采用一尾检验。只有左尾或右尾一个否定区间的检验叫一尾检验。

(1)否定区间在左尾:如果凭生产经验和试验结果有较大把握认为 μ 不可能超过 μ_0,为检验 μ 是否显著小于 μ_0,无效假设应为 $H_0:\mu \geqslant \mu_0$,对应的备择假设为 $H_A:\mu < \mu_0$。此时,应将规定的检验显著水平 α 全部取在左尾。当 $\alpha = 0.05$ 时,$\bar{x}$ 分布的否定区间为 $[-\infty, \mu-1.64\sigma_{\bar{x}}]$,这个否定区间的概率就应是 0.05。例如,某种农药规定杀虫效果达 90% 方合标准,如果产品抽样结果 $\bar{x}$ 大于或等于 90%,都认为产品合格。如果通过抽样检验,发现 $\bar{x} < 90\%$,就会产生产品是否合格的怀疑。因此检验的假设应为 $H_0:\mu \geqslant \mu_0$(合格),对应的备择假设为 $H_A:\mu < \mu_0$(不合格),否定区在左尾(如图 2.1.2A)。

(2)否定区在右尾:如果凭生产经验和试验有较大把握认为 μ 会超过 μ_0,为检验 μ 是否显著超过 μ_0 提出无效假设为 $H_0:\mu \leqslant \mu_0$,对应的备择假设为 $H_A:\mu > \mu_0$。例如,检验某种产品中有毒物质的含量,规定的指标为 μ_0,如果抽样检验的结果 $\bar{x} < \mu_0$ 和 $\bar{x} = \mu_0$,都认为符合要求。如果检验的结果 $\bar{x} > \mu_0$,就会存在不符合要求的可能。为检验产品是否符合要求,检验假设应为 $H_0:\mu \leqslant \mu_0$(符合要求),对应的备择假设为 $H_A:\mu > \mu_0$(不符合要求),这时否定区在右尾(图 2.1.2B)。

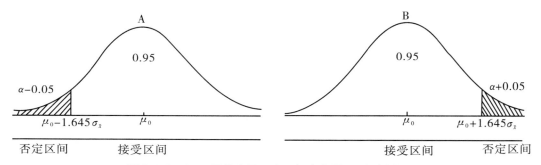

图 2.1.2 0.05 显著水平否定区间在左尾(A)和右尾(B)

一尾检验和两尾检验的推理方法是相同的,只是在具体检验时应注意:一尾检验取显著水平为 α 时,其临界 u 值就是两尾检验表中 $\alpha \times 2$ 所对应的临界 u 或 t 值。如一尾检验的显著水平 α 取 0.05 时,其临界 u 值就是两尾检验表中 α 取 0.1 所对应的临界 u 值 $|u|=1.96$,而一尾检验 $|u|=1.645$。因此,在利用一尾检验时,应有足够的依据。

四、统计假设检验中的两类错误

统计假设检验是在一定概率保证下,对 H_0 能否成立作出推断,其可靠程度并不是百分之百。一般而言,统计假设检验可能发生的错误有两类。如果 H_0 是正确的,检验的结果却被否定了,这就犯了否定正确 H_0 的错误,这叫第一类错误或Ⅰ型错误。由于规定显著水平为 α,故犯第一类错误的概率为 α。因此,第一类错误亦称 α 错误。如果 H_0 是不正确的,检验的结果却把它肯定了,这就犯了接受不正确 H_0 的错误,此称第二类错误犯第二类错误的概率为 β,故亦称 β 错误。现以例 2.1.1 为例计算 β 值,并说明犯第二类错误的原因。

假定以 μ 代表真实总体平均数,以 μ_0 代表假设的平均数,则 $H_0:\mu_0=360$ kg 是错误的,而正确的总体平均数为 $\mu=370$ kg,标准误差 $\sigma_{\overline{x}}=10$ kg,则两个 $\overline{x}$ 分布重叠如图 2.1.3 所示。原来的 $\mu_0=360$ kg 的 $\overline{x}$ 分布的接受区间是 $(340.4,379.6)$,否定区间为 $\overline{x}\leqslant 340.4$ kg 和 $\overline{x}\geqslant 379.6$ kg。现 H_0 是错误的,所以接受错误的 H_0 的概率 β 为图 2.1.3 中 C_1 线和 C_2 线之间的画有斜线的部分,根据式(1.3.5)计算其概率为

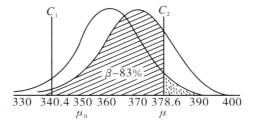

图 2.1.3　第二类错误的概率 β 值示意

（$\mu=370,\mu_0=360$）

$$u_1=\frac{340.4-370}{10}=-2.96 \qquad u_2=\frac{379.6-370}{10}=0.96$$

因此,$P=P(u_2)-P(u_1)=P(0.96)+P(2.96)$。查附表 1,$P(0.96)=0.3315$,$P(2.96)=0.4985$,故有 $\beta=0.3315+0.4985=0.83$ 或 83%。

因此,虽然 μ 和 μ_0 相差 10 kg,但是由于两个分布重叠,我们不能发现 $H_0:\mu=\mu_0$ 为错误的概率却达到 83%,这就是犯 β 错误的概率。

如果将显著水平提高到 $\alpha=0.01$,由于 μ_0 分布接受区间的扩大,μ 分布落入接受区间的更多,犯 β 错误的概率增大,即减少 α 错误,会增加 β 错误,反之亦然。因此,在假设检验中如何既减少 α 错误,又减少 β 错误,是特别需要注意的问题。这可从下面两方面考虑:

(1)如果 μ 和 μ_0 相差较大,则犯 β 错误的概率就减小,即使提高显著水准 α,犯 β 错误的概率增加值也减小,如上例,假定真实总体平均数为 $\mu=390$ kg,而假设平均数 $\mu_0=360$ kg,标准差依旧,α 取 0.05,这样所计算的 β 值为 15%(图 2.1.4)。由此可知,犯第二类错误概率 β 值是依赖于真总体 μ 和假设总体平均数 μ_0 的距离,如果假设总体平均数 μ_0 和真总体平均数 μ 相靠近,则容易肯定错误的假设,犯第二类错误的概率就大些。

(2)由于 μ 和 μ_0 的相差是客观存在的,不是主观能够改变的,因此在试验中减少标准误差 $\sigma_{\overline{x}}$ 是减少两类错误的的关键。从理论上讲,可通过精密的试验设计和增大样本容量而减少标准误差,使接受区变得十分狭窄,以至 μ 和 μ_0 的任何差别都可

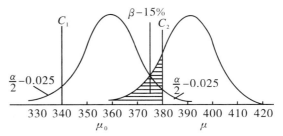

图 2.1.4　由于 μ_0 远离 μ 使 β 值减小示意

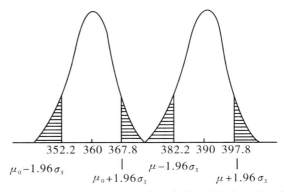

图 2.1.5　增加样本容量减小第二类错误的概率 β 值示意

以发现,这样可同时减小犯第二类错误的概率。本例如果 n 从 16 增加到 100,那么标准误差 $\sigma_{\bar{x}}=40/\sqrt{100}=4$,因而在 $\alpha=0.05$ 的条件下,$\mu_0=360$ kg 曲线的否定区域为 $\bar{x}<360-1.96\times4=352.16$ kg 和 $\bar{x}>360+1.96\times4=367.84$ kg,$\mu=390$ kg 曲线否定区域为 $\bar{x}<382.2$ 和 $\bar{x}>379.8$ kg(图 2.1.5),由于标准误变小,这两条曲线并不相交,因此犯两类错误的概率均可减少。

综上所述,关于两类错误的讨论可总结如下:

(1)在样本容量 n 固定的条件下,提高显著水平(取较小的 α 值),如从 5% 变为 1%,将增大犯第二类错误的概率 β 值。

(2)在 n 和 α 相同的条件下,真实总体平均数 μ 和假设总体平均数 μ_0 的差异(以标准误差为单位)愈大,则犯第二类错误的概率 β 值愈小。

(3)为降低犯两类错误的概率,需要采用合理的试验设计和正确的试验技术,适当增加样本容量,以获得一个较小而无偏的标准误,因此,不良的试验设计如观察值太少和粗放的试验技术等,是试验不能获得正确结论的重要原因。因为在这样的情况下,不易判断假设是正确的还是错误的。

第二节　单个平均数的假设检验

单个平均数的假设检验就是检验某一样本 $\bar{x}$ 所属总体平均数是否和某一指定的总体平均数相同,检验所依据的理论基础是平均数的抽样分布,采用的方法步骤在第一节已有比较详细的讨论,下面主要介绍 u 检验和 t 检验的具体方法。

一、u 检验

在统计假设检验中,检验所用的统计量为 u,也就是根据正态分布计算概率者,称为 u 检验。因为在正态总体中抽样(不论样本大小),或者在非正态总体中以 $n\geqslant30$ 抽样,所得样本平均数 $\bar{x}$ 均属正态分布或近于正态分布。因此,当总体方差 σ^2 为已知,或者 σ^2 未知但为大样本($n\geqslant30$)时,均可用 u 检验 $H_0:\mu=\mu_0$ 能否成立。平均数标准误差 $\sigma_{\bar{x}}$ 和 u 值计算公式如下:

$$\sigma_{\bar{x}}=\frac{\sigma}{\sqrt{n}} ; u=\frac{\bar{x}-\mu}{\sigma_{\bar{x}}} \qquad (2.2.1)$$

当 $n\geqslant30$ 时,可用 $S_{\bar{x}}$ 代替 $\sigma_{\bar{x}}$。

［例 2.2.1］　已知某工厂排污水中石油分布属正态分布,经处理后随机采样 16 次,得样本平均数 $\bar{x}=48$ mg $\cdot$ L^{-1}。已知原总体平均数 $\mu=50$ mg $\cdot$ L^{-1},总体方差 $\sigma^2=6.25$,问:污水处理前后石油含量有无显著差异。

统计假设:H_0 为 $\mu=\mu_0$(50 mg $\cdot$ L^{-1}),H_A 为 $\mu\neq\mu_0$

计算均数标准误差 $\sigma_{\bar{x}}$ 和 μ 值为

$$\sigma_{\bar{x}}=\sqrt{\frac{\sigma^2}{n}}=\sqrt{\frac{6.25}{16}}=0.625$$

$$u=\frac{|u-u_0|}{\sigma_{\bar{x}}}=\frac{|48-50|}{0.625}=3.2$$

推断:$\mu>\mu_{0.01}(2.58)$,差异极显著,表明污水经处理后石油含量极显著地降低。

二、t 检验

在统计假设检验中,检验所用的统计量为 t,也就是根据 t 分布计算概率者,称为 t 检验。如果指定的总体平均数 μ_0 已知,方差 σ^2 未知,样本平均数 $\overline{x}$ 是来自小样本($n <$ 30),要检验 $\overline{x}$ 和 μ_0 的差异显著性,可用 t 检验。因为小样本时 S^2 和 σ^2 差异大,其标准化离差 $(\overline{x}-\mu) / \dfrac{S}{\sqrt{n}}$ 遵循自由度 $df = n-1$ 的 t 分布。t 检验的方法步骤与 u 检验相同。样本平均数的标准误 $S_{\overline{x}}$ 和 t 值计算如下:

$$S_{\overline{x}} = \frac{S}{\sqrt{n}} = \sqrt{\frac{\sum(x-\overline{x})^2}{n(n-1)}} = \sqrt{\frac{\sum x^2 - \frac{(\sum x)^2}{n}}{n(n-1)}} \tag{2.2.2}$$

$$t = \frac{\overline{x} - \mu_0}{S_{\overline{x}}} \tag{2.2.3}$$

[例 2.2.2]　种在受污染地区小麦千粒重平均为 36.0 g,随机抽取未受污染地区 10 个点小麦千粒重为 38.0、37.0、39.0、38.0、39.0、38.0、39.0、36.0、38.0、37.0(g),问:污染与无污染地区小麦千粒重有无显著差异?

统计假设:H_0 为 $\mu = \mu_0 (36.0\ \text{g})$,$H_A$ 为 $\mu \neq \mu_0$

计算样本平均数 $\overline{x}$,均数标准误差和 t 值为

$$\overline{x} = \frac{\sum x}{10} = \frac{(38.0 + 37.0 + \cdots + 37.0)}{10} = 37.9\ \text{g}$$

$$S_{\overline{x}} = \sqrt{\frac{\sum x^2 - \frac{(\sum x)^2}{n}}{n(n-1)}} = \sqrt{\frac{38.0^2 + \cdots + 37.0^2 - \frac{(38.0 + \cdots + 37.0)^2}{10}}{10(10-1)}} = 0.314$$

$$t = \frac{|\overline{x} - \mu_0|}{S_{\overline{x}}} = \frac{|37.9 - 36.0|}{0.314} = 6.05\ \text{g}$$

统计推断:由 $df = 10-1 = 9$ 查 t 值表,$t_{0.01} = 3.250$,$t > t_{0.01}$,差异极显著,表明受污染地区极显著地影响了小麦千粒重。

第三节　两个平均数相比较的假设检验

两个平均数相比较的假设检验是用两个样本平均数 $\overline{x}_1$ 和 $\overline{x}_2$ 的相差检验这两个样本所属的总体平均数 μ_1 和 μ_2 有无显著差异。它通常应用于比较两个不同处理效应的差异显著性。例如两种仪器分析结果、两种方法测定结果、两种试验处理等。两种试验处理效应等的差异性比较是人们经常遇到的,必须判断其间的差异是偶然因素引起,还是由处理效应引起的,下面做介绍。

一、两个正态总体的方差比检验

前已叙及,样本方差是总体方差的无偏估计。而两个样本方差的比值服从 F 分布。因此,我们对两个正态总体方差进行比较时,可以采用 F 检验法。其方法如下:

统计假设:H_0 为 $\sigma_2^1 = \sigma_1^2$,H_A 为 $\sigma_1^2 \neq \sigma_2^2$

计算统计量：$F=\dfrac{S_1^2}{S_2^2}$ (2.3.1)

计算 F 值时，将较大的 S_1^2 作为分子，较小的 S_2^2 作为分母，它们的自由度为 $df_1=n_1-1,df_2=n_2-1$，当 $F \geqslant F_2(n_1-1,n_2-2)$ 时，否定 H_0，差异显著。

[例 2.3.1] 某地对山地和平原土壤中磷含量的背景值调查中各取 20 个土样，数据如表 2.3.1 所示。问：山地土壤磷含量波动是否显著大于平地？

表 2.3.1 某地山地和平原土壤磷含量资料表 单位:mg/kg

山地	424	490	439	430	482	420	520	405	430	433
	420	410	428	414	430	455	416	440	460	400
平原	460	398	496	428	430	430	436	432	426	415
	454	432	414	423	424	428	407	423	425	429

根据资料，常量元素在土壤中的分布多呈正态或近似正态分布。把磷在土壤中的分布看成正态分布，令山地土壤磷含量的方差为 S_1^2，平原土壤磷含量的方差为 S_2^2。

统计假设：H_0 为 $S_1^1=S_2^2$，H_A 为 $S_1^2 \neq S_2^2$

计算方差和 F 值为

$$S_1^2=\dfrac{\sum x_1^2-\dfrac{(\sum x_1)^2}{n}}{n_1-1}=\dfrac{424^2+\cdots+400^2-\dfrac{(424+\cdots+400)^2}{20}}{20-1}=937.3$$

$$S_2^2=\dfrac{\sum x_2^2-\dfrac{(\sum x_2)^2}{n}}{n_2-1}=\dfrac{460^2+\cdots+429^2-\dfrac{(460+\cdots+429)^2}{20}}{20-1}=193.4$$

$$F=\dfrac{S_1^2}{S_2^2}=937.3/193.4=4.85$$

统计推断：由 $df_1=20-1=19$，$df_2=20-1=19$，查 F 值表得 $F_{0.01}=3.08$，$F(4.85) > F_{0.01}(3.08)$，表明山地土壤磷含量分布波动极显著地大于平地土壤。

二、成组数据相比较的假设检验

如果两个处理为完全随机设计，而处理间（组间）的观察值没有任何关联、彼此独立，则不论两个处理的样本容量是否相同，所得数据皆称为成组数据。它是以组（处理）平均数作为相互比较的标准，来检验差异显著性。检验方法又因两个样本所属的总体方差（σ_1^2 和 σ_2^2）是否已知和样本大小而有所不同，兹分述如下。

（一）u 检验

两个样本总体方差 σ_1^2 和 σ_2^2 已知，或总体方差未知，但两个样本都是大样本（$n_1 \geqslant 30$，$n_2 \geqslant 30$）时，用 u 检验。一般情况下，两个总体的方差 σ_1^2 和 σ_2^2 是未知的，因此这里着重讨论两个大样本的比较。

假定甲、乙两总体的总体平均数分别为 μ_1 和 μ_2，现分别从甲、乙两总体各随机抽取一个大样本，其中，样本 Ⅰ 的平均数为 $\overline{x}_1$，标准差为 S_1，样本容量为 n_1；样本 Ⅱ 平均数为 $\overline{x}_2$，标准差为 S_2，样本容量为 n_2。$\overline{x}_1$ 与 $\overline{x}_2$ 差异显著性的检验方法如下：

统计假设：H_0 为 $\mu_1 = \mu_2$，H_A 为 $\mu_1 \neq \mu_2$

计算样平均数差数标准误 $S_{\overline{x}_1 - \overline{x}_2}$ 和 μ 值为

$$S_{\overline{x}_1 - \overline{x}_2} = \sqrt{\frac{S_1^2}{n_1} + \frac{S_2^2}{n_2}} \qquad (2.3.2)$$

$$u = \frac{(\overline{x}_1 - \overline{x}_2) - (\mu_1 - \mu_2)}{S_{\overline{x}_1 - \overline{x}_2}} \qquad (2.3.3)$$

在无效假设 $H_0 : \mu_1 = \mu_2$ 时，$\mu_1 - \mu_2 = 0$，故上式为

$$u = \frac{\overline{x}_1 - \overline{x}_2}{S_{\overline{x}_1 - \overline{x}_2}} \qquad (2.3.4)$$

统计推断：

当 $|u| \geqslant 1.96$ 时，否定 H_0，推断 $\overline{x}_1$ 和 $\overline{x}_2$ 所估计的 u_1 和 u_2 差异显著；当 $|u| \geqslant 2.58$ 时，推断为差异极显著；当 $|u| < 1.96$ 时，接受 H_0，推断 $\overline{x}_1$ 和 $\overline{x}_2$ 差异不显著。

［例 2.3.2］　不同季度监测某工厂排污水中某污染物含量，所得结果列于表 2.3.2。问：试检验两个季度排污水中污染物含量有无显著差异。

表 2.3.2　不同季度排污水中污染物含量

季度	污染物含量（mg/L）									
第一季度	31	84	71	38	46	46	54	44	88	21
	81	62	45	57	62	39	37	69	21	53
	44	53	61	45	72	35	62	70	42	88
	37	74	42	87	47	46	65	54	28	58
	63	54	62	59	30	53	29	62	78	53
第二季度	31	44	65	22	40	53	54	50	34	49
	46	48	49	31	23	69	58	42	44	24
	51	32	43	33	25	49	47	66	36	36
	34	33	41	62	38	38	40	66	47	71
	24	53	20	25	31	41	60	32	56	38

统计假设：$H : \mu_1 = \mu_2$，$H_A : \mu_1 \neq \mu_2$，

计算各样本平均数 $\overline{x}$，方差 S^2，样本平均数差数标准误差 $S_{\overline{x}_1 - \overline{x}_2}$ 和 u 值

$$\overline{x}_1 = \frac{1}{50}(31 + 84 + \cdots + 53) = 54.04$$

$$S_1^2 = \frac{(31^2 + 84^2 + \cdots + 53^2) - \dfrac{(31 + 84 + \cdots + 53)^2}{50}}{50 - 1} = 298.37$$

$$\overline{x}_2 = \frac{1}{50}(31 + 44 + \cdots + 38) = 43.26$$

$$S_2^2 = \frac{(31^2 + 44^2 + \cdots + 38^2) - \dfrac{(31 + 44 + \cdots + 38)^2}{50}}{50 - 1} = 174.31$$

$$S_{\overline{x}_1-\overline{x}_2}=\sqrt{\frac{S_1^2}{n_1}+\frac{S_2^2}{n_2}}=\sqrt{\frac{298.37}{50}+\frac{174.31}{50}}=3.0746$$

$$u=\frac{\overline{x}_1-\overline{x}_2}{S_{\overline{x}_1-\overline{x}_2}}=\frac{54.04-43.26}{3.0746}=3.506$$

统计推断：$u>u_{0.01}(2.58)$，差异极显著，表明第一季度排污水中污染物含量极显著高于第二季度。

（二）t 检验

（1）两个样本的总体方差 σ_1^2 和 σ_2^2 为未知，但可假定 $\sigma_1^2=\sigma_2^2=\sigma^2$，而两个样本又为小样本时，用 t 检验。首先，需从样本变异算出平均数差数的方差 S_e^2 作为对 σ^2 的估计。由于假定 $\sigma_1^2=\sigma_2^2=\sigma^2$，所以用两个样本方差 S_1^2 和 S_2^2 的加权平均数 S_e^2 来估计精确度更高。

$$S_e^2=\frac{\sum(x_1-\overline{x}_1)^2+\sum(x_2-\overline{x}_2)^2}{(n_1-1)+(n_2-1)} \tag{2.3.5}$$

上式中 S_e^2 为合并方差，$\sum(x_1-\overline{x}_1)^2+\sum(x_2-\overline{x}_2)^2$ 分别为两样本的平方和。求得 S_e^2 后，其两样本平均数的差数标准误差为

$$S_{\overline{x}_1-\overline{x}_2}=\sqrt{\frac{S_e^2}{n_1}+\frac{S_e^2}{n_2}} \tag{2.3.6}$$

当 $n_1=n_2=n$ 时，上式变为

$$S_{\overline{x}_1-\overline{x}_2}=\sqrt{\frac{2S_e^2}{n}} \tag{2.3.7}$$

并有

$$t=\frac{(\overline{x}_1-\overline{x}_2)-(\mu_1-\mu_2)}{S_{\overline{x}_1-\overline{x}_2}}$$

由于假设 $H_0:\mu_1=\mu_2$，$\mu_1-\mu_2=0$，故上式成为

$$t=\frac{\overline{x}_1-\overline{x}_2}{S_{\overline{x}_1-\overline{x}_2}} \tag{2.3.8}$$

上式的 t 服从自由度为 $\mathrm{d}f=n_1+n_2-2$ 的 t 分布。

［例 2.3.3］ 对某地污灌区和非污灌区水稻产量进行调查，各测定 5 个点，每个点面积为 30 m²，结果见表 2.3.3。问：试验检污灌区和非污灌区水稻产量有无显著差异。

表 2.3.3　污灌区与非污灌区水稻产量假设检验基础资料

n_i	污灌区		非污灌区	
	$x_1(\mathrm{kg}/30\ \mathrm{m}^2)$	x_1^2	$x_2(\mathrm{kg}/30\ \mathrm{m}^2)$	x_2^2
1	61.0	3721.00	65.0	4225.00
2	61.5	3782.25	66.7	4448.89
3	62.3	3881.29	66.3	4395.69
4	62.5	3906.25	67.1	4502.41
5	63.1	3981.61	67.8	4596.84
$\sum$	310.40	19272.40	332.90	22168.83
$\overline{x}$	62.08		66.58	

统计假设：H_0 为 $\mu_1 = \mu_2$，H_A 为 $\mu_1 \neq \mu_2$

计算平方和：$SS_1 = 2.768$，$SS_2 = 4.348$

计算合并方差：$S_e^2 = \dfrac{2.768 + 4.348}{(5-1) + (5+1)} = 0.7116$

计算平均数差数标准误差 $S_{\overline{x}_1 - \overline{x}_2}$ 和 t 值为

$$S_{\overline{x}_1 - \overline{x}_2} = \sqrt{\frac{2 \times 0.7116}{5}} = 0.5335 (\text{kg})$$

$$t = \frac{|62.08 - 66.58|}{0.5335} = 8.435$$

统计推断：由 $\mathrm{d}f = (5-1) + (5-1) = 8$，查 t 值表得 $t_{0.01} = 3.55$，$t(8.435) > t_{0.01}(3.55)$，差异极显著，表明污灌区由于有毒物质危害，其水稻产量极显著地低于非污灌区。

(2)两个样本的总体方差 σ_1^2 和 σ_2^2 为未知，且 $\sigma_1^2 \neq \sigma_2^2$，仍可用 t 检验。由于 $\sigma_1^2 \neq \sigma_2^2$，故采用两个样本的平均方差 S_1^2 和 S_2^2 分别估计 σ_1^2 和 σ_2^2，则平均数差数标准误差为

$$S_{\overline{x}_1 - \overline{x}_2} = \sqrt{\frac{S_1^2}{n_1} + \frac{S_2^2}{n_2}} \tag{2.3.9}$$

但是，将式(2.3.9)代入式(2.3.8)时，所得 t 值不再呈准确的 t 分布，因而只能进行近似的 t 检验。在进行检验时，如果两个样本的样本容量相等，即 $n_1 = n_2 = n$，可直接取 $\mathrm{d}f = n - 1$ 进行检验；如果 $n_1 \neq n_2$，则需采用转换自由度的方法进行检验，即先计算 K 值和 $\mathrm{d}f'$。

$$K = \frac{S_{\overline{x}_1}^2}{S_{\overline{x}_1}^2 + S_{\overline{x}_2}^2} \tag{2.3.10}$$

$$\mathrm{d}f' = \frac{1}{\dfrac{K}{\mathrm{d}f_1} + \dfrac{(1-K)^2}{\mathrm{d}f_2}} \tag{2.3.11}$$

计算 $t_{\mathrm{d}f'}$ 值，计算式为

$$t_{\mathrm{d}f'} = \frac{|\overline{x}_1 - \overline{x}_2|}{S_{\overline{x}_1 - \overline{x}_2}} \tag{2.3.12}$$

式(2.3.12)的 $\mathrm{d}f'$ 近似于 t 分布，具有自由度 $\mathrm{d}f'$，故可查 t 值进行判断。

［例2.3.4］ 调查某地受某重金属污染区 5 个点的水稻产量，得 $\overline{x}_1 = 410(\text{kg}/\text{亩})$，$S_1^2 = 4.05$；非污染区 10 个点的水稻产量，得 $\overline{x} = 429(\text{kg}/\text{亩})$，$S_2^2 = 48.63$。问：试检验两者有无显著差异。

统计假设：$H_0 : \mu_1 = \mu_2$，$H_A : \mu_1 \neq \mu_2$

计算 K 及 $\mathrm{d}f'$ 为

$$K = \frac{0.81}{0.81 + 4.86} = 0.1428$$

$$\mathrm{d}f' = \frac{1}{\dfrac{0.1428^2}{5-1} + \dfrac{(1-0.1428)^2}{10-1}} = 11.49 \approx 11$$

计算平均数差数标准误差 $S_{\overline{x}_1 - \overline{x}_2}$ 及 $t_{\mathrm{d}f'}$ 值为

$$S_{\bar{x}_1-\bar{x}_2}=\sqrt{\frac{4.05}{5}+\frac{48.63}{10}}=2.352$$

$$t_{\mathrm{d}f'}=\frac{|410-429|}{2.382}=7.98$$

统计推断：由 $\mathrm{d}f'=9$ 查 t 值表得 $t_{0.01}=3.25$，$t_{\mathrm{d}f'}(7.98)>t_{0.01}(3.25)$，差异极显著，表明重金属污染造成水稻严重减产。

三、成对数据相比较的假设检验

成对数据要求两个样本各个体间配偶成对，每对个体除处理不同外，其余试验条件应一致或基本一致，对与对之间的条件容许有差异，且每对内两个个体要随机排列。例如，在田间试验中，将两个处理并排在一块肥力一致但比较肥沃的地段上配成一对，又在另一块肥力一致但比较贫瘠的地段上并排两个处理配成一对；在培养试验中，将两个处理的盆钵并排在东边配成一对，另处两个盆钵并排在西边配成另一对，照此方法可以配成试验所需的许多对数。由此获得的成对数据，由于同一配对内两个处理的试验条件接近，而不同配对间的条件差异又可通过同一配对的差数予以消除，因而可控制试验误差，具有较高的精确度。

成对数据比较与成组数据比较在检验方法上有所区别，可以设想有两个样本：

第一样本观察值为 $x_{11}, x_{12}, x_{13}, \cdots, x_{1n}$；

第二样本观察值为 $x_{21}, x_{22}, x_{23}, \cdots, x_{2n}$。

两组样本观察值间由于某种关系可以一一配对，即 $(x_{11}, x_{21}), (x_{12}, x_{22}), (x_{13}, x_{23}), \cdots,$ (x_{1n}, x_{2n})。其检验的具体方法如下。

1. 求出每对观察值之间的差数及差数平均数

$d_i=x_{1i}-x_{2i}(i=1,2,3,\cdots,n)$，差数 $d_1, d_2, d_3, \cdots, d_n$ 组成差数样本，差数样本的平均数或差数平均数为

$$\bar{d}=\frac{\sum d_i}{n} \tag{2.3.13}$$

2. 计算差数标准误差 S_d 和差数均数标准误差 $S_{\bar{d}}$

$$S_d=\sqrt{\frac{\sum(d-\bar{d})^2}{n-1}}=\sqrt{\frac{\sum d^2-\frac{(\sum d)^2}{n}}{n-1}} \tag{2.3.14}$$

$$S_{\bar{d}}=\frac{S_d}{\sqrt{n}}=\sqrt{\frac{\sum(d-\bar{d})^2}{n(n-1)}}=\sqrt{\frac{\sum d^2-\frac{(\sum d)^2}{n}}{n(n-1)}} \tag{2.3.15}$$

3. 计算 t 值

$$t=\frac{\bar{d}-\mu_d}{S_{\bar{d}}} \tag{2.3.16}$$

服从 $\mathrm{d}f=n-1$ 的 t 分布。在假定 $\mu_1=\mu_2$，即 $\mu_d=0$ 的情况下，式(2.3.16)可改写成

$$t=\frac{\bar{d}}{S_{\bar{d}}} \tag{2.3.17}$$

因此,当实际得到的$|t| \geqslant t_a$,可否定H_0,推断两个样本平均数差异显著;当$|t| < t_a$,接受H_0,推断两个样本平均数差异不显著。

[例 2.3.5]　某地在同一地点采集不同土壤深度的土样,共采 10 个点,分别测定镉含量,测定结果见表 2.3.4。问:试检验不同深度土壤中镉元素含量有无显著差异。

本例每个采样点有两个深度,即为一个配对,共有 10 个点,则有 10 个配对。测定结果则为配对数据。

统计假设:$H_0: \mu_d = 0$

备择假设:$H_A: \mu_d \neq 0$

基础资料:根据测定结果,计算基础数据列于表 2.3.4。

表 2.3.4　配对法基础数据

配对序号	镉含量/mg·kg^{-1}		$d_1 = x_{1i} - x_{2i}$	d_i^2
	0~20 cm	20~40 cm		
	x_{1i}	x_{2i}		
1	0.28	0.36	−0.08	0.0064
2	0.32	0.26	0.06	0.0036
3	0.27	0.24	−0.03	0.0009
4	0.34	0.31	0.03	0.0009
5	0.29	0.32	−0.03	0.0009
6	0.29	0.31	−0.02	0.0004
7	0.33	0.32	0.01	0.0001
8	0.31	0.30	0.01	0.0001
9	0.29	0.34	−0.05	0.0025
10	0.28	0.28	0	0
$\sum$			−0.12	0.0158
$\bar{x}$			−0.011	

计算差数平均数标准误差$S_{\bar{d}}$及t值为

$$S_{\bar{d}} = \sqrt{\frac{0.0165 - \dfrac{(-0.11)^2}{10}}{10(10-1)}} = 0.013$$

$$t = \frac{|-0.011|}{0.013} = 0.85$$

统计推断:由$df = 10-1 = 9$查t值表得$t_{0.05} = 2.262$,$t(0.85) < t_{0.05}(2.262)$,差异不显著,表明 0~20 cm 与 20~40 cm 两层土壤镉含量无显著差异。

与成组数据相比较,成对数据有如下三个特点:

第一,成对数据比较是假定两个样本,每对数据的差数平均数d来自平均数为μ_d、方差为σ_d^2的正态分布;样本差数平均数$\bar{d}$服从平均数为μ_d、方差为σ_d^2(用S_d^2代替)的均数正态分布,且每一配对的两个数据是彼此相关的。而成组数据的两个样本皆来自各自的正态总体,两个样本的各个数据是彼此独立的,两个样本平均数的差数服从平均数为 μ_1 $-\mu_2$、方差为 $S^2_{\bar{x}_1-\bar{x}_2}$(可用 $\sigma^2_{\bar{x}_1-\bar{x}_2}$ 代替)的差数正态分布。

第二,由于成对数据加强了试验控制,可比性提高,因而提高了试验精确度。研究证明,成组数据在样本容量相等的情况下,如采用成对法设计,可减小试验的随机误差。因为 $S^2_d > S^2_{\bar{x}_1-\bar{x}_2}$,所以增大了 t 值,可识别较小的真实差异,提高了试验的精确度。因此,当条件许可时,试验采用成对法设计为上策。但如果是成组数据,即使是 $n_1 = n_2$,也不能用成对比较的方法,这是因为没有配对的基础。

第三,成对比较不受两样本的总体方差 $\sigma^2_1 \neq \sigma^2_2$ 的干扰,分析时不需考虑 σ^2_1 和 σ^2_2 是否相等的问题,但成组数据要考虑 σ^2_1 和 σ^2_2 是否相等的问题。

第四节　百分数的假设检验

许多生物试验的结果是用百分数或成数表示的,如结实率、发芽率、杀虫率、病株率以及杂种后代分离率等均为不同类型的百分率。这些百分数由计算某一属性的个体数目求得,属间断性的计数资料,这与上述连续性的测量资料如产量、株高、粒重等是不相同的。理论上讲,百分数的假设检验应按二项分布进行,即从二项式 $(p+q)^n$ 的展开式中求出某项属性个体的百分数 $\hat{p}$ 的概率,然后根据概率的大小作出推断。这种方法比较精确,但很麻烦,故常用正态近似法来代替。因为在二项分布中,如果样本容量 n 较大,p不过分小,np 和 nq 又均不小于 5 时,二项分布趋于正态分布。因此,可以将百分数资料作为正态分布处理,从而作出近似的检验。

一、单个样本百分数的假设检验

这是检验一个样本百分数 $\hat{p}$ 和某一理论百分数 p_0 的差异显著性,或者说是检验 $\hat{p}$ 的总体百分数是否等于 p_0。这种检验在 nq 和 np 都大于 5 时,可用 u 检验法;在 np 和 nq 小于 5 时,则应由二项分布直接检验。

由于样本百分数的标准误差为

$$\sigma_p = \sqrt{\frac{pq}{n}} \tag{2.4.1}$$

故有

$$u = \frac{\hat{p} - p}{\sigma_p} \tag{2.4.2}$$

由于二项分布是间断性分布,u 分布是连续性分布,因此用 u 检验法处理二项分布资料时结果会有出入,一般容易发生第一类错误。补救的方法是采用连续性矫正。如果样本容量很大,np 和 nq 都大于 30,二项分布更逼近正态分布,在此情况下就可不进行连续性矫正;如果 np 或 nq 小于 30,则需进行连续性矫正。经矫正的正态离差用 u_c 表示:

$$u_c = \frac{|\hat{p} - p| - \dfrac{0.5}{n}}{\sigma_p} \tag{2.4.3}$$

在 $n < 30$ 时,式(2.4.3)的 u_c 应用 t_c 取代:

$$t_c = \frac{|(\hat{p}-p)| - \dfrac{0.5}{n}}{S_{\hat{p}}} \qquad (2.4.4)$$

[例2.4.1] 按规定,某工厂排污水中含某种污染物的超标率低于8%(p)时即合格,现采样210次,超标23次,问抽样结果与超标率低于8%有无显著差别?

统计假设:H_0 为 $p=p_0=0.08$,H_A 为 $p \neq p_0$

计算 q,样本百分数 $\hat{p}$,标准误差 σ_p,正态离差 u 值。

$q = 1 - p = 1 - 0.08 = 0.92$

$\hat{p} = 23/210 = 0.11$

$$\sigma_p = \sqrt{\frac{0.08 \times 0.92}{210}} = 0.019$$

$$u = \frac{0.11 - 0.08}{0.019} \approx 1.6$$

统计推断:$u(1.6) < u_{0.05}(1.96)$,接受 H_0,差异不显著,表明抽样结果与超标率低于8%无显著差别。

在前面讲过,二项分布资料可用次数表示,也可以用百分数表示。上面举的例子都是用百分数表示的检验方法,它们也可以直接用次数表示进行检验。当二项数据用次数表示时,二项次数分布的平均数 $\mu = np$,二项次数分布的标准误差 $\sigma_{np} = \sqrt{npq}$,则有

$$u = \frac{n\hat{p} - np}{\sigma_{np}} \qquad (2.4.5)$$

$$u_c = \frac{|n\hat{p} - np| - 0.5}{\sigma_{np}} \qquad (2.4.6)$$

二、两个样本百分数的假设检验

这是检验两个样本百分数的差异显著性,或者说是检验两个样本百分数 $\hat{p}_1$ 和 $\hat{p}_2$ 所属的总体百分数 P_1 和 P_2 是否相等,这类检验在实际应用中更为普遍和重要。因为在试验中总体的理论值 P 通常为未知,而要比较的是两个样本的结果,比较的样本大小可能不同,所以就不能用两个样本某种性状出现的次数进行比较,只能用百分数来比较。例如,比较两个水稻品种发芽率,甲品种试验200粒,发芽180粒,乙品种试验150粒,发芽125粒,这就不能拿180粒和125粒相比较,而必须在百分数的基础上才能比较。

与单个样本百分数检验一样,在两个样本百分数的检验中如果两个样本的 np 和 nq 都大于5,可用正态近似法检验。这种检验是假设两个总体百分数相等,其差数为 0($P_1 - P_2 = 0$),两个样本百分数分别从两总体抽取,差数为 $\hat{p}_1 - \hat{p}_2$,它服从平均数为0,差数标准误差为 $\sigma_{p_1 - p_2}$ 的正态分布,用这个分布检验样本差数与假设是否相等。

两个样本百分数的差数标准误差公式为

$$\sigma_{p_1 - p_2} = \sqrt{\frac{p_1 q_1}{n_1} + \frac{p_2 q_2}{n_2}} \qquad (2.4.7)$$

上式中 $q_1 = (1 - p_1)$,$q_2 = (1 - p_2)$。这是两总体百分数为已知时的差数标准误差公式。如果设两总体的百分数相同,即 $p_1 = p_2 = p$,$q_1 = q_2 = q$,则上式变为

$$\sigma_{\hat{p}_1 - \hat{p}_2} = \sqrt{pq\left(\frac{1}{n_1} + \frac{1}{n_2}\right)}$$

在两总体的百分数 p_1 和 p_2 为未知时,则在两总体方差 $\sigma_{p_1}^2 = \sigma_{p_2}^2$ 的假设下,可用两样本百分数的加权平均值 $\overline{p}$ 作为对 p_1 和 p_2 的估计,有

$$\overline{p} = \frac{x_1 + x_2}{n_1 + n_2} \quad \overline{q} = 1 - \overline{p} \tag{2.4.8}$$

因而两样本百分数的差数标准误差 $S_{\hat{p}_1 - \hat{p}_2}$ 和 u 值为

$$S_{\hat{p}_1 - \hat{p}_2} = \sqrt{\overline{p}\,\overline{q}\left(\frac{1}{n_1} + \frac{1}{n_2}\right)} \tag{2.4.9}$$

$$u = \frac{\hat{p}_1 - \hat{p}_2}{S_{\hat{p}_1 - \hat{p}_2}} \tag{2.4.10}$$

如果两样本容量 n_1 或 $n_2 < 30$,式(2.4.10)中的 u 可用 t 来代替。

[例 2.4.2] 调查高肥力地某小麦品种 251 株(n_1),发现感白粉病的 238 株(x_1),感病率 $\hat{p}_1$ 为 0.948(238/251);同时调查了中肥力地该品种 324 株(n_2),感白粉病的有 268 株(x_2),感病率 $\hat{p}_2$ 为 0.827(268/324)。试检验该小麦品种在高、中肥力地种植感病率差异是否显著。

假设 $H_0: p_1 = p_2$,即该品种在高、中肥力地种植总体感病率相等,对 $H_A: p_1 \neq p_2$,计算百分数差数标准误和 u 值:

$$\overline{p} = \frac{x_1 + x_2}{n_1 + n_2} = \frac{238 + 268}{251 + 324} = 0.88 \quad \overline{q} = 1 - \overline{p} = 1 - 0.88 = 0.12$$

$$S_{\hat{p}_1 - \hat{p}_2} = \sqrt{0.88 \times 0.12\left(\frac{1}{251} + \frac{1}{324}\right)} = 0.027$$

$$u = \frac{\hat{p}_1 - \hat{p}_2}{S_{\hat{p}_1 - \hat{p}_2}} = \frac{0.948 - 0.827}{0.027} = 4.481$$

推断:实得 $|u = 4.481| > u_{0.01}$,可在 0.01 概率水平否定 $H_0: p_1 = p_2$,接受 $H_A: p_1 \neq p_2$。则该品种在高肥力地和中肥力地种植感白粉病率差异极显著,高肥力地感病率高于中肥力地。

[例 2.4.3] 现研究一种新型杀虫剂,试验 1000 只虫子,杀死 728 只;原类似的杀虫剂,在 1000 只虫中杀死 657 只。问新型杀虫剂的杀虫率是否高于原杀虫剂?

假设 $H_0: p_1 \leq p_2$,即新型杀虫剂杀虫率并不高于原杀虫剂;$H_A: p_1 > p_2$,显著水平 $\alpha = 0.01$,一尾测验。$u_{0.01} = 2.326$(一尾概率为 0.01 的临界 u 值)。

$$\hat{p}_1 = \frac{x_1}{n_1} = \frac{728}{1000} = 0.728 \quad \hat{p}_2 = \frac{x_2}{n_2} = \frac{657}{1000} = 0.657$$

$$\overline{p} = \frac{728 + 657}{1000 + 1000} = 0.6925 \quad \overline{q} = 1 - \overline{p} = 1 - 0.6925 = 0.3075$$

$$S_{\hat{p}_1 - \hat{p}_2} = \sqrt{\overline{p}\,\overline{q}\left(\frac{1}{n_1} + \frac{1}{n_2}\right)} = \sqrt{0.6925 \times 0.3075\left(\frac{2}{1000}\right)} = 0.02063$$

$$u = \frac{\hat{p}_1 - \hat{p}_2}{S_{\hat{p}_1 - \hat{p}_2}} = \frac{0.728 - 0.657}{0.02063} = 3.44$$

推断:$u(3.440) > u_{0.01}(2.326)$,故否定 H_0,接受 H_A,说明新型杀虫剂的杀虫率极显著高于原杀虫剂。

和单个样本百分数假设检验一样,当一个样本 nq 比较小时(如 $nq < 30$),为使百分数差数更适合于正态分布,检验时也应做连续性矫正。

当两个样本百分数中 $\hat{p}_1 = \dfrac{x_1}{n_1}$,$\hat{p}_2 = \dfrac{x_2}{n_2}$,且 $\hat{p}_1 > \hat{p}_2$,则经矫正的 u_c 或 t_c 值为

$$u_c \text{ 或 } t_c = \frac{\dfrac{x_1 - 0.5}{n_1} - \dfrac{x_2 + 0.5}{n_2}}{S_{\hat{p}_1 - \hat{p}_2}} = \frac{\hat{p}_1 - \hat{p}_2 - \left(\dfrac{0.5}{n_1} + \dfrac{0.5}{n_2} \right)}{S_{\hat{p}_1 - \hat{p}_2}}$$

当两个样本百分数中 $\hat{p}_1 < \hat{p}_2$,则经矫正后的 u_c 或 t_c 值为

$$u_c \text{ 或 } t_c = \frac{\dfrac{x_1 + 0.5}{n_1} - \dfrac{x_2 - 0.5}{n_2}}{S_{\hat{p}_1 - \hat{p}_2}} = \frac{\hat{p}_1 - \hat{p}_2 + \left(\dfrac{0.5}{n_1} + \dfrac{0.5}{n_2} \right)}{S_{\hat{p}_1 - \hat{p}_2}}$$

为了方便计算可写成

$$u_c \text{ 或 } t_c = \frac{|\hat{p}_1 - \hat{p}_2| - \left(\dfrac{0.5}{n_1} + \dfrac{0.5}{n_2} \right)}{S_{\hat{p}_1 - \hat{p}_2}} \tag{2.4.11}$$

矫正后的 u_c 或 t_c 值小于未矫正的 u 值,矫正的结果使两尾区间扩大。

[例 2.4.3]　有一批种子采用两种不同的保存方法,然后在相同的条件下进行发芽试验。从第一种保存方法中取 150 粒,发芽 141 粒,发芽率 $\hat{p}_1 = 0.94$;从第二种保存方法中取 190 粒,发芽 175 粒,发芽率 $\hat{p}_2 = 0.92$。问保存方法对种子发芽率是否有影响?

假设 H_0 为 $p_1 = p_2$ 即两种方法的总体平均发芽率相同;H_A 为 $p_1 \neq p_2$,

$$\bar{p} = \frac{x_1 + x_2}{n_1 + n_2} = \frac{141 + 175}{150 + 190} = 0.93$$

$$\bar{q} = 1 - \bar{p} = 1 - 0.93 = 0.07$$

$$S_{\hat{p}_1 - \hat{p}_2} = \sqrt{\bar{p}\,\bar{q} \left(\frac{1}{n_1} + \frac{1}{n_2} \right)} = \sqrt{0.93 \times 0.07 \left(\frac{1}{150} + \frac{1}{190} \right)} = 0.02733$$

$$u_c = \frac{|\hat{p}_1 - \hat{p}_2| - \left(\dfrac{0.5}{n_1} + \dfrac{0.5}{n_2} \right)}{S_{\hat{p}_1 - \hat{p}_2}} = \frac{|0.94 - 0.92| - \left(\dfrac{0.5}{150} + \dfrac{0.5}{190} \right)}{0.02733} = 0.516$$

由于 $n_1 q_1$ 和 $n_2 q_2$ 均远小于 30,故进行连续性矫正使结果可靠。实得 $|u_c| = 0.516$,小于 $u_{0.05}$,故接受 H_0,即两种保存方法的种子发芽率无显著差异。

第五节　总体分布形式的假设检验

前面所介绍的假设检验,都是在假定总体是正态分布、对数正态分布或二项分布时的参数检验。

在实际检验工作中,往往对总体分布形式并不清楚,而是根据所收集的数据先制成频率分布直方图以探求总体分布情况。然而由于抽样技术的限制,直方图多呈不规则的状态,有的虽然接近某个理论分布,但却存在差异性。这种差异超过一定限度,就可以认

为不服从该理论分布,反之则服从该理论分布。

这种差异显著性可采用总体分布形式的检验进行判断,其方法包括 χ^2 检验、柯氏检验、W 检验等。

一、χ^2 检验

χ^2 检验又称皮尔逊(Pearson)检验。它可用于总体是否服从于特定的分布函数 $P(x)$ 的检验。其方法是先根据样本值绘制直方图,推测总体可能遵从的分布 $F(x)$,然后根据分组中各组观测的数据与由分布函数 $F(x)$ 计算的理论频率差异构成的一个服从 χ^2 分布的统计量来进行检验,这一类检验又称为适合性检验。在实践中,许多环境介质的浓度分布函数的检验较多地应用 χ^2 检验。

在应用 χ^2 检验对分布函数进行检验时,应注意样本必须是大样本(样本个数不得少于 50),同时在分组时每组的样本个数不少于 5 个。χ^2 检验也用于两个变量间的独立性检验。

根据资料求出连续型资料的次数分布,以此来表示样本的分布特点。若假定样本所在的总体为某种分布(例如正态分布),则在此假定下,还可求出样本相应的理论次数分布。比较样本的实际次数分布与理论次数分布的拟合程度,就可推断总体的分布形式是否为假定的分布:若两者彼此很接近,则可接受假设,判断为总体符合假设的分布;若拟合得不好,则否定假设,判断为总体不符合假设的分布。这就是 χ^2 检验的基本思想。

(一)检验方法

1. 假设

H_0:该样本所估计的总体属于某种分布;

H_A:该样本所估计的总体不属某种分布。

2. 确定组限及样本次数分布

根据观察数据对样本进行分组,确定组限,统计样本的次数分布 w_i。

3. 对组限进行标准化

第 1 组的下限,标准化后应为 $-\infty$,即 $u_{1下}=-\infty$;

第 k 组的上限,标准化后应为 $+\infty$,即 $u_{k上}=+\infty$。

其余用下式进行标准化:

$$u=\frac{x-\overline{x}}{S} \tag{2.5.1}$$

4. 计算各组限 u_i 的分布函数值 $\varphi(u_i)$

根据假设的理论分布,先求出 x 落在各组内的概率,即

$$p\{x_i<x\leqslant x_i+1\}$$

然后乘以样本容量(即观察总次数),便得到样本相应的理论次数分布。例如假设总体为正态分布,x 变量落在各组内的概率为 p_i,可根据下式计算:

$$p_i=p\{x_i<x\leqslant x_i+1\}=\phi\left(\frac{x_{i+1}-\overline{x}}{S}\right)-\phi\left(\frac{x_i-\overline{x}}{S}\right)=\phi(u_{i+1})-\phi(u_i) \tag{2.5.2}$$

要注意的是:当 $i=1$,$\phi(u_1)=0$,即 $u_1=-\infty$;当 $i=k$,$\phi(u_k)=0$,即 $u_k=+\infty$。

求出 np_i，即为各组的理论次数。

如果出现理论次数 $np_i<5$ 的组，则需和邻近的组合并，使合并后各组的 np_i 均大于 5。同时，各实际次数 w_i 也应作相应的合并，这样就得到合并后的新组数，仍记为 k。

5. 样本实际次数分布与相应的理论次数分布拟合程度的比较

样本的实际次数与相应的理论次数间存在着一定的差异。它们之间的拟合程度，可根据下式的值进行判断。

$$x^2=\sum_{i=1}^{k}\frac{(w_i-np_i)^2}{np_i} \tag{2.5.3}$$

式中：w_i 为第 i 组的实际次数，np_i 为第 i 组的理论次数，k 为组数。显然，x^2 值越大，拟合得越不好；x^2 值越小，拟合得越好。

当 n 足够大（$n \geqslant 50$），则不论总体属于何种分布形式，其

$$\chi^2=\sum_{i=1}^{k}\frac{(w_i-np_i)^2}{np_i} \tag{2.5.4}$$

总是近似地服从自由度为（$k-r-1$）的 χ^2 分布，其中 r 是被估计参数的个数。

若 $x^2<\chi_\alpha^2$，接受 H_0，可以认为总体分布形式符合假设的分布；

若 $x^2\geqslant\chi_\alpha^2$，否定 H_0，接受 H_A，可以认为总体不符合假设的分布。

（二）χ^2 检验实例

[例 2.5.1]　为了解某地区土壤中铜含量的分布，测定 50 个点土壤的铜含量，结果见表 2.5.1。试检验该地区土壤中铜含量分布是否属于正态分布。

统计假设　H_0：该样本所估计的总体属于正态分布；

H_A：该样本所估计的总体不属于正态分布。

数据排序：将土壤铜含量，从小到大进行排序见表 2.5.1。

表 2.5.1　土壤中铜含量　　　　　　　　　　　　　　　单位：mg/kg

土号	含量	土号	含量	土号	含量	土号	含量	土号	含量
1	2.8	11	13.6	21	18.2	31	22.0	41	26.4
2	5.5	12	14.5	22	18.5	32	22.5	42	28.0
3	5.5	13	15.0	23	18.5	33	23.5	43	28.5
4	9.5	14	15.0	24	19.0	34	23.7	44	29.0
5	10.0	15	15.0	25	19.0	35	25.0	45	29.5
6	10.5	16	15.5	26	19.5	36	25.0	46	30.0
7	11.5	17	15.6	27	20.0	37	25.5	47	33.0
8	12.0	18	16.5	28	20.5	38	25.6	48	34.0
9	12.5	19	17.0	29	21.0	39	25.6	49	35.5
10	13.0	20	18.0	30	21.5	40	26.0	50	37.0

制作 χ^2 检验计算表：根据表 2.5.1 数据，制作 χ^2 检验计算表，见表 2.5.2。

表 2.5.2 χ^2 检验计算表

序号	组限 (x)	实际分布次数 (w_i)	组限标准化 (u)	$\phi(u_i)\sim\phi(u_{i+1})$	np_i	$\dfrac{(w_i-np_i)^2}{np_i}$
1	$2.55\sim7.55$	3 ⎫	$-\infty\sim-1.59$	$0.0000\sim0.0559$	2.795 ⎫	
2	$7.55\sim12.55$	6 ⎭	$-1.59\sim-0.95$	$0.0559\sim0.1711$	5.76 ⎭	0.0231
3	$12.55\sim17.55$	10	$-0.95\sim-0.31$	$0.1711\sim0.3783$	10.36	0.0125
4	$17.55\sim22.55$	13	$-0.31\sim0.34$	$0.3783\sim0.6331$	12.74	0.0053
5	$22.55\sim27.55$	9	$0.34\sim0.98$	$0.6331\sim0.8365$	10.17	0.1346
6	$27.55\sim32.55$	5 ⎫	$0.98\sim1.62$	$0.8365\sim0.9474$	5.545 ⎫	
7	$32.55\sim37.55$	4 ⎭	$1.62\sim+\infty$	$0.9474\sim1$	2.63 ⎭	0.0833
Σ		50				0.2588

表 2.5.2 的制作方法如下。

1. 确定组限

计算极差: $R=37.0-2.8=34.2$;

确定组数:根据变量多少及极差的大小确定,本例确定为 7 组;

确定组距:组距=极差÷组数=$34.2\div7=4.885\approx5$;

确定组限:组限值应比观察值多一位小数,以免观察值可能无法归类。第 1 组的下限应低于最小观察值,确定为 2.55,…,第 7 组的上限为 37.55,大于最大观察值。

2. 统计频率

根据表 2.5.1 数据,按照表 2.5.2 的组限,统计样本的实际分布次数 w_i。

3. 对组限进行标准化

样本平均数: $\overline{x}=19.938$

样本标准差: $S=7.7695$

标准化为

$u_{1下}=-\infty$

$u_{1上}=\dfrac{7.55-19.938}{7.7695}=-1.59$

$\vdots$

$u_{7下}=\dfrac{32.55-19.938}{7.7695}=1.62$

$u_{7上}=+\infty$

4. 确定各组限 u_i 的分布函数值 $\phi(u_i)$(查正态分布表)

$u_{1下}=-\infty$ $\phi(u_{i下})=0$

$u_{1上}=-1.59$ $\phi(u_{i上})=0.0559$

$\vdots$

$u_{7上}=-\infty$ $\phi(u_{7上})=1$

5. 计算理论次数且并组

$np_1=50\times0.0559=2.795$

$np_2=50\times0.1152=5.76$

$\vdots$

$np_7 = 50 \times 0.0526 = 2.63$

第 1 组与第 2 组合并为新组——第 1 组

$w_1 = 3 + 6 = 9$ $np_1 = 2.795 + 5.76 = 8.555$

第 7 组与第 6 组合并为新组——第 5 组

$w_7 = 5 + 4 = 9$ $np_5 = 5.545 + 2.63 = 8.175$

合并后新组数为 5。

6. 检验

x^2 值：$x^2 = 0.0231 + \cdots + 0.0822 = 0.2588$

自由度：$df = 5 - 2 - 1 = 2$

显著水平：$\chi^2_{0.05} = 5.991$

推断：$x^2(0.2588) < \chi^2_{0.05}(5.991)$，接受 H_0，表明土壤中铜含量为正态分布。

二、柯氏检验

（一）柯氏检验的概念

柯氏检验是柯尔莫哥洛夫检验的简称。它是应用样本经验函数与假设总体分布函数的近似性，判断样本所估计的总体是否为某个假设分布。

柯氏检验法检验总体的分布更为精确，是柯氏定律的直接应用。柯氏定律为：

设从任一连续分布为 $F(x)$ 的总体中取出容量为 n 的样本，$F_n(x)$ 是它的经验分布函数，则有

$$\lim_{n \to \infty} p\{\sqrt{n} \sup |F(x) - F_n(x)| < \lambda\} = k(\lambda) = \begin{cases} \sum\limits_{k=-\infty}^{\infty} (-1)^k e^{-2k^2\lambda} & (\lambda > 0) \\ 0 & (\lambda \leqslant 0) \end{cases} \quad (2.5.4)$$

式中 sup 表示上确界。把式(2.5.4)应用在统计检验时是假设 $H_0: F_n(x)$ 的经验分布，取样本统计量，例如用 $\bar{x}, s$ 代替相应的总体参数，求出每个样本观察值 x_i 对应的理论分布函数 $F(x_i)$。由此可以求得统计量：

$$D(n) = \max[|F_n(x_{i-1}) - F(x_i)|, |F_n(x_i) - F(x_i)|] \quad (2.5.5a)$$

若以 $d_i^{(1)}$ 表示 $F_n(x_{i-1}) - F(x_i)$，$d_i^{(2)}$ 表示 $F_n(x_i) - F(x_i)$，则上式变为

$$D_n = \max(d_i^{(1)}, d_i^{(2)}) \quad (2.5.5b)$$

由上式可知，D_n 就是各观察值（假设下的）分布函数值与经验分布函数值的绝对偏差，以及各观察值（假设下的）的分布函数值与它的前一个观察值的分布函数值的绝对偏差中最大的那个值。

若 D_n 较小，则差异较小；若 D_n 较大，则差异较大。

若 $D_n < D_a(n)$，接受 H_0，可认为样本所估计的总体分布为假设分布。

若 $D_n > D_a(n)$，否定 H_0，接受 H_A，可认为样本所估计的总体分布不符合假设分布。在一般情况下，柯氏检验的精度比 χ^2 检验高，但 $D_a(n)$ 在 α 给定后是不变的，当 n 不太大时，$D_n < D_a(n)$ 较易满足，因而易犯 Ⅱ 类错误。由于 $F(x)$ 要求是连续的，因此它不适用于离散型分布，如二项分布、泊松分布等。

（二）柯氏检验实例

[例 2.5.2] 某地区某种母质的农业土壤的铅背景值见表 2.5.3。试进行总体分布

形式的检验。

表 2.5.3　某农业土壤的铅背景值

单位:mg/kg

土号	背景值	土号	背景值	土号	背景值	土号	背景值	土号	背景值
1	6.3	4	11.4	7	13.1	10	15.1	13	17.0
2	8.1	5	12.0	8	14.4	11	15.8	14	17.5
3	9.3	6	12.5	9	14.8	12	16.8	15	18.6

假设 H_0:假设该总体分布形式为正态分布;

　　　 H_A:假设该总体分布形式为非正态分布。

根据表 2.5.3 数据和假设制作柯氏检验计算表,见表 2.5.4。

表 2.5.4　柯氏检验计算表

样本号 (i)	背景值 (x_i)	正态离差 $u_i = \dfrac{x_i - x}{S}$	正态分布函数 $F(x_i) = \phi(u_i)$	样本经验分布函数 $F_n(x_i)$	绝对偏差	
					$d_i^{(1)}$	$d_i^{(2)}$
1	6.3	-2.0	0.02275	0.06667	0.02275	0.04392
2	8.1	-1.5015	0.0662	0.1333	0.00808	0.0668
3	9.3	-1.1687	0.1212	0.2000	0.01215	0.0787
4	11.4	-0.5861	0.2789	0.2627	0.0789	0.0122
5	12.0	-0.4197	0.3374	0.3333	0.0707	0.0041
6	12.5	-0.2810	0.3894	0.4000	0.0561	0.0106
7	13.1	-0.1146	0.4544	0.4667	0.0514	0.0123
8	14.4	0.2460	0.5972	0.5333	0.1305	0.0639
9	14.8	0.3570	0.6394	0.6000	0.1061	0.0394
10	15.1	0.4462	0.6723	0.6667	0.0723	0.0056
11	15.8	0.6344	0.7371	0.7333	0.0704	0.038
12	16.8	0.9118	0.8191	0.8000	0.0858	0.0191
13	17.0	0.9673	0.8333	0.8667	0.0333	0.0334
14	17.5	1.1060	0.8656	0.9333	0.0011	0.06772
15	18.6	1.4110	0.9209	1.0000	0.0124	0.0791

表 2.5.4 的制作方法如下。

1. 计算正态离差

x_i 的平均数:$\bar{x} = 13.513$

x_i 的标准差:$S = 3.635$

正态离差:

$$u_1 = \frac{x_1 - \overline{x}}{S} \approx -2.000$$

$$\vdots$$

$$u_{15} = \frac{x_{15} - \overline{x}}{S} = 1.399$$

2. 确定正态分布函数

由 u_i 值，查标准正态分数函数表得 $\phi(u_i)$ 值：

$$u_1 = -2.000 \qquad \phi(u_1) = 0.02275$$

$$\vdots$$

$$u_{15} = 1.4110 \qquad \phi(u_{15}) = 0.9209$$

3. 计算样本经验分布函数

$$F_n(x_i) = \frac{1}{n}$$

$$F_n(x_1) = 1/15 = 0.0667$$

$$\vdots$$

$$F_n(x_{15}) = 15/15 = 1.00$$

4. 差异显著程度比较

计算 $d_i^{(1)}$：

$$d_i^{(1)} = |0 - 0.02275| = 0.02275$$

$$d_2^{(1)} = |0.06667 - 0.06662| = 0.00005$$

$$\vdots$$

$$d_{15}^{(1)} = |0.9333 - 0.9209| = 0.0124$$

计算 $d_i^{(2)}$：

$$d_i^{(2)} = |0.06667 - 0.02275| = 0.04392$$

$$d_2^{(2)} = |0.1333 - 0.06662| = 0.06668$$

$$\vdots$$

$$d_{15}^{(2)} = |1.0 - 0.9209| = 0.0791$$

计算 D_n：

$$D_n = \max(0.02275, 0.04392, \cdots, 0.1305, 0.0639, \cdots, 0.0124, 0.07991)$$

$$= 0.1305$$

判断：

$$n = 15 \qquad D_{0.05} = 0.220$$

$D_n(0.1305) < D_{0.05}(0.2200)$，接受 H_0，可以认为某地区某母质农业土壤的铅背景值为正态分布。

三、W 检验

（一）W 检验的概念

W 检验是夏皮罗-威尔克 W 检验法的简称。它的基本思想是先由样本观察值计算出 W 值，然后根据 W 值的大小推断其总体是否为正态分布。W 值的计算式为：

$$W = \frac{\left[\sum\limits_{i=1}^{h} a_{i,n}(x_{n-i+1} - x_i)\right]^2}{\sum\limits_{i=1}^{n}(x_i - \overline{x})^2} \qquad (2.5.6)$$

式中分母为 x 的平方和，$a_{i,n}$ 为 W 检验的系数，其值可根据样本容量 n 查附表 7"正态性 W 检验的系数（$a_{i,n}$）值表"得到。若把数据从小到大排列，当 $i=1$，$(x_{n-i+1} - x_i)$ 便是第 n 个数据（最末一个数据）与第一个数据（最小的数）的差；同样，当 $i=2$，$(x_{n-i+1} - x_i)$ 便是倒数第二个数据与第二个数据的差……这样的差与 $a_{i,n}$ 的乘积共有 h 项，然后求和。这里的 h 可根据下式计算：

$$h = \begin{cases} \dfrac{1}{2n} & （n \text{ 为偶数}） \\[2mm] \dfrac{1}{2(n-1)} & （n \text{ 为奇数}） \end{cases}$$

若样本为正态总体，则 $W \approx 1$；反之，则 $W < 1$。因此，可由样本的 W 值的大小推断其总体是否为正态分布。

（二）W 检验实例

［例 2.5.4］ 以例 2.5.3 中农业土壤的铅背景值为例，检验该样本所估计的总体是否为正态分布。

根据表 2.5.3 数据，制作 W 检验计算表，见表 2.5.5。

表 2.5.5　W 检验计算表

i	x_i	x_{n-i+1}	$a_{i,n}$	$x_{n-i+1} - x_i$	$a_{i,n}(x_{n-i+1} - x_i)$
1	6.3	18.6	0.5150	12.3	6.33450
2	8.1	17.5	0.3306	9.4	3.10764
3	9.3	17.0	0.2495	7.7	1.92115
4	11.4	16.8	0.1878	5.4	1.01412
5	12.0	15.8	0.1353	3.8	0.51414
6	12.5	15.1	0.0880	2.6	0.22880
7	13.1	14.8	0.0433	1.7	0.07361
					$\Sigma = 13.19396$

表 2.5.5 的制作方法如下。

1. 数据排列

将表 2.5.4 数据分别从小到大（$x_1, x_2, \cdots, x_7$）和从大到小（$x_{15}, x_{14}, x_{13}, \cdots, x_9$）进行排列，分别列于表中。

2. 确定 $a_{i,n}$

由 $n=15$ 查附表"正态性 W 检验的系数 $a_{i,n}$ 值表"得 $a_{i,n}$ 值，如

$a_{1,15} = 0.5150$

$\vdots$

$a_{7,15} = 0.0433$

3. 计算 $x_{n-i+1}-x_i$

$i=1$ 时　$x_{n-1+1}-x_1=18.6-6.3=12.3$

$i=2$ 时　$x_{n-2+1}-x_2=17.5-8.1=9.4$

$\vdots$

$i=7$ 时　$x_{n-7+1}-x_7=14.8-13.1=1.7$

4. 计算 $a_{i,n}(x_{n-i+1}-x_i)$

$a_{1,15}(x_{n-1+1}-x_1)=0.5150\times12.3=6.3345$

$\vdots$

$a_{7,15}(x_{n-7+1}-x_7)=0.0433\times1.7=0.07361$

5. 计算 $\sum\limits_{i=1}^{n}a_{i,n}(x_{n-i+1}-x_i)$ 和 x 的平方和

$\sum\limits_{i=1}^{n}a_{i,n}(x_{n-i+1}-x_i)=6.3340+3.10764+\cdots+0.07361=13.19396$

$SS_x=181.957$

6. 计算 W 值

$$W=\frac{13.19396^2}{181.957}=0.9567$$

7. 判断

$n=15$,查表得 $W_{0.05}=0.8810$,$W(0.9567)>W_{0.05}(0.8810)$,接受正态分布的假设。

四、偏度、峰度检验

(一)偏度和峰度的概念

样本数据的次数分布偏离正态的程度,可从偏度和峰度两个方面进行度量。

偏度又称敧斜度,它是对样本次数分布是否偏离以及如何偏离对称性的度量,即样本次数分布不对称性的程度。偏度以 C_S 表示,其定义式为

$$C_S=\frac{\frac{1}{n}\sum\limits_{i=1}^{n}(x_i-\overline{x})^3}{S^3}\quad\text{或}\quad C_S=\frac{\sum(x-\overline{x})^3}{nS^3}\qquad(2.5.7)$$

式中:n 为样本容量,S 为标准差。如果 $C_S=0$,表示样本次数分布是对称的;C_S 绝对值越小,表示样本次数分布越趋于对称;C_S 绝对值越大,表示样本次数分布越偏离对称;$C_S>0$,样本次数分布曲线高峰偏左,样本为正偏态分布;$C_S<0$,曲线高峰偏右,样本为负偏态分布。

峰度又称峭度,它是对样本次数分布的峰形陡峭程度是否违离以及如何违离正态分布的度量。峰度以 C_e 表示,定义式为

$$C_e=\frac{\frac{1}{n}\sum\limits_{i=1}^{n}(x_i-\overline{x})^4}{S^4}\quad\text{或}\quad C_e=\frac{\sum(x-\overline{x})^4}{nS^4}\qquad(2.5.8)$$

如果 $C_e=0$,峰形陡峭程度与正态分布相同;$C_e>0$,峰形陡峭程度比正态分布陡峭,为高峰态;$C_e<0$,峰形陡峭程度比正态分布平缓,为低峰态。

(二)偏度和峰度的实例

[例 2.5.5] 以例 2.5.1 资料为例,试对该项资料进行偏度、峰度检验。

1. 计算观察值的平均数、标准差以及观察值离均差的三次方和、四次方和

平均数:$\bar{x}=19.938$

标准差:$S=7.7695$

离均差三次方和:$\sum(x-\bar{x})^3=1081.84$

离均差四次方和:$\sum(x-\bar{x})^4=465772.3$

2. 计算偏度和峰度

$$C_S=\frac{1081.84}{50\times7.7695^3}=0.0813$$

$$C_e=\frac{465772.3}{50\times7.7695^4}=2.612$$

3. 判断

判断临界值:由 $n=50$,查偏度、峰度检验的分位数表,得

$C_{S(0.05)}=0.53$　　$C_{S(0.05上)}=3.99$　　$C_{e(0.05下)}=2.01$

判断方法:将 C_S 与 $C_{(\alpha)}$,$C_{e(\alpha下)}$、$C_{e(\alpha上)}$ 进行比较,方法如下。

$C_S<C_{S(\alpha)}$,且 $C_{e(\alpha下)}<C_e<C_{e(\alpha上)}$,则总体为正态;

$C_S<C_{S(\alpha)}$,或 $C_e>C_{e(\alpha上)}$,或 $C_e<C_{e(\alpha下)}$,则总体为非正态;

$C_S<C_{S(\alpha)}$,且 $C_S>0$,总体为负偏态;

$C_S<C_{S(\alpha)}$,且 $C_S>0$,总体为正偏态;

$C_e<C_{e(\alpha下)}$,总体为平坦峰;

$C_e<C_{e(\alpha下)}$,总体为高狭峰。

判断:根据 $C_{e(0.05下)}=2.01<C_e=2.612<C_{e(0.05上)}=3.99$,判断原总体属正态分布。

练习题

(1)什么是统计假设? 统计假设有哪几种? 统计假设检验中直接检验的统计假设是哪一种? 为什么?

(2)简述统计假设检验的基本方法和步骤。

(3)什么是显著水平? 根据什么确定显著水平? 它和统计推断有何关系? 为什么统计推断的结论有可能发生错误? 有哪两类错误? 如何克服?

(4)两个独立随机样本与两个配对样本的主要区别在哪里? 检验这两种样本的差异显著性,在方法上有哪些区别?

(5)什么是测量资料? 什么是计数资料? 这两种资料进行差异显著性检验的方法是否相同?

(6)t 分布与正态分布有何异同?

(7)大豆磷肥肥效试验:现选择土壤和其他条件近似的相邻小区组成一对,其中一区施磷肥 10 kg/亩,另一区不施磷肥,重复 7 次,产量结果如下表。试检验大豆施磷肥是否存在着增产量效果。

大豆磷肥施用效果试验　　　　　　　　　　　　单位:kg/亩

序号	I	II	III	IV	V	VI	VII
x_1(施磷肥 10 kg/亩)	170	158	182	176	163	187	168
x_2(不施磷肥)	155	145	132	138	146	129	137

(8)某重金属污染治理试验,设置治理与不治理两个处理进行水稻栽培试验。重复 5次,采用完全随机化设计,试验结果如下表。试检验处理措施有无显著效果。

重金属污染治理试验结果水稻产量　　　　　　　单位:kg/亩

序号	1	2	3	4	5
治理	375	405	365	390	395
不治理	275	306	251	240	325

(9)为探讨某工厂的排污水是否对农作物产生毒害,现以水稻进行土培试验,设置污灌与普灌两个处理,重复 8 次,采用配对法设计,试验结果列于下表。试检验两个处理平均数间有无显著差异。

水稻污灌土培试验结果　　　　　　　　　　　　单位:g/盆

序号	1	2	3	4	5	6	7	8
水灌	31	20	18	17	9	8	10	7
污灌	18	17	14	11	10	7	5	6

第三章　环境数据的方差分析

生物试验中的处理数一般都在两个以上,如果按照上一章介绍的成组或配对数据进行差异显著性检验,不仅计算程序繁琐,而且检验结果不精确。R. A. Fisher 于 1923 年提出的方差分析法能圆满地解决上述问题。因此,方差分析法已广泛应用于生物试验的统计分析。

第一节　方差分析的基本原理与方法

方差分析是在划分变异因素的基础上,计算各变异因素的方差,从而进行方差比较的一种统计检验方法。

应用方差分析进行差异显著性检验的试验资料一般分为两个类型,即单向分组资料和两向分组资料。如果试验资料的每一个观察值仅受一个方面的影响,这种资料称为单向分组资料,如完全随机化设计的单因素试验所获得的数据就是一个单向分组资料;如果试验的每一个观察值同时受两个方面的影响,这种资料称为两向分组资料。这两个方面可以是两个处理因素,也可以一个是处理因素,另一个是区组因素。两个因素完全随机化设计所获得的资料与单因素随机区组设计所获得的资料均属两向分组资料。

不同的试验资料其方差分析的方法步骤略有不同,这里以单向分组资料为例介绍方差分析的原理与方法。方差分析从广义上讲包括 F 检验和多重比较。

一、F 分布与 F 检验

(一)F 分布

在一个具有平均数为 μ、方差为 σ^2 的正态总体中,随机抽取自由度为 df_1 和 df_2 的两个独立样本,分别求其样本方差 S_1^2 和 S_2^2,则将 S_1^2 和 S_2^2 的比值定义为 F,即

$$F = \frac{S_1^2}{S_2^2} \tag{3.1.1}$$

如果在给定的 df_1 和 df_2 下进行系列抽样,就可得到一系列的 F 值,于是可作成一个 F 分布。F 分布是具有平均数为 $\mu_F = 1$ 和取值区间为 $[0, \infty)$ 的一组曲线,而曲线形状仅决定于 df_1 和 df_2。当 $df_1 = 1$ 或 $df_1 = 2$ 时,F 分布呈严重倾斜的反 j 形;当 $df_1 \geqslant 3$ 时转为偏态。

(二)F 检验

1. 平方和及自由度的分解

F 检验是在划分变异因素的基础上进行的,单向分组资料的变异可划分为处理间(组间)和处理内(组内)的变异。总平方和及总自由度也分解为各变异来源的相应部分。

设有 k 个处理,每个处理皆有 n 个观察值,则资料具有 kn 个观察值。其资料分组模式如表 3.1.1。

表 3.1.1　单向分组资料模式

处理	观察值	处理和	处理平均
1	$x_{11}, x_{12}, \cdots, x_{1n}$	T_1	$\overline{x}_1$
2	$x_{21}, x_{22}, \cdots, x_{2n}$	T_2	$\overline{x}_2$
$\vdots$	$\vdots$	$\vdots$	$\vdots$
k	$x_{k1}, x_{k2}, \cdots, x_{kn}$	T_k	$\overline{x}_k$
		$T = \sum x$	$\overline{x} = \sum x / kn$

表 3.1.1 中的总变异是 kn 个观察值的变异,其自由度为 $df_T = kn - 1$,而总平方和 SS_T 为

$$SS_T = \sum_1^{kn} (x_{ij} - \overline{x})^2 = \sum_1^{kn} x_{ij}^2 - C \tag{3.1.2}$$

式(3.1.2)中的 C 称为矫正数,计算式为

$$C = \frac{\left(\sum x\right)^2}{kn} = \frac{T^2}{kn} \tag{3.1.3}$$

表 3.1.1 资料的总平方和 SS_T 可分解为

$$SS_T = \sum_1^{kn} (x_{ij} - \overline{x})^2 = \sum_1^k \sum_1^n (x_{ij} - \overline{x})^2 + n \sum_1^k (\overline{x}_i - \overline{x})^2 \tag{3.1.4}$$

总平方和 ＝ 误差平方和＋ 处理平方和

式(3.1.4)的分解式证明如下:

$$SS_T = \sum_1^{kn} (x_{ij} - \overline{x})^2 = \sum_1^{kn} (x_{ij} - \overline{x}_i + \overline{x}_i - \overline{x})^2$$

$$= \sum_1^{kn} \left[(x_{ij} - \overline{x}_i) + (\overline{x}_i - \overline{x}) \right]^2$$

$$= \sum_1^{kn} \left[(x_{ij} - \overline{x}_i)^2 + 2(\overline{x}_{ij} - \overline{x}_i)(x_i - \overline{x}) + (\overline{x}_i - \overline{x})^2 \right]$$

$$= \sum_1^{kn} (x_{ij} - \overline{x}_i)^2 + 2 \sum_1^{kn} (x_{ij} - \overline{x}_i)(x_i - \overline{x}) + n \sum_1^k (\overline{x}_i - \overline{x})^2$$

$$\because \sum_1^{kn} (x_{ij} - \overline{x}_i)(\overline{x}_i - \overline{x}) = \sum_{i=1}^k (x_i - \overline{x}) \sum_{j=1}^n (x_{ij} - \overline{x}_i) = 0$$

$$\therefore \sum_1^{kn} (x_{ij} - \overline{x})^2 = \sum_1^{kn} (x_{ij} - \overline{x}_i)^2 + n \sum_1^k (\overline{x}_i - \overline{x})^2$$

总自由度 df_T 可分解为

$$(kn - 1) = k(n - 1) + (k - 1) \tag{3.1.5}$$

总自由度＝误差自由度＋处理自由度

处理间变异是 k 个处理平均数 $\overline{x}_i$ 的变异,其自由度 $df_t = k - 1$,而处理平方和 SS_t 为

$$SS_t = n \sum_1^k (\overline{x}_i - \overline{x})^2 = \frac{1}{n} \sum_1^k T_i^2 - C \tag{3.1.6}$$

处理内的变异是各处理内观察值与相应平均数 $\overline{x}_i$ 的差异,处理内自由度即误差自

由度为

$$\mathrm{d}f_e = k\ (n-1)$$

而处理内平方和即误差平方和则为

$$SS_e = \sum_1^k \sum_1^n (x_{ij} - \overline{x}_i)^2 = SS_T - SS_t \qquad (3.1.7)$$

2. 计算方差

方差是平方和除以自由度的商,其总方差 S_T^2、处理方差 S_t^2 及误差方差 S_e^2 分别为

$$S_T^2 = \frac{\sum (x - \overline{x})^2}{kn - 1} = \frac{SS_T}{\mathrm{d}f_T}$$

$$S_t^2 = \frac{n \sum (\overline{x}_i - \overline{x})^2}{k - 1} \frac{SS_t}{\mathrm{d}ft} \qquad (3.1.8)$$

$$S_e^2 = \frac{\sum (x_{ij} - \overline{x}_i)^2}{k(n-1)} = \frac{SS_e}{\mathrm{d}f_e}$$

3. F 检验

F 检验又称方差比检验,也称方差分析。F 检验是以 F 值作为检验的指标,F 值实际上是两个方差的比值。F 值具有 S_1^2 的自由度 $\mathrm{d}f_1$ 和 S_2^2 的自由度 $\mathrm{d}f_2$。F 检验显著标准的临界值 F_α 值,可由 $\mathrm{d}f_1$ 和 $\mathrm{d}f_2$ 从附表 5 的 F 值表查出。F 检验是用来检验某项变异因素的效应是否真实存在的统计检验方法,在计算 F 值时,总是将要检验的那一项变异因素的方差作为分子,而以另一项变异因素(例如试验误差)的方差作为分母。如果作为分子的方差小于作为分母的方差,即 $F < 1$,此时不必查 F 值表,即可确定 H_0 出现的概率 $P > 0.05$,应接受 H_0,差异不显著;如果 $F > 1$,可由 $\mathrm{d}f_1$ 和 $\mathrm{d}f_2$ 查 F 值表,当 $F < F_{0.05}$,则接受 H_0,差异不显著。当 $F \geqslant F_{0.05}$ 或 $F \geqslant F_{0.01}$,则否定 H_0,接受 H_A,差异显著或极显著。方差分析表的模式见表 3.1.2。

表 3.1.2　单向分组资料方差分析模式表

变异因素	SS	$\mathrm{d}f$	MS	F	$F_{0.05}$	$F_{0.01}$
处理 误差	$\dfrac{1}{n} \sum_1^k T_i^2 - C$ $SS_T - SS_t$	$k-1$ $k(n-1)$	S_t^2 Se^2	$\dfrac{S_t^2}{S_e^2}$		
总变异	$\sum_1^{kn} x_{ij}^2 - C$	$Kn-1$				

F 检验需具备两个条件,即变量 X 遵循正态分布 $N(\mu, \sigma^2)$ 和 S_1^2 和 S_2^2 彼此独立。

〔例 3.1.1〕　玉米喷施不同浓度某生长素的效应试验,设有 A、B、C 三种不同浓度,并以喷水作为对照(D),重复 4 次,采用完全随机化设计。试验结果见表 3.1.3。

表 3.1.3　玉米不同浓度生长素处理的苗高

处理	玉米株高（cm）	处理和（T_i）	处理平均（$\overline{x}_i$）
A	42　48　54　40	184	46
B	44　50　54　44	192	48
C	38　46　42　26	152	38
D	40　36　38　30	144	36
		$T=672$	$\overline{x}=42$

根据表 3.1.3 数据，应用有关计算式计算矫正数、各变因的平方和及自由度：

$$C=\frac{672^2}{4\times4}=28224$$

$$SS_T=42^2+48^2+\cdots+26^2-28224=888$$

$$SS_t=\frac{(184^2+192^2+152^2+144^2)}{4}-28224=416$$

$$SS_e=888-416=472$$

$$df_T=4\times4-1=15$$

$$df_t=4-1=3$$

$$df_e=15-3=12$$

根据以上计算结果，应用式（3.1.7）计算各变因的方差为

$$S_t^2=\frac{416}{3}=138.67$$

$$S_e^2=\frac{472}{12}=39.33$$

统计假设：H_0 为 $\sigma_1^2=\sigma_2^2$，H_A 为 $\sigma_1^2>\sigma_2^2$

根据上述 S_t^2 和 S_e^2 应用式（3.1.1）计算 F 值为

$$F=\frac{138.67}{39.33}=3.53$$

由 $df_t=3$，$df_e=12$，查附表 5，得 $F_{0.05}=3.49$，$F_{0.01}=5.95$，于是可按表 3.1.2 模式列出方差分析表，见表 3.1.4。

表 3.1.4　玉米生长素试验方差分析表

变异因素	SS	df	MS	F	$F_{0.05}$	$F_{0.01}$
处理	416	3	138.67	3.53 *	3.49	5.95
误差	472	12	39.33			
总变异	888	15				

$F(3.53)>F_{0.05}(3.49)$，H_0 出现的概率 $P<0.05$，否定 H_0，接受 H_A，差异显著，表明不同浓度生长素对玉米生长的影响有显著差异。

二、多重比较

当 F 检验结果拒绝无效假设 $H_0:\sigma_1^2=\sigma_2^2$，接受了 $H_A:\sigma_1^2>\sigma_2^2$，这说明处理间总体上

存在显著差异,但 F 检验并没有提供各个处理间均存在显著差异的信息,这就必须采用多重比较方法对各处理间进行比较,以判断不同处理平均数间的差异显著性。

多重比较又称平均数间差异显著性比较,它是在确定其差异显著性标准的基础上,将各处理平均数间进行相互比较,以确定其差异显著性。多重比较的方法有最小显著差数法和最小显著极差法等。

最小显著差数法,简称 LSD 法,它的计算简便,且便于比较。由于这种方法的基础是 t 检验,存在一些缺陷,因此当对每两个处理进行检验时容易犯 α 类错误。不过,当处理数不多,且各个处理相互独立时仍可应用。

最小显著极差法,简称 LSR 法,它主要包括两种方法,一种是新复极差法,另一种是 q 检验法。这类方法的中心思想是对不同处理平均数间进行比较时,采用不同的显著性标准,即要比较的两个处理平均数在多重比较表中相离越远,显著性差数标准就越高。

(一)最小显著差数法(LSD 检验法)

这一方法是依据要比较的每两个处理平均数的差数,采用同样的比较标准进行差异显著性检验。它的方法、步骤如下。

(1)统计假设:

$$H_0:\mu_1=\mu_2 \qquad H_A:\mu_1\neq\mu_2$$

(2)计算平均数差数标准误差:根据误差方差及样本容量计算平均数差数标准误 $S_{\bar{x}_1-\bar{x}_2}$,即

$$S_{\bar{x}_1-\bar{x}_2}=\sqrt{\frac{2S_e^2}{n}} \tag{3.1.9}$$

(3)计算最小显著差数标准 LSD_α:由 S_e^2 所具有的自由度 $\mathrm{d}f_e$ 查 t 值表,可获得 t_α 值,于是算得

$$LSD_\alpha=S_{\bar{x}_1-\bar{x}_2}\times t_\alpha \tag{3.1.10}$$

(4)制作多重比较表进行判断:将各处理平均数按大小顺序排列制作多重比较表。以 d 表示两处理平均数的差数,如果 $d\geqslant LSD_\alpha$,即在 α 水平上显著,否则不显著。制作多重比较表有字母标记法、梯形表法、划线法,目前多采用字母标记法,下面介绍这种方法。

[例 3.1.2] 以例 3.1.1 资料为例,其平均数 $\bar{x}_A=46\,cm,\bar{x}_B=48\,cm,\bar{x}_C=38\,cm,\bar{x}_D=36\,cm$,样本容量 $n=4$,误差方差 $S_e^2=39.33$,误差自由度 $\mathrm{d}f_e=12$。试进行平均数间差异显著性比较。

(1)统计假设:

$$H_0:\mu_1=\mu_2 \qquad H_A:\mu_1\neq\mu_2$$

(2)计算平均数差数标准误差:根据有关数据应用式(3.1.9)计算为

$$S_{\bar{x}_1-\bar{x}_2}=\sqrt{\frac{2\times39.33}{4}}=4.43(cm)$$

(3)计算最小显著差数标准:由 $\mathrm{d}f_e=12$,查 t 值表得 $t_{0.05}=2.18,t_{0.01}=3.06$,应用式(3.1.10)计算得

$LSD_{0.05}=4.43\times2.18=9.66$

$LSD_{0.01}=4.43\times3.06=13.56$

（4）比较判断：根据各处理的平均数，以及最小显著差数标准制作多重比较表，（表3.1.5）。表3.1.5的制作方法：首先将处理平均数按大小顺序填入表中，其次填入相应的处理代号，然后以两处理具有相同英文字母为差异不显著，不同字母为差异显著（5%）或极显著（1%）为原则，填入小写字母（5%）和大写字母（1%），即制成多重比较表。

表3.1.5　玉米生长素试验多重比较表

处理	平均数	差异显著性程度	
	（cm）	5%	1%
B	48	a	A
A	46	$a\ b$	A
C	38	$b\ c$	A
D(CK)	36	c	A

表3.1.5显示：A、B两种浓度的生长素对玉米生长有显著的促进作用，其中以B浓度最好，C浓度生长素对玉米生长没有显著的促进作用。

（二）新复极差法

新复极差法又叫邓肯（Duncan）检验法，是邓肯在1955年提出的，简称SSR检验法，检验步骤如下：

（1）统计假设：

$$H_0:\mu_1-\mu_2=0 \qquad H_A:\mu_1-\mu_2\neq0$$

（2）计算平均数标准误差：当样本容量均为n时，平均数标准误差的计算式为

$$S_{\bar{x}}=\sqrt{\frac{S_e^2}{n}} \tag{3.1.11}$$

（3）计算最小显著极差标准LSD_α值：根据S_e^2所具自由度，查SSR表得$p=2,3,\cdots,k$（p为极差间包含的处理平均数个数）时的SSR_α值，进而计算各个p的最小显著极差标准LSR_α值，即

$$LSR_\alpha=S_{\bar{x}}\times SSR \tag{3.1.12}$$

（4）制作多重比较表：将各个平均数按大小顺序排列，用各p的LSR_α值判断各平均数间的差异显著性。

［例3.1.3］　仍以例3.1.1资料为例，对其平均数进行新复极差检验。在表3.1.3中已算得平均数，$\bar{x}_A=46$(cm)，$\bar{x}_B=48$(cm)，$\bar{x}_C=38$(cm)，$\bar{x}_D=36$(cm)，误差方差$S_e^2=39.33$，故有

$$S_{\bar{x}}=\sqrt{\frac{39.33}{4}}=3.14\text{(cm)}$$

由$df_e=12$，查SSR值表得$p=2$时，$SSR_{0.05}=3.08$，$SSR_{0.01}=4.32$，故

$$LSR_{0.05}=3.14\times3.08=9.67\text{(cm)}$$
$$LSR_{0.01}=3.14\times4.32=13.56\text{(cm)}$$

同理可计算$p=3$，$p=4$的$LSR_{0.05}$和$LSR_{0.01}$的值，计算结果见表3.1.6。

表 3.1.6　表 3.1.3 资料 SSR 检验的 LSR_α 值表

p	2	3	4
$SSR_{0.05}$	3.08	3.23	3.33
$SSR_{0.01}$	4.32	4.55	4.68
$LSR_{0.05}$	9.67	10.14	10.47
$LSR_{0.01}$	13.56	14.29	14.70

根据表 3.1.3 资料的各平均数,应用表 3.1.6 的 LSR_α 值进行差异显著性比较。在 $\overline{x}_B$ 与 $\overline{x}_A$、$\overline{x}_A$ 与 $\overline{x}_C$、$\overline{x}_C$ 与 $\overline{x}_D$ 比较时,p 皆为 2;在 $\overline{x}_B$ 与 $\overline{x}_C$、$\overline{x}_A$ 与 $\overline{x}_D$ 比较时 $P=3$;在 $\overline{x}_B$ 与 $\overline{x}_D$ 比较时 $P=4$。用字母标记法制作多重比较表见表 3.1.7。

表 3.1.7　表 3.1.3 资料 SSR 检验多重比较表

处理	平均数 (cm)	差异显著性程度	
		5%	1%
B	48	a	A
A	46	a b	A
C	38	a b	A
D	36	b	A

从表 3.1.7 可知,4 个处理的玉米株高的差异,只有处理 B 与 D 在 $\alpha = 0.05$ 水平上显著,其余都不显著。这表明只有生长素 B 浓度对玉米生长有显著的促进作用,其余均无显著促进作用。

(三)q 检验法

q 检验法是 Tukey 于 1953 年提出的,其方法原理与新复极差法相似,两者的区别在于计算最小显著极差标准 LSR_α 值时不是查 SSR_α 值而是查 q_α 值。查 q_α 值后,即有

$$LSR_\alpha = S_{\overline{x}} \times q_\alpha \tag{3.1.13}$$

其余与新复极差检验相同。

[例 3.1.4]　仍以例 3.1.1 资料为例,对各平均数进行 q 检验。

(1)统计假设:

$$H_0:\mu_1=\mu_2 \qquad H_A:\mu_1 \neq \mu_2$$

(2)计算平均标准误差:方法同新复极差检验,$S_{\overline{x}}=3.14$(cm)

(3)计算最小显著极差标准 LSR_α 值:由 $df_e=12$ 查 q_α 值表,查得 $p=2$,$p=3$,$p=4$ 的 $q_{0.05}$ 和 $q_{0.01}$ 的值,按式(3.1.13)即可算得 $LSR_{0.05}$ 和 $LSR_{0.01}$ 的值,见表 3.1.8。

表 3.1.8　例 3.1.3 资料的检验 LSR_α 值表

p	2	3	4
$q_{0.05}$	3.08	3.77	4.20
$q_{0.01}$	4.32	4.55	4.68
$LSR_{0.05}$	9.67	11.84	13.19
$LSR_{0.01}$	13.56	15.83	17.27

(4)制作多重比较表:多重比较表制作方法与新复极差检验相同,结果见表 3.1.9。

表 3.1.9　例 3.1.3 资料的 q 检验多重比较表

处理	玉米株高平均数 （cm）	差异显著性程度	
		%	1%
B	48	a	A
A	46	a	A
C	38	a	A
D	36	a	A

从表 3.1.9 可以看出，例 3.1.3 资料各平均数之间均不显著。

以上三种检验方法，其显著性标准，当 $p=2$ 时，三者相同；当 $p \geqslant 3$ 时，LSD 法最低，q 检验法最高，SSR 法居中。LSD 法容易犯 α 错误，q 检验法容易犯 β 错误。LSD 法仅适用于相互独立的处理平均数间比较。因此，在应用时必须根据情况选择相适应的检验方法。

第二节　常用比较性设计试验结果的统计分析

一、随机区组设计试验结果的统计分析

（一）单因素随机区组设计试验结果的统计分析

单因素随机区组设计所获得的资料属两向分组资料，可将处理看作一个因素，区组看作另一因素，因此这类资料的总变异可划分为处理间变异、区组间变异和误差引起的变异。设试验有 k 个处理，n 个区组，则平方和的分解式及计算式为

$$\sum_1^k \sum_1^n (x_{ij} - \overline{x})^2 = n \sum_1^k (\overline{x}_i - \overline{x})^2 + k \sum_1^n (\overline{x}_j - \overline{x})^2 + \sum_1^k \sum_1^n (x_{ij} - \overline{x}_i - \overline{x}_j + \overline{x})^2$$

总平方和 ＝处理平方和＋区组平方和＋误差平方和

式中 x_{ij} 表示各小区数据，$\overline{x}_t$ 表示各处理平均数，$\overline{x}_r$ 表示各区组平均数，$\overline{x}$ 表示全试验平均数。

矫正数及平方和计算式为

矫正数：$C = \dfrac{(\sum x)^2}{kn}$

总平方和：$SS_T = \sum_1^k \sum_1^n (x_{ij} - \overline{x})^2 = \sum x^2 - C$

处理平方和：$SS_t = n \sum_1^k (\overline{x}_i - \overline{x}) = \dfrac{1}{n} \sum_{i=1}^k T_i^2 - C$ 　　　　　　(3.2.1)

区组平方和：$SS_r = k \sum_1^n (\overline{x}_j - \overline{x})^2 = \dfrac{1}{k} \sum_{j=1}^n T_j^2 - C$

误差平方和：$SS_e = \sum_1^k \sum_1^n (x_{ij} - \overline{x}_i - \overline{x}_j + \overline{x})^2 = SS_T - SS_t - SS_r$

自由度的分解式及计算式为

$$(nk-1)=(k-1)+(n-1)+(k-1)(n-1)$$
总自由度＝处理自由度＋区组自由度＋误差自由度

总自由度：$df_T=kn-1$

处理自由度：$df_t=k-1$ (3.2.2)

区组自由度：$df_r=n-1$

误差自由度：$df_e=(k-1)(n-1)=df_T-df_t-df_r$

由各变因的平方和及自由度可计算相应的方差,从而可进行 F 检验和多重比较。

［例 3.2.1］ 施用不同尿素对稻田土表水层中的硝态氮含量影响试验可了解氮肥流失及其对水体的污染情况。设置 A 不施氮;B 尿素施于水层中;C 尿素施于水层并耘田;D 尿素浅施(0～10 cm)与土混匀;E 尿素全层施(0～20 cm)与土混匀,重复 3 次,采用随机区组设计。于施后 7 天测定水层中硝态氮含量,结果见表 3.2.1。试进行统计分析。

(1)计算平方和及自由度:根据试验结果制作处理与区组两向分组资料表,见表 3.2.1。

表 3.2.1   例 3.2.1 资料处理与区组两向表   单位:mg/L

处理	区组				
	Ⅰ	Ⅱ	Ⅲ	T_t	$\bar{x}_t$
A(CK)	6.85	6.89	6.81	20.55	6.85
B	52.80	66.50	47.95	167.25	55.75
C	44.65	50.30	43.50	138.45	46.15
D	8.35	8.40	8.30	25.05	8.35
E	7.65	7.62	7.68	22.95	7.65
T_r	120.30	139.71	114.24	$T=374.25$	

根据表 3.2.1 资料,用式(3.2.1)计算平方和为

矫正数:$C=\dfrac{374.25^2}{5\times3}=9337.54$

总平方和:$SS_T=6.85^2+52.80^2+\cdots+7.68^2-9337.54=7113.23$

处理平方和:$SS_t=\dfrac{1}{3}(20.55^2+167.25^2+\cdots+22.95^2)-9337.54=6901.62$

区组平方和:$SS_r=\dfrac{1}{5}(120.30^2+139.71^2+114.24^2)-9337.54=70.81$

误差平方和:$SS_e=7113.23-6901.62-70.81=140.80$

根据式(3.2.2)计算自由度为

总自由度: $df_T=5\times3-1=14$

处理自由度:$df_t=5-1=4$

区组自由度:$df_r=3-1=2$

误差自由度:$df_e=14-4-2=8$

(2)F 检验:根据以上计算结果列出例 3.2.1 资料的方差分析,见表 3.2.2。

表 3.2.2 例 3.2.1 资料的方差分析

变异因素	SS	$\mathrm{d}f$	MS	F	$F_{0.05}$	$F_{0.01}$
处理间	6901.62	4	1725.41	98.03**	3.84	7.01
区组间	70.81	2	35.41	2.01	4.46	8.65
误差	140.80	8	17.60			
总变异	7113.23	14				

$F_t(98.03) > F_{0.01}(7.01)$，差异极显著，表明例 3.2.1 资料处理间有极显著差异；$F_r(2.01) < F_{0.05}(4.46)$，表明区组间差异不显著。

(3)通过多重比较(SSR 法)，用式(3.1.11)计算例 3.2.1 资料的平均数标准误差。

$$S_{\overline{x}} = \sqrt{\frac{17.60}{3}} = 2.422(\mathrm{mg/L})$$

由 $\mathrm{d}f_e = 8$ 查 SSR 值表，查得 $p=2, p=3, p=4, p=5$ 的 SSR_α 值见表 3.2.3。用式 (3.1.12)计算最小显著极差标准亦见表 3.2.3。

表 3.2.3 例 3.2.1 资料 SSR 检验的 LSR_α 值

p	2	3	4	5
$SSR_{0.05}$	3.26	3.39	3.47	3.52
$SSR_{0.01}$	4.74	5.00	5.14	5.23
$LSR_{0.05}$	7.90	8.21	8.40	8.53
$LSR_{0.01}$	11.48	12.11	12.45	12.67

根据表 3.2.1 的处理平均数，用表 3.2.3 所列最小显著极差标准进行多重比较，结果见表 3.2.4。

表 3.2.4 例 3.2.1 资料多重比较

处理	平均数 $(\mathrm{mg/L^{-1}})$	差异显著性程度	
		5%	1%
B	55.75	a	A
C	46.15	b	A
D	8.35	c	B
E	7.65	c	B
A(CK)	6.85	c	B

判断：尿素施于稻田水层中，对水体污染最严重；尿素施于全土层混匀对水体无显著污染；其余处理对水体呈显著或极显著污染。

(二)二因素随机区组设计试验结果的统计分析

设有 A 和 B 两个试验因素，各具 a 和 b 个水平，有 n 次重复，采用随机区组设计。其试验资料总变异平方和的分解与单因素随机区组试验相同，但处理平方和可进一步分解

$$n\sum_1^{ab}(\overline{x}_{kl} - \overline{x})^2 = nb\sum_1^a(\overline{x}_k - \overline{x})^2 + na\sum_1^b(\overline{x}_l - \overline{x})^2 + n\sum_1^a\sum_1^b(x_{kl} - \overline{x}_k - \overline{x}_l - \overline{x})^2$$

处理平方和＝A 的平方和＋B 的平方和＋A×B 的平方和

各平方和的计算式为

总平方和：$SS_T = \sum_1^{nab} (x - \overline{x})^2 = \sum x^2 - C$

处理平方和：$SS_t = n \sum_1^{ab} (\overline{x}_{kl} - \overline{x})^2 = \frac{1}{n} \sum T_K^2 - C$

区组平方和：$SS_r = k \sum_1^n (\overline{x}_n - \overline{x})^2 = \frac{1}{ab} \sum T_n^2 - C$ (3.2.3)

A 平方和：$SS_A = nb \sum_1^a (\overline{x}_k - \overline{x})^2 = \frac{1}{nb} \sum T_A^2 - C$

B 平方和：$SS_B = na \sum_1^b (\overline{x}_l - \overline{x})^2 = \frac{1}{na} \sum T_B^2 - C$

A×B 的平方和：$SS_{A \times B} = SS_t - SS_A - SS_B$

误差平方和：$SS_e = SS_T - SS_t - SS_r$

总自由度的分解与单因素随机区组试验相同，但处理自由度可进一步分解为

$$(ab-1) = (a-1) + (b-1) + (a-1)(b-1) \quad (3.2.4)$$

处理自由度＝A 自由度＋B 自由度＋A×B 自由度

[例 3.2.2] 空心菜不同施氮量(A)和不同止氮期(B)对空心菜植株体内硝态氮含量的影响试验采用框栽法进行。施氮量(g/m^2)分 A_1(15)，A_2(30)，A_3(45)3 个水平。止氮期(天)分 B_1(3)，B_2(7)，B_3(11)3 个水平。重复 4 次，采用随机区组设计。试验结果见表 3.2.5，试进行统计分析。

1. 计算平方和及自由度

(1)根据试验结果，制作例 3.2.2 数据的处理与区组两向表见表 3.2.5。

表 3.2.5　例 3.2.2 数据处理与区组两向表　　　　　　　　　单位:mg/kg

处理		区组				T_t	$\overline{x}_t$
		I	II	III	IV		
A_1	B_1	225	211	185	183	804	201.00
	B_2	325	282	320	285	1212	303.00
	B_3	84	121	80	126	411	102.75
A_2	B_1	267	324	281	328	1220	305.00
	B_2	428	380	415	385	1608	402.00
	B_3	209	192	208	205	814	203.50
A_3	B_1	429	423	377	386	1615	403.75
	B_2	490	508	495	524	2017	504.75
	B_3	236	234	268	270	1008	252.00
T_r		2713	2675	2629	2629	$T=10709$	

(2)根据表 3.2.5 数据，制作施氮量(A)与止氮量(B)两向表列于表 3.2.6。

表 3.2.6　施氮量与止氮期两向表

	B₁	B₂	B₃	T_A	x_A
A₁	804	1212	411	2427	202.25
A₂	1220	1608	814	3642	303.50
A₃	1615	2017	1008	4640	386.67
T_B	3639	4837	2233	$T=10709$	
$\bar{x}_B$	303.25	403.08	186.08		

(3)根据表 3.2.5 和表 3.2.6,用式(3.2.3)计算各变因的平方和。

矫正数:$C=10709^2/(4\times3\times3)=3185630.028$

总平方和:$SS_T=255^2+\cdots+270^2-3185630.028=504770.972$

区组平方和:$SS_r=\dfrac{1}{9}(2713^2+\cdots+2692^2)-3185630.028=425.416$

处理平方和:$SS_t=\dfrac{1}{4}(804^2+\cdots+1008^2)-3185630.028=492749.722$

A 平方和:$SS_A=\dfrac{1}{4\times3}(2427^2+\cdots+4640^2)-3185630.028=204711.055$

B 平方和:$SS_B=\dfrac{1}{4\times3}(3639^2+\cdots+2233^2)-3185630.028=283134.889$

A×B 平方和:$SS_{A\times B}=492749.722-204711.055-283134.889=901.778$

误差平方和:$SS_e=504770.972-492749.722-425.416=11595.834$

(4)用式(3.2.2)和式(3.2.4)计算例 3.2.2 数据各变因的自由度。

总自由度:$df_T=4\times3\times3-1=35$

区组自由度:$df_r=4-1=3$

处理自由度:$df_t=3\times3-1=8$

A 因素自由度:$df_A=3-1=2$

B 因素自由度:$df_B=3-1=2$

A×B 自由度:$df_{A\times B}=(3-1)(3-1)=4$

误差自由度:$df_e=35-8-3=24$

2. F 检验

根据以上计算结果,制作例 3.2.2 数据的方差分析表,见表 3.2.7。

表 3.2.7　例 3.2.2 资料的方差分析表

变异来源	SS	df	MS	F	$F_{0.05}$	$F_{0.01}$
区组	425.416	3	141.805	<1	3.01	4.72
处理	492749.772	8	61593.715	127.48**	2.36	3.36
A	204711.055	2	102355.715	211.85**	3.40	5.61
B	283134.889	2	141567.445	293.00**	3.40	5.61
A×B	901.778	4	1225.445	2.54	2.78	4.22
误差	11595.834	24	483.166			
总变异	504770.972	35				

$F_t > F_{0.01}$，差异极显著，表明处理组合间差异极显著；

$F_A > F_{0.01}$，差异极显著，表明施氮量水平间差异极显著；

$F_B > F_{0.01}$，差异极显著，表明止氮期水平间差异极显著；

$F_{A \times B} < F_{0.05}$，差异不显著，表明 A、B 二因素交互作用不显著。

3. 多重比较（SSR 法）

（1）处理组合平均数比较：根据有关数据，用式（3.1.11）计算平均数标准误差。

$$S_{\bar{x}} = \sqrt{\frac{483.160}{4}} = 10.990$$

由 $\mathrm{d}f_e = 24$，查 SSR 值表得各 p 值的 SSR_α 值，用式（3.1.12）计算各 P 值的 LSR_α 值，见表 3.2.8。

表 3.2.8　例 3.2.2 数据 SSR 检验的 LSR_α 值

P	2	3	4	5	6	7	8	9
$SSR_{0.05}$	2.92	3.07	3.15	3.22	3.28	3.31	3.34	3.37
$SSR_{0.01}$	3.96	4.14	4.24	4.33	4.39	4.44	4.49	4.53
$LSR_{0.05}$	32.09	33.74	34.62	35.39	36.05	36.38	36.71	37.04
$LSR_{0.01}$	43.52	45.50	46.60	47.59	48.25	48.80	49.35	49.76

根据表 3.2.5 的处理组合平均数，用表 3.2.8 最小显著极差标准 LSR_α 值制作多重比较表，见表 3.2.9。

表 3.2.9　例 3.2.2 资料多重比较表（SSR 法）

处理组合	平均数 （mg·kg^{-1}）	差异显著性程度	
		5%	1%
A_3B_2	504.25	a	A
A_3B_1	403.75	b	B
A_2B_2	402.00	b	B
A_2B_1	305.00	c	C
A_1B_2	303.00	c	C
A_3B_3	252.00	d	D
A_2B_3	203.50	e	E
A_1B_1	201.00	e	E
A_1B_3	102.75	f	F

从表 3.2.9 看出：A_3B_2 组合空心菜硝态氮含量极显著高于其他所有组合，即对空心菜污染最严重；A_3B_1、A_2B_2 之间无显著差异，但极显著高于除 A_3B_2 以外的其他处理组合，其污染程度仅次于 A_3B_2；A_2B_1、A_1B_2 间无显著差异，但极显著地高于除上述三个处理组合以外的其他处理组合，其污染程度排第三位；A_3B_3 极显著高于 A_2B_3、A_1B_1、A_1B_3 3 个处理组合，污染程度排第四；A_2B_3、A_1B_1 差异不显著，但极显著地高于 A_1B_3，其污染程度较轻；A_1B_3 处理组合硝态氮含量最小，其污染程度最轻。

（2）施氮量（A）水平间比较（SSR_α 法）：用式（3.1.1）计算平均数标准误差。

$$S_{\bar{x}} = \sqrt{\frac{483.160}{4 \times 3}} = 6.345 (\mathrm{mg/kg})$$

由 $\mathrm{d}f_e = 24$，查 SSR_α 值表得 $p = 2,3$ 的 SSR_α 值，用式（3.1.12）计算 LSR_α 值于表3.2.10。根据表 3.2.6 所列施氮量各水平植株硝态氮含量的平均数，用表 3.2.10 最小显著极差标准进行比较，制作多重比较表，见表 3.2.11。

表 3.2.10 LSR_α 值表

p	2	3
$SSR_{0.05}$	2.95	3.07
$SSR_{0.01}$	3.96	4.14
$LSR_{0.05}$	18.72	19.48
$LSR_{0.01}$	25.13	26.27

表 3.2.11 A_i 平均数多重比较表

A	$\overline{x}_i$ (mg/kg)	差异显著性程度	
		5%	1%
A_3	386.67	a	A
A_2	303.50	b	B
A_1	202.25	c	C

从表 3.2.11 看出：A_3（N，45 g/m²）植株硝态氮含量极显著高于 A_2 和 A_1，污染最严重；A_2 极显著高于 A_1，污染次之；A_1 水平污染最轻，说明污染程度随氮素用量增加而加重。

（3）止氮期（B）水平间比较（SSR 法）：根据表 3.2.6 所列止氮期各水平植株硝态氮含量的平均数，用表 3.2.10 所列标准进行比较判断，制作多重比较表列于表 3.2.12。

表 3.2.12 B_i 平均数多重比较表

B_i	平均数 (mg/kg)	差异显著性程度	
		5%	1%
B_2（7 天）	403.08	a	A
B_1（3 天）	303.25	b	B
B_3（11 天）	186.08	c	C

从表 3.2.12 可知，B_2（7 天）植株硝态氮含量极显著高于 B_1 和 B_3，污染最严重；B_1 又极显著高于 B_3，污染次之；B_3 即止氮期为 11 天者污染最轻。因此，蔬菜追施氮肥后 11 天左右采收为宜。

二、随机区组设计试验的缺区估算及统计分析

由于受某些非试验因素的影响，有些小区不能得到正常的试验结果。如果一个试验缺区过多，不能应用缺区估算方法进行估算，否则估算结果很不可靠；如果仅缺 1～2 个小区，尚可采用缺区估算加以补救。缺区估算是一种不得已的补救方法，因此在试验过程中要细心工作，尽量避免缺区。

（一）缺一区数据的估算及统计分析

缺区估计方法：随机区组设计试验缺一区的估算公式为

$$x = \frac{kT'_k + nT'_n - T'}{(k-1)(n-1)} \tag{3.2.5}$$

上式中，n 为区组数，k 为处理数，T'_k 为缺区所在处理其他数据的总和，T'_n 为缺区所在区组其他区组数据总和，T' 为除缺区外其他所有小区数据的总和。

［例 3.2.3］ 某单因素随机区组设计试验缺失一个数据，试验结果列于表 3.2.13。试进行缺区估算并作统计分析。

表 3.2.13　随机区组试验缺一区的试验结果

区组	处理					区组和
	A	B	C	D	E	
Ⅰ	42	36	34	46	32	190
Ⅱ	38	34	30	39	39	180
Ⅲ	47	42	37	X	36	162(T'_n)
Ⅳ	47	40	39	37	35	198
处理和	174	152	140	122(T'_k)	142	$T=724$

（1）将表 3.2.13 有关数据代入式（3.2.5）得

$$x' = \frac{5 \times 122 + 4 \times 162 - 724}{(5-1)(4-1)} = 44.5$$

（2）统计分析：将 $x' = 44.5$ 放入表 3.2.13 中 x 的位置，制作处理和区组两向表，见表 3.2.14。

表 3.2.14 是一单因素两向分组资料，其形式与表 3.2.1 完全一样，因此可应用式（3.2.1）计算各变因的平方和。但自由度的计算有所不同，因为 $x' = 44.5$ 是一个没有误差的理论值，不占有自由度，所以误差项及总变异项的自由度都比通常的少一个。因此可得例 3.2.3 数据的方差分析表，见表 3.2.15。

表 3.2.14　例 3.2.3 数据处理与区组两向表

区组	处理					区组和
	A	B	C	D	E	
Ⅰ	42	36	34	46	32	190
Ⅱ	38	34	30	39	39	180
Ⅲ	47	42	37	44	36	206
Ⅳ	41	40	39	37	35	192
处理和	168	152	140	166	142	$T=768$
处理平均	42.0	38.0	35.0	41.5	35.5	

表 3.2.15　例 3.2.3 数据的方差分析表

变异来源	平方和	自由度	均方	F	$F_{0.05}$	$F_{0.01}$
处理	170.8	4	42.7	3.42*		
区组	68.8	3	22.9		3.36	5.67
误差	137.2	11	12.5	1.83		
总变异	376.8	18				

$F > F_{0.05}$，差异显著，需进行处理间比较，在进行比较时，一般采用 LSD 法，对于非缺区处理间比较，其 $S_{\bar{x}_1 - \bar{x}_2}$ 仍由式(3.1.9)计算，即

$$S_{\bar{x}_1 - \bar{x}_2} = \sqrt{\frac{2 \times 12.5}{4}} = 2.5$$

对于缺区与非缺区间比较，其 $S_{\bar{x}_1 - \bar{x}_2}$ 计算为

$$S_{\bar{x}_1 - \bar{x}_2} = \sqrt{S_e^2 \left[\frac{2}{n} + \frac{k}{n(n-1)(k-1)} \right]}$$

$$= \sqrt{12.5 \times \left[\frac{2}{4} + \frac{5}{4(4-1)(5-1)} \right]}$$

$$= 2.79$$

由 $\mathrm{d}f_e = 11$，查 t 值表得 $t_{0.05} = 2.20$，$t_{0.01} = 3.11$，则无缺区比较的 $LSD_{0.05} = 5.50$，$LSD_{0.01} = 7.78$；缺区与无缺区比较的 $LSD_{0.05} = 6.14$，$LSD_{0.01} = 8.68$，得多重比较表，见表 3.2.16。

表 3.2.16　平均数的多重比较表

处理	平均数	差异显著性程度	
		5%	1%
A	42.0	a	A
D*	41.5	ab	A
B	38.0	abc	A
E	35.5	bc	A
C	35.0	c	A

从表 3.2.16 可知：A 显著地高于 E、C，而 D、B、E 之间无显著差异；D 显著地高于 C，而 B、E 间差异不显著。

（二）缺二区数据的估算及统计分析

[例 3.2.4]　某单因素随机区组设计的试验缺失两个小区的数据，试验结果见表 3.2.17。试进行缺区估计，并作统计分析。

(1)缺区估算：缺二区估算有反复修正法和解方程法。这里仅介绍前者。应用式(3.2.5)交替估算 x 和 y 值，一般需反复估算两次以上。

表 3.2.17　某试验缺二区产量的试验结果表　　　　　　　　　　单位:kg/小区

处理	Ⅰ	Ⅱ	Ⅲ	Ⅳ	Ⅴ	Ⅵ	处理和
A	8	14	12	8	16	y	$58+y$
B	9	11	10	7	11	9	57
C	16	17	14	12	x	13	$72+x$
区组和	33	42	36	27	$27+x$	$22+y$	$187+x+y$

第一次估算:设表 3.2.17 数据仅缺一区 x,而 y 值则以全试验平均数 $\bar{x}=187\div16=11.7$ 代替。因而据式(3.2.5)有

$$x_1=\frac{3\times72+6\times27-(187+11.7)}{(3-1)(6-1)}=17.93(\text{kg/小区})$$

于是 $x=17.93$,仅缺一区 y,再代入式(3.2.5)有

$$y_1=\frac{3\times58+6\times22-(187+17.93)}{(3-1)(6-1)}=10.10(\text{kg/小区})$$

第二次估算:将 $y=10.10$,代入式(3.2.5)求 x 有

$$x_2=\frac{3\times72+6\times27-(187+10.10)}{(3-1)(6-1)}=18.09(\text{kg/小区})$$

将 $x=18.09$ 代入式(3.2.5)再求 y 有

$$y_2=\frac{3\times58+6\times22-(187+18.09)}{(3-1)(6-1)}=10.09(\text{kg/小区})$$

第三次估算:估算结果 $x_3=18.09(\text{kg/小区})$,$y_3=10.09(\text{kg/小区})$,与第二次估算完全相同。因此取近似值 $x=18(\text{kg/小区})$,$y=10(\text{kg/小区})$,即为两缺区产量的估计值。

(2)统计分析:将 $x=18(\text{kg/小区})$,$y=10(\text{kg/小区})$ 放入表 3.2.17 的 x 和 y 的位置,即可制成处理与区组两向表,见表 3.2.18。

表 3.2.18　例 3.2.4 数据处理与区组两向表

处理	Ⅰ	Ⅱ	Ⅲ	Ⅳ	Ⅴ	Ⅵ	处理和	处理平均
A	8	14	12	8	16	(10)	68	11.33
B	9	11	10	7	11	9	57	9.50
C	16	17	14	12	(18)	13	90	15.00
区组和	33	42	36	27	45	32	$T=215$	

表 3.2.18 是一单因素两向分组资料,仍用式(3.2.1)计算各变因的平方和;由于表 3.2.17 中有两个缺区估算值不占有自由度,故误差项及总变异项的自由度均比通常的少两个。由此可得例 3.2.4 数据的方差分析表,见 3.2.19。

表 3.2.19　例 3.2.4 数据的方差分析表

变异来源	SS	df	MS	F	$F_{0.05}$	$F_{0.01}$
处理	94.11	2	47.06	20.28 * *	4.64	8.65
区组	74.28	5	14.86	6.07	3.69	6.63
差误	18.58	8	2.32			
总变异	186.97	15				

$F_t > F_{0.01}$ 差异极显著,需进行多重比较。在比较时,非缺区间比较仍用式(3.1.9)计算其平均数差数标准误差:

$$S_{\bar{x}_1-\bar{x}_2}=\sqrt{\frac{2\times 2.32}{6}}=0.879(\text{kg/小区})$$

对于相互比较的处理中有缺区时,其平均数差数标准误差计算式为

$$S_{\bar{x}_1-\bar{x}_2}=\sqrt{S_e^2\left(\frac{1}{n_1}+\frac{1}{n_2}\right)} \tag{3.2.6}$$

式(3.2.6)中,S_e^2 为误差方差,n_1 和 n_2 分别表示两个相比较处理的有效重复数。n_1 和 n_2 的计算方法是:若在同一区组内,两处理都不缺区,则各记为 1;若一处理缺区,另一处理不缺区,则缺区处理记 0,非缺区处理由 $\frac{k-2}{k-1}$ 计算,其中 k 为试验的处理数。

例如,本试验处理 A 和 B 比较时:

A 的重复数 $n_1 = 1+1+1+1+1+0 = 5$

B 的重复数 $n_2 = 1+1+1+1+1+\frac{3-2}{3-1} = 5.5$

平均数差数标准误为

$$S_{\bar{x}_1-\bar{x}_2}=\sqrt{2.32\times\left(\frac{1}{5}+\frac{1}{5.5}\right)}=0.94$$

处理 A 和处理 C 比较时:

A 的重复数 $n_1 = 1+1+1+1+(3-2)/(3-1)+0 = 4.5$

C 的重复数 $n_2 = 1+1+1+1+0+(3-2)/(3-1) = 4.5$

平均数差数标准误为

$$S_{\bar{x}_1-\bar{x}_2}=\sqrt{2.32\times\left(\frac{1}{4.5}+\frac{1}{4.5}\right)}=1.02$$

处理 B 和处理 C 比较时:

B 的重复数 $n_1 = 1+1+1+1+(3-2)/(3-1)+1 = 5.5$

C 的重复数 $n_2 = 1+1+1+1+0+1 = 5$

平均数差数标准误差为

$$S_{\bar{x}_1-\bar{x}_2}=\sqrt{2.32\times\left(\frac{1}{5.5}+\frac{1}{5}\right)}=0.94$$

于是可计算出各自的 LSD_a,从而列出多重比较表(方法同前)。

三、裂区设计试验结果的统计分析

裂区设计有二裂式裂区设计（两个试验因素）、三裂式裂区设计（三个试验因素）和多裂式裂区设计（大于三个试验因素），下面仅介绍二裂式裂区设计试验结果的统计分析。

设有 A 和 B 两个试验因素，A 为主处理因素，具有 a 个水平，B 为副处理因素，具有 b 个水平，并有 n 个完全区组（即主处理的区组）。二裂式裂区试验的总变异可分解为主区部分和副区部分。主区总平方和（SS_I）可分解为区组平方和（SS_r）、A 因素水平间平方和（SS_A）、主区误差平方和（SS_{eA}）。副区部分可分解为 B 因素水平间平方和（SS_B）、A×B 平方和（SS_{AB}）及副区误差平方和（SS_{eB}）。各变因平方和的计算式为

矫正数：$C = \dfrac{T^2}{nab}$

总平方和：$SS_T = \displaystyle\sum_1^{nab} x_{jml}^2 - C$

主区总平方和：$SS_I = \dfrac{1}{b} \displaystyle\sum_1^{na} T_{jm}^2 - C$

区组平方和：$SS_r = \dfrac{1}{ab} \displaystyle\sum_{j=1}^{n} T_j^2 - C$

A 水平间平方和：$SS_A = \dfrac{1}{nb} \displaystyle\sum_{m=1}^{a} T_m^2 - C$ $\qquad$ (3.2.7)

主区误差平方和：$SS_{eA} = SS_I - SS_r - SS_A$

B 水平间平方和：$SS_B = \dfrac{1}{na} \displaystyle\sum_{l=1}^{b} T_l^2 - C$

处理组合平方和：$SS_k = \dfrac{1}{n} \displaystyle\sum_1^{ab} T_{ml}^2 - C$

A×B 平方和：$SS_{AB} = SS_k - SS_A - SS_B$

副区误差平方和：$SS_{eB} = SS_T - SS_B - SS_{AB}$

式中 T_j、T_m、T_l、T_{ml}、T_{jm} 依次为各区组、A 各水平、B 各水平、A 和 B 各水平组合、区组 n 和 A 各水平组合的总和数。各变因自由度的计算式为

总自由度：$df_T = nab - 1$

主区总自由度：$df_I = na - 1$

区组自由度：$df_r = n - 1$

A 因素自由度：$df_A = a - 1$

主区误差自由度：$df_{eA} = (n-1)(a-1)$ $\qquad$ (3.2.8)

B 因素自由度：$df_B = b - 1$

处理组合自由度：$df_k = ab - 1$

A×B 自由度：$df_{AB} = (a-1)(b-1)$

副区误差自由度：$df_{eB} = a(b-1)(n-1)$

［例 3.2.5］ 江苏某地在追肥和不追肥的基础上，比较猪牛粪、绿肥、堆肥、草塘泥等 4 种农家肥对早稻产量的影响。采用裂区设计，主处理为追肥与不追肥，副处理为不同农家肥，重复 4 次。试验结果见表 3.2.20。试作统计分析。

表 3.2.20　不同农家肥对早稻产量的影响　　　　　　　单位：kg/亩

A〵B	I 不追肥	I 追肥	II 不追肥	II 追肥	III 不追肥	III 追肥	IV 不追肥	IV 追肥	副区和
不施肥	176.0	445.0	192.0	445.0	192.0	448.0	304.0	524.0	2726.0
猪牛粪	352.0	592.0	256.0	504.0	246.0	520.0	388.0	500.0	3358.0
绿肥	416.0	604.0	325.0	604.0	406.0	640.0	486.0	650.0	4131.0
堆肥	280.0	548.0	240.0	485.0	320.0	584.0	320.0	524.0	3301.0
草塘泥	405.0	640.0	444.0	565.0	366.0	660.0	456.0	616.0	4152.0
主区和	1629.0	2829.0	1457.0	2603.0	1530.0	2852.0	1954.0	2814.0	17668.0
区组和	4458.0		4060.0		4382.0		4768.0		17668.0

（一）计算平方和及自由度

根据表 3.2.20 数据，制作主处理与副处理两向表，见表 3.2.21。

表 3.2.21　早稻施肥试验主处理与副处理两向表

副处理	主处理 不追肥	主处理 追肥	副处理和（T_1）	副处理平均（$\overline{x}_1$）
不施肥	864.0	1862.0	2726.0	340.8
猪牛粪	1242.0	2116.0	3558.0	419.8
绿肥	1633.0	2498.0	4131.0	516.4
堆肥	1160.0	2141.0	3301.0	412.6
草塘泥	1671.0	2481.0	4152.0	519.0
主处理和（T_n）	6570.0	11098.0	$T=17668.0$	
主处理平均（$\overline{x}_n$）	1314.0	2219.6		

根据表 3.2.20、表 3.2.21，用式（3.2.7）计算各变因的平方和为：

$C=17668.0^2/(4\times2\times5)=7803955.6$

$SS_T=176.0^2+352.0^2+\cdots+616.0^2-C=770214.4$

$SS_I=(1/5)(1629.0^2+2829.0^2+\cdots+2814.0^2)-C=549415.6$

$SS_r=[1/(2\times5)](4458.0^2+4060.0^2+4382.0^2+4768.0^2)-C=25355.6$

$SS_A=[1/(4\times5)](6570.0^2+11098.0^2)-C=512569.6$

$SS_{eA}=549415.6-25355.6-512569.6=11490.4$

$SS_B=[1/(4\times2)](2726.0^2+3358.0^2+\cdots+4152.0^2)-C=184557.6$

$SS_k=(1/4)(864.0^2+1242.0^2+\cdots+2481.0^2)-C=700378.4$

$SS_{AB}=700378.4-512569.6-184557.6=3251.2$

$SS_{eB}=770214.4-549415.6-184557.6-3251.2=32990$

根据有关数据用式（3.2.8）计算各变因自由度为：

$df_T=4\times2\times5-1=39$

$df_I=4\times2-1=7$

$df_r=4-1=3$

$df_A=2-1=1$

$$df_{eA} = 7 - 3 - 1 = 3$$
$$df_B = 5 - 1 = 4$$
$$df_k = 2 \times 5 - 1 = 9$$
$$df_{AB} = 9 - 1 - 4 = 4$$
$$df_{eB} = 39 - 7 - 4 - 4 = 24$$

（二）F 检验

根据以上计算结果制作方差分析表（表 3.2.22）。

表 3.2.22　例 3.2.5 数据方差分析表

变异因素		SS	df	MS	F	$F_{0.5}$	$F_{0.01}$
主区部分	区组间	25355.6	3	8451.9	2.2	9.28	29.46
	主处理间	512569.6	1	512569.6	133.8**	10.13	34.12
	误差	11490.4	3	3830.1			
	总数	549415.6	7				
副区部分	副处理间	184557.6	4	469139.4	33.2**	2.78	
	A×B	3251.2	4	812.8	<1		
	误差	32990.0	24	1374.6			
总变异		770214.4	39				

从表 3.2.22 检验结果可知，主处理间、副处理间的 F 值均达极显著水平，表明追肥与不追肥间、不同农家肥间有极显著差异，但二者的相互作用不显著。

（三）多重比较

（1）主处理平均数间比较即追肥与不追肥间比较，只有两个处理可直接用 F 检验判断。但为了介绍方法，此处用新复极差法检验。其平均数标准误差为：

$$S_{\bar{x}A} \sqrt{\frac{S_{eA}^2}{nb}} = \sqrt{\frac{3830.1}{4 \times 5}} = 13.84（kg/亩）$$

由 $df_{eA} = 3$，查 SSR 值表得 $p = 2$ 时 $SSR_{0.05} = 4.50$，$SSR_{0.01} = 8.26$，用式（3.1.12）计算 LSR_α 值：

$$LSR_{0.05} = 13.84 \times 4.50 = 62.28（kg/亩）$$
$$LSR_{0.01} = 13.84 \times 8.26 = 114.32（kg/亩）$$

根据表 3.2.21 数据，用以上标准进行比较，列出多重比较表于表 3.2.23。

表 3.2.23　例 3.2.5 数据追肥与不追肥间多重比较表

处理	平均数（kg/亩）	差异显著性程度	
		5%	1%
A_2	554.9	a	A
A_1	328.5	b	B

表 3.2.23 表明，追肥比不追肥对早稻有极显著的增产效果。

（2）副处理平均数间比较即不同农家肥间比较，仍采用 SSR 检验法。其平均数标准误为：

$$S_{\bar{x}B}\sqrt{\frac{S_{eB}^2}{na}}=\sqrt{\frac{1374.6}{4\times2}}=13.11(kg/\text{亩})$$

由 $df_{eB}=24$，查 SSR 值表得各 p 的 SSR_α 值，用式（3.1.12）计算 LSR_α 值，见表 3.2.24。

表 3.2.24　农家肥间比较的 LSR_α 值

p	2	3	4	5
$SSR_{0.05}$	2.92	3.07	3.14	3.32
$SSR_{0.01}$	3.96	4.14	4.24	4.33
$LSR_{0.05}$	38.28	40.25	41.30	42.21
$LSR_{0.01}$	51.92	54.28	55.59	56.77

根据例 3.2.5 数据，用表 3.2.24 LSR_α 值进行比较，列出多重比较表，见表 3.2.25。

表 3.2.25　不同农家肥间多重比较表

处理	平均数（kg/亩）	差异显著性程度	
		5%	1%
草塘泥	519.0	a	A
绿肥	516.4	a	A
猪牛粪	419.8	b	B
堆肥	412.6	b	B
不施肥	340.8	c	C

表 3.2.25 表明：施用农家肥对早稻有极显著的增产效果，其中草塘泥、绿肥极显著优于猪牛粪和堆肥；猪牛粪、堆肥又极显著高于不追肥。

四、正交设计试验结果的统计分析

凡采用正交表设计的试验，均可以用原正交表制作基础数据表，以对试验结果进行统计分析。首先将正交表列于表的左侧，试验结果列于正交表右侧，并计算有关数据，从而进行统计分析。正交设计实际上是多因子试验随机区组设计的一种特殊形式，其试验结果的统计分析基本上与多因素随机区组设计试验结果的统计分析相同。

[例 3.2.6]　有一水稻栽培试验，设置施氮量（kg/小区），分 A_1(5) 和 A_2(10) 两个水平；秧龄（天），分 B_1(20) 和 B_2(30)；插植密度（cm），分 C_1(20×17) 和 C_2(17×13.5)。选用 $L_8(2^7)$ 正交表安排试验，重复 3 次，采用随机区组设计，试验结果列于表 3.2.26。试作统计分析。

（一）计算平方和及自由度

（1）根据表头设计及试验结果制作统计分析基础数据表（表 3.2.26）。

表 3.2.26　$L_8(2^7)$水稻施肥试验结果基础数据表

处理号	表头设计							产量(kg/小区)			处理和	处理平均
	1 (施氮量)	2 (秧龄)	3	4 (密度)	5	6	7	Ⅰ	Ⅱ	Ⅲ	T_t	$\bar{x}_t$
1	1	1	1	1	1	1	1	26	30	27	83	27.7
2	1	1	1	2	2	2	2	26	32	28	86	28.7
3	1	2	2	1	1	2	2	29	32	29	90	30.0
4	1	2	2	2	2	1	1	33	31	28	92	30.7
5	2	1	2	1	2	1	2	72	34	30	96	32.0
6	2	1	2	2	1	2	1	36	33	32	101	33.7
7	2	2	1	1	2	2	1	34	30	31	95	31.7
8	2	2	1	2	1	1	2	38	36	33	107	35.7
T_1	351	366	371	364	381	378	371	254	258	238	$T=750$	
T_2	399	384	379	386	369	372	399					
$\bar{x}_1$	29.3	30.5	30.9	30.3	31.8	31.5	30.9					
$\bar{x}_2$	33.3	32.0	31.6	32.2	30.8	31.0	31.6					

(2)根据表 3.2.26 数据,参照式(3.2.3)计算各因素互作及空列的平方和。

矫正数:$C=750^2/(8\times3)=23437.5$

总平方和:$SS_T=26^2+26^2+\cdots+33^2-23437.5=226.5$

区组平方和:$SS_r=(1/8)(254^2+258^2+238^2)-23437.5=28.0$

处理平方和:$SS_t=(1/3)(83^2+86^2+\cdots+107^2)-23437.5=142.5$

A 平方和:$SS_A=\dfrac{1}{4\times3}(351^2+399^2)-23437.5=96.0$

B 平方和:$SS_B=\dfrac{1}{4\times3}(366^2+384^2)-23437.5=13.5$

C 平方和:$SS_C=\dfrac{1}{4\times3}(364^2+386^2)-23437.5=20.17$

A×B 平方和:$SS_{AB}=\dfrac{1}{4\times3}(371^2+379^2)-23437.5=2.67$

A×C 平方和:$SS_{AC}=\dfrac{1}{4\times3}(381^2+369^2)-23437.5=6.00$

B×C 平方和:$SS_{BC}=\dfrac{1}{4\times3}(378^2+372^2)-23437.5=1.50$

空列平方和:$SS_{e1}=\dfrac{1}{4\times3}(371^2+379^2)-23437.5=2.67$

误差平方和:$SS_{e2}=226.8-142.5-28.0=56.0$

(3)根据例 3.2.6 有关数据,参照式(3.2.4)计算各变因自由度为:

总自由度:$\mathrm{d}f_T=8\times3-1=23$

区组自由度：$df_r=3-1=2$

处理自由度：$df_t=8-1=7$

A 因素自由度：$df_A=2-1=1$

B 因素自由度：$df_B=2-1=1$

C 因素自由度：$df_C=2-1=1$

A×B 自由度：$df_{AB}=(2-1)(2-1)=1$

A×C 自由度：$df_{AC}=(2-1)(2-1)=1$

B×C 自由：$df_{BC}=(2-1)(2-1)=1$

空列自由度：$df_{e1}=2-1=1$

误差自由度：$df_{e2}=23-7-2=14$

（二）F 检验

本试验为完全方案，能检验各因素的单效应以及它们之间的互作效应。空列所计算出的平方和包括多级互作和模型误差，通常将其称为第一类误差，以 e_1 表示。由 SS_T 减去 SS_t 和 SS_r 求出的 SS_{e2}，是真正的试验误差，通常将其称为第二类误差，以 e_2 表示。如果

$$F=SS_{e1}/SS_{e2}$$

不显著，可将第一类误差的平方和及自由度与第二类误差的平方和及自由度合并，以此合并误差作为全试验误差的估计值；如果上述 F 检验显著，则 e_1 和 e_2 不能合并，只能用 e_2 作为检验其他效应显著性的误差。本例中，

$$F=\frac{2.67}{56\div14}=0.668$$

不显著，可将 e_1 与 e_2 的平方和及自由度合并

$SS_e=SS_{e1}+SS_{e2}=2.67+56=58.67$

$df_e=df_{e1}+df_{e2}=1+14=15$

于是可得例 3.2.6 数据的方差分析表，见表 3.2.27。

表 3.2.27 例 3.2.6 数据的方差分析表

变异因素	SS	df	MS	F	$F_{0.05}$	$F_{0.01}$
区组	28	2	14.00	0.51	3.68	6.36
处理	142.50	7	20.36	5.21**	2.70	4.14
A	96.00	1	96.00	24.55**	4.54	8.68
B	13.50	1	13.50	3.45	4.54	8.68
C	20.17	1	20.17	5.16*	4.54	8.68
A×B	2.67	1	2.67	0.68	4.54	8.68
A×C	6.00	1	6.00	1.53	4.54	8.68
B×C	1.50	1	1.50	0.38	4.54	8.68
误差	58.67	15	3.91			
总变异	226.5	23				

表 3.2.27 检验结果表明,处理组合间、A(施氮量)因素水平间差异极显著。C(密度)因素水平间差异显著,其余均不显著。

(三)多重比较

(1)因素水平间比较:氮、密度均为二水平,故可由 F 检验结果推断。但为了介绍方法,现用 LSD 法进行检验,其平均数差数标准误差为

$$S_{\bar{x}-\bar{x}_2}=\sqrt{\frac{2S_e^2}{nr}}=\sqrt{\frac{2\times3.91}{3\times4}}=0.81$$

由 $\mathrm{d}f_e=15$ 查 t 值表得 $t_{0.05}=2.13$,$t_{0.01}=2.95$,则最小显著差数标准误差为

$LSD_{0.05}=0.81\times2.13=1.73$

$LSD_{0.01}=0.81\times2.95=2.39$

于是可列出多重比较表(表 3.2.28、表 3.2.29)。

表 3.2.28　氮水平间比较

水平	$\bar{x}$(kg/小区)	差异显著性程度	
		5%	1%
N_2	33.3	a	A
N_1	29.3	b	B

表 3.2.29　密度水平间比较表

水平	$\bar{x}$(kg/小区)	差异显著性程度	
		5%	1%
C_2	32.2	a	A
C_1	30.3	b	B

表 3.2.28 与表 3.2.29 显示,N_2 极显著优于 N_1,C_2 显著地优于 C_1。

(2)处理组合间比较:采用新复极差法,根据有关数据,用式(3.1.11)计算平均数标准误差。

$$S_{\bar{x}}=\sqrt{\frac{3.91}{3}}=1.14(\text{kg/小区})$$

由 $\mathrm{d}f_e=15$,查 SSR 值表得各 p 的 SSR_α 值,再由式(3.1.12)计算 LSR_α 值,见表 3.2.30。

表 3.2.30　例 3.2.6 数据处理组合间比较的 LSR_α 值表

p	2	3	4	5	6	7	8
$SSR_{0.05}$	3.01	3.16	3.25	3.31	3.36	3.38	3.40
$SSR_{0.01}$	4.17	4.37	4.50	4.58	4.64	4.72	4.77
$LSR_{0.05}$	3.43	3.60	3.71	3.77	3.83	3.85	3.88
$LSR_{0.01}$	4.75	4.98	5.13	5.22	5.29	5.38	5.44

于是可列出多重比较表(表 3.2.31)。

表 3.2.31 例 3.2.6 数据处理组合平均数多重比较表

处理号	平均数 （kg/小区）	差异显著性程度	
		5%	1%
$A_2B_2C_2$(8)	35.7	a	A
$A_2B_1C_2$(6)	33.7	ab	AB
$A_2B_1C_1$(5)	32.0	bc	ABC
$A_2B_2C_1$(7)	31.7	bc	ABC
$A_1B_2C_2$(4)	30.7	bcd	ABC
$A_1B_2C_1$(3)	30.0	bcd	BC
$A_1B_1C_2$(2)	28.7	cd	BC
$A_1B_1C_1$(1)	27.7	d	C

表 3.2.31 显示：$A_2B_2C_2$ 水稻产量最高，为最佳组合，但它与 $A_2B_1C_2$ 差异不显著，故也可选用 $A_2B_1C_2$。

第三节 方差分析的基本假定和数据转换

一、方差分析的基本假定

为了正确地应用方差分析，除应掌握前面所介绍的方差分析原理以及各类资料相应的统计分析方法外，还应掌握方差分析的基本假定，只有符合基本假定才能用方差分析进行检验。方差分析的基本假定有三个。

（一）可加性

可加性即试验处理效应、环境效应以及试验误差应该是"可加"的。方差分析所依据的数学模型是线性可加模型，可加特性是方差分析的主要特性。当以样本估计时，"可加性"可表示为：

$$SS_T = SS_t + SS_r + SS_e$$

这是样本平方和的可加性。

（二）正态性

正态性即试验误差应是独立的随机变量，并服从正态分布$(0,\sigma^2)$，且平均数为 0，这是因为多个样本的 F 检验是假定 k 个样本是从 k 个正态总体中随机抽取的，因而试验误差一定是随机的，且服从正态分布。

（三）同质性

同质性也称"方差齐性"，是指试验所有处理的误差方差是同质的，即具有共同的误差方差。这是因为方差分析是将各处理的误差合并为一个共同的误差方差，以作为显著性检验共用的误差项方差。

二、数据转换

如果在试验设计和收集资料过程加以充分考虑以上三个基本假定,多数试验资料可以或基本上可以满足。但是有些资料是不能满足的,例如来自二项分布总体的试验资料就不能满足上述基本假定。对于这类资料,在进行方差分析时必须首先根据资料的性质进行相应的数据转换,以满足三项基本假定。常用的转换方法有三种。

(一)反正弦转换

如果试验资料为成数或百分数,如发芽率、出苗率、结实率、抗病率等,这类资料来自于二项分布总体,其误差方差不符合同质性假定。此外,当百分数 $p \neq q$($q = 1 - p$)时,其分布是偏态分布,只有 $p = q$ 或近似 q 时,其分布才接近对称,趋于正态分布。因此,当资料中的 p 都分布在 $30\% \sim 70\%$ 之间时,不同处理的误差方差差异不大,其分布趋于正态,因而可不作转换,可直接进行方差分析。如果有 $p < 30\%$ 或 $p > 70\%$ 时,则需将全部 p 作反正弦转换,再进行方差分析。反正弦转换方法是将百分数 p 开平方取其反正弦值,即

$$x' = \sin^{-1}\sqrt{p} \tag{3.3.1}$$

百分数的反正弦转换值已列于附表 13,从中可直接查得不同 p 的反正弦值。

[例 3.3.1] 某地研究不同肥料组合对水稻感染胡麻叶斑病的影响,其试验结果及反正弦转换值见表 3.3.1。

表 3.3.1 肥料对水稻感病率的影响

处理			O	NP	NK	PK	NPK
感病率（%）	区组	Ⅰ	24.0	25.3	5.0	4.0	5.0
		Ⅱ	27.5	29.0	7.8	6.5	6.3
		Ⅲ	21.0	23.0	4.0	3.0	4.0
		Ⅳ	22.0	24.1	6.3	5.7	3.1
	方差		8.23	6.80	2.71	2.53	1.89

本例为百分数,服从二项分布,其试验数据小于 30%,需进行反正弦转换,转换结果见表 3.3.2。

表 3.3.2 肥料对水稻感病率影响的反正弦转换（$\sin^{-1}\sqrt{p}$）值表

处理			O	NP	NK	PK	NPK
反正弦转换值	区组	Ⅰ	29.33	30.20	12.92	11.54	12.92
		Ⅱ	31.63	32.58	16.22	14.77	14.54
		Ⅲ	27.28	28.66	11.54	9.98	11.54
		Ⅳ	27.97	29.40	14.54	13.81	10.14
	方差		3.68	2.89	4.10	4.71	3.55

从表 3.3.1 和表 3.3.2 可知,各处理感病率转换前的方差变异较大,而转换后则比较一致,这主要是经反正弦转换后增进了不同处理误差方差的同质性。转换后的数据可

按相应的方法进行 F 检验和多重比较。

(二)平方根转换

平方根转换适用于计数资料,如单位面积内某种昆虫的头数或某种杂草的株数等。这类资料一般来自泊松分布总体,其样本平均数与其方差成比例关系。这类资料采用平方根转换,既可获得误差方差的同质性,也可降低非可加性的影响,其转换方法是将原观察值开平方,即

$$x'=\sqrt{x}$$

如果观察值绝大多数小于 10,尤其出现 0 时,则可用 $x'=\sqrt{x+1}$ 转换;如果观察值绝大多数大于 10,出现 0 时,则用 $x'=\sqrt{x+0.5}$ 进行转换。

〔例 3.3.2〕 三家工厂排出的废水用两种方法处理后,取样培养大肠杆菌,得到单位面积内菌落数见表 3.3.3。试进行数据转换。

表 3.3.3 大肠杆菌菌落数表

| | | 工厂 | | | S^2 |
		B_1	B_2	B_3	
处理	A_1	17	31	60	481
	A_2	18	20	46	244

本例为计数资料,服从泊松分布,其数据均大于 10,需用 $x'=\sqrt{x}$ 进行平方根转换,结果,见表 3.3.4。

表 3.3.4 大肠杆菌菌落数平方根转换平方表

| | | 工厂 | | | S^2 |
		B_1	B_2	B_3	
处理	A_1	4.1	5.6	7.7	3.23
	A_2	4.2	4.5	6.8	2.02

从表 3.3.3 和表 3.3.4 可知,数据转换前各厂间误差方差的差异较大,而转换后的误差方差的差异较小,表明增强了误差方差的"同质性"。

(三)对数转换

对数转换适用于来自对数正态分布总体的数据,这类数据表现的效应为非可加性而成倍加性或可乘性,且样本平均数与其极差或标准差成比例关系。这类数据如果采用对数转换,则可获得同质的误差方差,也可改善非可加性的影响。其转换方法是对数据 x 取对数,可取常用对数 $(\lg x)$,也可以取自然对数$(\ln x)$;如果观察值较小,可采用 $\lg(x+1)$ 或 $\ln(x+1)$ 进行转换。

练习题

(1)什么是方差分析?方差分析有哪些基本内容?

(2)什么是单向分组资料和两向分组资料?如何对它们的平方和及自由度进行

分解？

（3）常用的多重比较方法有哪几种？它们之间有何不同？应用时应如何选择？

（4）方差分析有哪些基本假定？哪些资料需经转换后才能作方差分析？有哪几种数据转换方法？

（5）单因素和多因素随机区组试验的方差分析有何异同？多因素随机区组试验处理项的平方和及自由度如何分解？

（6）随机区组试验、裂区试验、正交设计试验的方差分析有何异同？

（7）裂区试验、正交设计试验的结果分析中，其平方和及自由度如何分解？

（8）为探索锌肥对水稻的最佳用量及致毒量，设置 Zn_0、Zn_1、Zn_2、Zn_3、Zn_4 5 个水平，进行田间试验，重复 4 次，采用完全随机化设计，试验结果见下表。试进行 F 检验和多重比较。

水稻锌肥试验结果表 单位：kg/小区

处理	Zn_0	Zn_1	Zn_2	Zn_3	Zn_4
水稻产量	22	22	24	24	22
	23	24	25	27	23
	20	22	23	24	21
	20	20	22	23	21

（9）某作物铜肥最佳用量及致毒量试验。设置 Cu_1、Cu_2、Cu_3、Cu_4、Cu_5、Cu_6 6 个处理，重复 4 次，采用随机区组设计，试验结果如下表。试进行 F 检验和多重比较。

水稻铜肥试验结果表 单位：kg/小区

区组	处理					
	Cu_1	Cu_2	Cu_3	Cu_4	Cu_5	Cu_6
Ⅰ	61	63	65	64	61	59
Ⅱ	64	64	67	67	65	62
Ⅲ	64	66	68	65	63	61
Ⅳ	60	63	65	64	62	59

（10）某试验共 6 个处理，4 次重复，采用随机区组设计。试验结果缺二区，见下表。请进行缺失估计并进行 F 检验。

某试验缺二区的试验结果表

区组	处理					
	A	B	C	D	E	F
Ⅰ	3.9	5.8	4.4	5.5	6.8	7.3
Ⅱ	3.9	6.3	4.4	x	5.9	7.2
Ⅲ	3.6	5.9	5.6	5.4	7.4	7.5
Ⅳ	y	6.8	4.5	6.7	6.0	7.0

第四章　环境数据的线性回归与相关

前面所介绍的差异显著性检验,仅涉及一个变量。但是客观事物之间普遍存在着相互联系相互影响的关系,因此,我们在试验研究中需要研究的变量往往不止一个,而是两个或两个以上。例如空气质量指数(AQI)与肺癌发病率之间的关系为两个变量;大气污染基本因子 NO_x 的指数 I_{NO_x}、空气质量指数(AQI)与某种疾病患病率之间的关系为三个变量。为了分析这些具有两个或两个以上变量间的关系,必须将前面介绍的统计方法作相应的扩展,这样才能揭示事物之间的内在联系。

第一节　一元线性回归与相关

一、回归和相关的概念

(一)变量间的关系

(1)函数与相关:两个或多个变量间的关系可以归纳为两种类型。一种是函数关系,例如当速度 v 一定时,路程和时间的关系为 $S=vt$,式中 t 为时间,S 为路程。根据这一关系可以知道,对应任一 t 值,必有一个确定的 S 值;相反,对应任一 S 值,必有一确定的 t 值。这种一个变量的任一确定值必有另一个变量的确定值与之相对应的关系被称为函数关系。函数关系在数学中讨论较多。在环境科学和生物科学中,常常遇到另一种关系,当一个变量取定某个数值时,另一变量出现的对应值不是完全确定的,而是在一定范围内波动,这种关系称为相关关系。例如作物产量与灌溉水中重金属含量之间的关系。当重金属含量较低时,作物产量较高,但重金属含量较高时,作物产量就相应地较低,甚至颗粒无收。但不能根据灌溉水中重金属含量计算出一个完全确定的作物产量,只能估计出一个作物产量的数值范围。在环境科学及生物科学中很多变量间的关系都属于相关关系。

由于测量误差及实验条件的变化等原因,函数关系在实际工作中往往通过相关关系表现出来。例如环境监测的比色分析,当计算未知溶液浓度时,不是按比尔定律的公式进行计算,而是用一系列标准溶液的实测数据制定标准曲线来估测。因此,函数关系在某些干扰因素的影响下可转变为相关关系。

(2)回归与相关:在研究相关关系时,当变量间可以明确区分为自变量和因变量(又称依变量)的事物间的关系,数理统计学中称为回归关系。例如,大气污染综合指数(PI)与肺癌发病间的关系,是 PI 影响肺癌发病率,不可能是肺癌发病率影响大气污染综合指数,所以很明确地区分出 PI 是自变量,肺癌发病率是因变量。当变量间不能明确区分为自变量与因变量的事物间的关系,数理统计学中称为相关关系。例如大豆籽粒中蛋白质含量与脂肪含量间呈负相关,即蛋白质含量高时,脂肪含量就较低,蛋白质含量低时,脂肪含量就高。但蛋白质与脂肪这两个变量是难以区分出哪个是自变量,哪个是因变量。

(3)线性相关与非线性相关:在相关体系中,根据变量间联系的特点不同,还分为线性相关与非线性相关。前者其坐标散点轨迹趋于一条直线,后者趋于一条曲线。

此外,还根据相关体系中变量的多少,分为单相关与多相关。研究相关体系中两个变量间的相关称为单相关;研究体系中一个变量与多个变量间的相关称为多相关,亦称复相关。

(二)回归与相关分析

为了便于进行回归与相关分析,对于两个变量,除在单变量研究中应用过的符号 x(自变量)外,还需引入另一个变量 y(因变量)。这两个变量(x、y)的各对观察值可用(x_1,y_1),(x_2,y_2),$\cdots$,(x_N,y_N) 表示。试验数据中,每一对观察值(x_i,y_i)均可在直角坐标平面图上描出一个点,N 对观察值则可描出 N 个点,一般称这种图像为散点图或散布图。x 与 y 到底呈何种关系,可将观察数据作出散点图,即可进行初步判断。

回归分析是研究相关关系中变量间数量关系的一种数学方法。它是通过对观察数据的统计分析,建立一个能反映具有相关变量间关系的回归方程。当两个变量具有原因和反应的关系时,原因变量即为自变量以 x 表示,反应变量则为因变量以 y 表示;当两个变量不是原因和反应关系即是平行关系时,则哪一个作为自变量都可以,应根据研究目的而定。由于回归方程是反映变量间的数量关系,反映事物变化较精确,同时又具预测功能,因此回归分析在科研及生产中应用广泛。例如求经验公式,确定最佳生产条件,预报气象和病虫害等,都用到回归分析。

相关分析是研究变量间相关关系的密切程度及其性质(正相关或负相关)的数学方法,并用一个数量指标来描述,这个指标称为相关系数。相关分析不具有预测功能,但与回归分析关系密切,回归分析包含有相关分析的意义,相关分析也包含有回归分析的信息。在某些场合把二者结合起来处理问题,往往能得到满意的结果。

(三)回归与相关分析中应注意的问题

(1)变量间是否存在相关,以及在什么条件下会发生什么相关等问题,都必须由各具体学科及数据资料本身来决定。应用回归和相关分析这一工具,帮助我们认识和解释研究的问题。如果不以一定的科学依据为前提,把风马牛不相及的资料随意凑到一起作回归或相关分析,那是根本性的错误。

(2)在环境学和生物科学中,研究对象间往往互相联系,相互制约,一事物的变化,例如单位面积产量的变化,通常会受到许多其他事物的影响,诸如施肥、播种期、密度、土壤、作物品种等。因此,如果仅研究单位面积产量 y 和施氮量 x 的关系,则要求其余事物的均匀性尽可能的严格控制,即除单位面积产量 y 和施氮量 x 外,其他一切条件应尽可能一致,这样才能比较真实地反映出单位面积产量 y 与施氮量 x 间的关系。

(3)为了提高回归和相关分析的准确性,在作回归或相关分析时,两个变量的成对观察值应尽可能多一些,并使 x 变量的取值范围尽可能大一些,一般应有 5 对以上观察值进行回归与相关分析才能得到较好的结果。

二、一元线性回归分析

（一）一元线性回归模型

散点图呈直线趋势的两个变量，可以用一元线性回归模型来描述它们之间的回归关系。其线性回归模型为

$$Y_\alpha = \beta_0 + \beta X_\alpha + \varepsilon_\alpha \qquad (\alpha = 1, 2, \cdots, N) \tag{4.1.1}$$

当用样本估计时，其一元线性回归方程为

$$\hat{y} = b_0 + bx \tag{4.1.2}$$

式（4.1.2）读作"y 依 x 的线性回归方程"，式中 x 为自变量，$\hat{y}$ 是与 x 相对应的因变量的点估计值，即预测值。b_0 是 $x = 0$ 的 $\hat{y}$ 值，即回归直线在 y 轴上的截距。b 是 x 每增加一个单位数时，$\hat{y}$ 平均增加（$b > 0$）或减少（$b < 0$）的数值，称为回归系数。要使 $\hat{y} = b_0 + bx$ 能最好地表达 y 和 x 在数量上的变化关系，必须使估测值 $\hat{y}$ 与实测值 y 相差最小，也就是它们的离差平方和最小，即

$$Q = \sum_{\alpha=1}^{N} (y_\alpha - \hat{y}_\alpha)^2 = \sum_{\varepsilon=1}^{N} (y_\alpha - b_0 - bx_\alpha)^2 = 最小 \tag{4.1.3}$$

为使 Q 取值最小，根据极值求法应使 b_0、b 满足

$$\frac{\partial Q}{\partial b_0} = 0 \qquad\qquad \frac{\partial Q}{\partial b_0} = 0 \tag{4.1.4}$$

把 Q 值代入式（4.1.4）即有

$$\begin{cases} \dfrac{\partial \sum (y - b_0 - bx)^2}{\partial b_0} = 2\sum b_0 - 2\sum y + 2b\sum x^2 = 0 \\[4mm] \dfrac{\partial \sum (y - b_0 - bx)^2}{\partial b} = 2b\sum x^2 - 2\sum xy + 2b_0 \sum x = 0 \end{cases} \tag{4.1.5}$$

式（4.1.5）称为正规方程组，它还可写成

$$\begin{cases} b_0 + b\sum x = \sum y \\[2mm] b_0 \sum x + b\sum x^2 = \sum xy \end{cases} \tag{4.1.6}$$

解正规方程组式（4.1.6）得

$$b = \frac{\sum (x - \overline{x})(y - \overline{y})}{\sum (x - \overline{x})^2} = \frac{\sum xy - (\sum x)(\sum y)/n}{\sum x^2 - (\sum x)^2/n} \tag{4.1.7}$$

$$b_0 = \overline{y} - b\overline{x} \tag{4.1.8}$$

如果令　$L_{xy} = \sum (x - \overline{x})(y - \overline{y})$，　$L_{xx} = \sum (x - \overline{x})^2$，则

$$b = L_{xy}/L_{xx} \tag{4.1.9}$$

式（4.1.9）中 L_{xy} 为 x、y 的乘积和，L_{xx} 为 x 的平方和。将算得的 b_0 和 b 代入式（4.1.3），即可使 $Q = \sum (y - \overline{y})^2$ 为最小。

b_0 和 b 可正可负，依具体数据而异。$b_0 > 0$ 时，表示回归直线在第 Ⅰ 象限交于 y 轴；$b_0 < 0$ 时，表示回归直线在第 Ⅰ 象限交于 x 轴；$b > 0$ 时，表示 y 随 x 增加而增加，成正相关；$b < 0$ 时，表示 y 随 x 增加而减少，成负相关，见图 4.1.1。当 $b = 0$ 或和 0 差异不显著

时,则表示 y 的变异和 x 的取值大小无关,即 x 与 y 不存在显著的回归关系。

以上是 b_0 及 b 的统计解释。在实际应用时,b_0 及 b 往往还有专业上的实际意义。将式(4.1.8)代入式(4.1.2)可得

$$\hat{y}=\overline{y}-b\overline{x}+bx=\overline{y}-b(x-\overline{x}) \qquad (4.1.10)$$

由式(4.1.10)可见,若 $x=\overline{x}$,则 $\hat{y}=\overline{y}$。所以回归直线必通过坐标 $(\overline{x},\overline{y})$,记住这一特性,有助于绘制具体资料的回归直线。

由式(4.1.10)还可看出:①当 x 以离均差 $(x-\overline{x})$ 为单位时,回归直线的位置仅取决于 $\overline{y}$ 和 b;②当将坐标轴平移到以 $(\overline{x},\overline{y})$ 为原点时,回归直线的走向仅取决于 b,所以一般又称 b 为回归斜率。

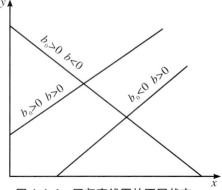

图 4.1.1　回归直线图的不同状态

(二)一元线性回归方程的建立

[例 4.1.1]　陕西省于 1979~1981 年对几个市县的大气污染进行监测,并调查肺癌发病率,结果列于表 4.1.1。试建立线性回归方程。

表 4.1.1　肺癌发病率与空气质量指数(AQI)的关系

地点	空气质量指数(AQI)	肺癌患病率(1/10 万)
阎良区	2.9	54.35
铜川市	2.6	50.46
宝鸡市	2.1	43.18
金台区	2.2	40.50
彬县	1.4	10.00

空气质量指数(AQI)为自变量 (x),肺癌发病率(1/10 万)为因变量 (y),根据表 4.1.1 数据制作建立一元线性回归方程的基础数据列于表 4.1.2。

表 4.1.2　回归分析基础数据表

地点	x	y	x^2	y^2	xy
阎良区	2.9	54.35	8.41	2953.9225	157.615
铜川市	2.6	50.46	6.76	2546.2116	131.196
宝鸡市	2.1	43.18	4.41	1864.5124	90.678
金台区	2.2	40.50	4.84	1640.2500	89.100
彬县	1.4	10.00	1.96	100.0000	14.000
和	11.2	198.49	26.38	9104.8965	482.589
平均	2.24	39.698			

根据表 4.1.2 数据,用式(4.1.7)和式(4.1.8)计算

$$b=\frac{482.589-11.2\times198.49/5}{26.38-11.2^2/5}=29.3896$$

$$b_0=39.698-29.3896\times2.24=-26.13$$

故例 4.1.1 资料的一元线性回归方程为

$$\hat{y}=-26.13+29.3896x$$

（三）回归方程的显著性检验

若 x 和 y 的总体并不存在线性回归关系,则由其中的一个样本也可用上述方法算得一个直线方程 $\hat{y}=b_0+bx$。显然,这样的回归方程是靠不住的。所以对于样本的回归方程,必须检验其来自无线性回归关系的总体的概率大小。只有当这种概率 $\alpha\leqslant0.05$ 或 $\alpha\leqslant0.01$ 时,我们才能冒较小的风险确认其所代表的总体存在着线性回归关系。这就是回归关系的假设检验,可由 F 检验或 t 检验给出。

由式(4.1.6)可推知,若总体不存在线性回归关系,则总体回归系数 $\beta=0$;若总体存在线性回归关系,则 $\beta\neq0$。所以对直线回归的假设检验为 $H_0:\beta=0$ 对 $H_A:\beta\neq0$。

(1) F 检验:回归关系的 F 检验是把因变量 y 的变异分解为两部分,一部分是由自变量 x 的相关性所引起的变异;另一部分是由偶然因素引起的变异,即

$$\sum(y-\overline{y})^2=\sum(\hat{y}-\overline{y})^2+\sum(y-\hat{y})^2$$

总平方和＝回归平方和＋剩余平方和

总平方和: $SS_总=L_{yy}=\sum(y-\overline{y})^2=\sum y^2-(\sum y)^2/n$ (4.1.10)

回归平方和: $SS_回=\sum(\hat{y}-\overline{y})^2=bL_{xy}$ (4.1.11)

式中, $L_{xy}=\sum xy-(\sum x)(\sum y)/n$

剩余平方和: $SS_剩=\sum(y-\hat{y})^2=SS_总-SS_回$

总自由度也分解为两部分,即

$$(n-1)=(M-1)+(n-2)\qquad(4.1.12)$$

因回归与剩余回归的方差比遵循 $df_1=1,df_2=n-2$ 的 F 分布,故 F 值为

$$F=\frac{SS_回/df_回}{SS_剩/df_剩}\qquad(4.1.13)$$

即可检验回归关系的显著性。

[例 4.1.2]　试检验例 4.1.1 资料回归关系的显著性。

首先根据表 4.1.2 资料,用式(4.1.11)计算各变异的平方和

$SS_总=9104.8965-198.49^2/5=1225.2405$

$SS_回=29.3896\times(482.589-11.2\times198.49/5)=1115.9643$

$SS_剩=1225.2405-1115.9643=109.2762$

(1)根据式(4.1.12)计算各变异的自由度

$df_总=5-1=4$

$df_回=2-1=1$

$df_剩=4-1=3$

于是可列出 F 检验表见表 4.1.3。

表 4.1.3　例 4.1.1 资料的 F 检验表

变异因素	SS	df	MS	F	$F_{0.05}$	$F_{0.01}$
回归	1115.9643	1	1115.941	30.63 *	10.10	34.12
剩余	109.2762	3	36.433			
总变异	1225.2405	4				

$F(30.63) > F_{0.05}(10.10)$，回归关系显著，表明空气质量指数（AQI）与肺癌发病率间呈显著的回归关系。

（2）t 检验：由于回归系数的标准误 S_d 和 t 值为

$$S_d = \sqrt{\frac{\sum(y-\hat{y})^2}{(n-2)\sum(x-x)^2}} = \sqrt{\frac{S_{\text{剩}}^2}{SS_x}} \qquad (4.1.14)$$

$$t = \frac{b-\beta}{S_b} \qquad (4.1.15)$$

遵循 $\mathrm{d}f_{\text{剩}} = n-2$ 的 t 分布，故由 t 值即可知道样本回归系数 b 来自 $\beta=0$ 总体的概率大小。

［例 4.1.3］ 试检验例 4.1.1 资料回归关系的显著性。

前面已算得 $b = 29.3896$，而 $S_{\text{剩}} = \sqrt{36.433} = 6.036$，$SS_x = 26.38 - 11.2^2/5 = 1.292$，则

$$S_b = \frac{6.036}{\sqrt{1.292}} = 5.3103$$

$$t = \frac{29.3896}{5.3103} = 5.534$$

由 $\mathrm{d}f_{\text{剩}} = 3$ 查 t 值表，$t_{0.05} = 3.182$，$t_{0.01} = 5.841$，$t(5.534) > t_{0.05}(3.182)$，同样表明空气质量指数（AQI）与肺癌发病率间回归关系显著。

（四）一元线性回归方程的图示

线性回归图示包括回归直线图和散点图，它可以比较直观地表示出 x 和 y 的数量关系，也便于进行预测。在制作线性回归图示时，以 x 变量为横坐标，y 变量为纵坐标，并使纵、横坐标总长度之比约为 4：5 或 5：6。纵、横坐标皆需标明名称和单位。然后，取 x 坐标上的一个小值 x_1 代入回归方程得 y_1，取一个大值 x_2 代入回归方程得 y_2，用坐标 (x_1,y_1) 和 (x_2,y_2) 即可在坐标图上连成一条回归直线。如例 4.1.1 资料以 $x_1 = 1.4$ 代入回归方程得 $y_1 = 15.02$；以 $x_2 = 2.9$ 代入方程得 $y_2 = 59.10$，在图 4.1.2 中确定 $(1.4, 15.02)$ 和 $(2.9, 59.10)$ 两个点，连接之即为 $\hat{y} = -26.13 + 29.3896x$ 的直线图，注意此直线必须通过 $\overline{x}$，$\overline{y}$ 组成的点，这可作为制作图示是否正确的核对。再将各对实测值 (x,y) 标于图 4.1.2 中，即成线性回归方程图示。

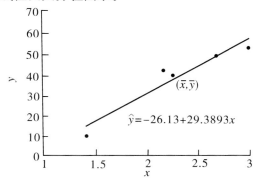

图 4.1.2 肺癌发病率 y 与 AQI$_x$ 的关系

（五）一元线性回归方程的应用

建立回归方程的目的之一是根据自变量 x 的取值对因变量 y 进行预测。由于 y 具有随机误差，与理论值 $\hat{y}$ 必然有偏差，这种偏差越大，用方程估算的预测功能就越差，这种偏差的大小用回归方程估测标准误来度量，线性回归估测标准误以 S_y 表示，计算式为

$$S_y = \sqrt{S_{剩}^2 \left[1 + \frac{1}{n} + \frac{(x_y - \overline{x})^2}{\sum(x - \overline{x})^2} \right]} \tag{4.1.16}$$

式中 $S_{剩}^2$ 为剩余方差，x_0 为预测 y_0 时的确定值，n 为观察值的组数。以大样本（$n \geqslant 30$）建立的回归方程进行预测时，y_0 值遵循正态分布，其 95% 的置信区间表达式为

$$y = \hat{y} \pm u_{0.05} \times S_y \tag{4.1.17}$$

以小样本（$n < 30$）建立的回归方程进行预测时，y_0 值遵循 t 分布，其 95% 的置信区间表达式为

$$y = \hat{y} \pm t_{0.05} \times S \tag{4.1.18}$$

[例 4.1.4]　试用例 4.1.1 资料建立的线性回归方程进行预测。

如果某地空气质量指数为 2.3，即 $x_0 = 2.3$，则因变量 y 的理论值为 $\hat{y} = -26.13 + 29.3896 \times 2.3 = 41.47$，其预测标准误为

$$S_y = \sqrt{36.433 \times \left[1 + \frac{1}{5} + \frac{(2.3 - 2.24)^2}{1.292} \right]} = 6.62$$

由 $df_{剩} = 3$，查 t 值表得 $t_{0.05} = 3.18$，则 95% 可靠程度下的置信区间为

$$y = 41.47 \pm 21.06 (1/10 \, 万)$$

当大气污染综合指数 $PI = 2.3$ 时，该地区肺癌发病率为 $41.47 \pm 21.06 (1/10 \, 万)$。从置信区间表达式（4.1.18）看出，在一定概率下，置信区间概率的大小，取决于预测标准误（S_y），S_y 越大，置信区间的范围就越大，即不够精确，S_y 越小，预测就越精确。因此，S_y 是预测精确度的标志。在预测时应特别注意，x_0 的取值必须在实测值 x 的全距范围之内，不能任意延伸。

三、一元线性相关分析

（一）相关系数

对于坐标散点呈线性的两个变量，如果不需要由 x 预测 y，只需了解 x 与 y 是否确有相关关系，相关关系的密切程度如何，以及相关的性质（正相关或负相关）等，则只需计算出一个新的统计量——相关系数即可。

设有双变量 x 与 y，共有 n 个配对数据，即 (x_1, y_1)，(x_2, y_2)，$\cdots$，(x_n, y_n)。当变量 x 由小变大，其配对的变量 y 亦有增大的趋势，这两个变量间的关系为正相关，如图 4.1.3a；当变量 x 由小变大，其配对的变量 y 有减小的趋势，则两个变量间的关系为负相关，如图 4.1.3b；如果变量 y 的变化与变量 x 的变化无关，则二者无相关关系，如图 4.1.3c。

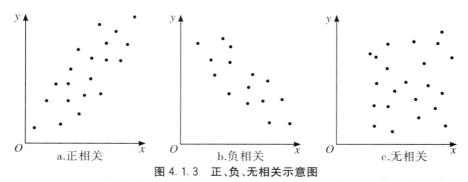

图 4.1.3　正、负、无相关示意图

从图 4.1.3a、b、c 只能看出变量 x、y 的相关趋势,即不能显示其相关程度的大小。于是提出了度量变量 x、y 的相关程度大小的统计量——相关系数。导出相关系数的思路是:变量 x 与 y 都有大值与小值之分,需要有度量大小的标准。由于平均值 $\overline{x}$、$\overline{y}$ 是各个测定值最有代表性的数值,可用 $(x_a - \overline{x})$ 及 $(y_a - \overline{y})$ 来表示变量取值的大小。由于变量 x 与 y 的单位可能不一样,为消除单位不同的影响,可除以各自的标准差 S_x、S_y,使其标准化,转化为无单位的乘数,得

$$d_{xa} = \frac{x_a - \overline{x}}{S_x}, \quad d_{ya} = \frac{y_a - \overline{y}}{S_y} \tag{4.1.19}$$

将 $(x_a - \overline{x})/S_x$ 与 $(y_a - \overline{y})/S_y$ 相乘,并求和、除以自由度,即得相关系数,记作 r

$$r = \frac{\sum\limits_{a} \left(\frac{x_a - \overline{x}}{S_x} \right) \left(\frac{y_a - \overline{y}}{S_y} \right)}{n - 1} \tag{4.1.20}$$

式(4.1.20)计算极为不便,经整理可变为

$$r = \frac{\sum\limits_{a} (x_a - \overline{x})(y_a - \overline{y})}{\sqrt{\sum\limits_{a} (x_a - \overline{x})^2 \sum (y_a - \overline{y})^2}} = \frac{L_{xy}}{\sqrt{L_{xx} \cdot L_{yy}}} \tag{4.1.21}$$

此外,相关系数还可由回归分析中导出,前已述及总平方和($SS_{总}$)即 y 的平方和(L_{yy})可以分解为回归平方和($SS_{回}$)和剩余平方和($SS_{剩}$)两部分。回归平方和是由 x 与 y 的相关性而引起的变异。显然,若坐标点越接近回归直线,则 $SS_{回}$ 对 $SS_{总}$(L_{yy})的比率越大,线性相关越密切,由此可定义相关系数 r 为

$$r = \sqrt{\frac{SS_{回}}{SS_{总}}} = \sqrt{\frac{bL_{xy}}{L_{yy}}} = \sqrt{\frac{(L_{xy})^2}{L_{xx} \cdot L_{yy}}} = \frac{L_{xy}}{\sqrt{L_{xx} \cdot L_{yy}}} \tag{4.1.22}$$

上式表明,当散点图上的点全部落在回归直线上时,即为完全相关,此时 $SS_{总} = SS_{回}$,$SS_{剩} = 0$,其 $r = \pm\sqrt{1} = \pm 1$;当 y 的变量与 x 的变量完全无关时,$SS_{总} = SS_{剩}$,$SS_{回} = 0$,则 $r = \pm\sqrt{0} = \pm 0$。因此相关系数的取值区间是 $[-1, 1]$。双变量相关的密切程度取决于 $|r|$,$|r|$ 越接近 1,相关密切程度越高;越近于 0 时,关系越松散;等于 0 时,两变量无线性相关。

但是,r 还和自由度 df 有关,df 愈大,受抽样误差的影响越小,r 达到显著水平 α 的值就越小。至于 r 的正或负,则是表示相关的性质:正的 r 值表示正相关,即 y 随 x 的增大而增大、减小而减小;负的 r 值表示负相关,即 y 随 x 的增大而减小、减小而增大。其正或负和相关的密切程度无关。因为 r 和 b 算式中的分母总是都取正值的,而分子则都

是 L_{xy},所以相关系数的正或负,必然和回归系数一致。

(二)决定系数

欲度量 y 变量变异幅度 $\sum(y-\overline{y})^2$ 中有多大程度是由 x 变量的变化引起的,即只需表明两个变量关系的密切程度,不需表明关系的性质时,则用决定系数较为合理,决定系数为相关系数的平方,即

$$r^2 = \frac{SS_{回}}{SS_{总}} \text{ 或 } r^2 = \frac{(L_{xy})^2}{L_{xx} \cdot L_{yy}} \tag{4.1.23}$$

决定系数能明确地显示两变量关系密切程度,但不能表明关系的性质,相关系数因为开了平方,小于 1 的数开平方越开越大,因此在 $|r| \neq 1, r \neq 0$ 的情况下 $r > r^2$,即相关系数有夸大关系密切程度的弊病,但相关系数既可表明关系的性质(正负号),又可表明关系的密切程度,所以人们还是乐于应用相关系数。决定系数 r^2 一律为非负值,取值区间为 $[0,1]$。例如,相关系数 $r=0.5$,则决定系数 $r^2=0.25$,它说明由 x 的变异而引起 y 变异的部分有多大,即在 y 变量的平方和 L_{yy} 中由 x 变异引起的变化部分占 25%,而不是 50%。

(三)相关系数和决定系数的计算

[例 4.1.5]　以例 4.1.1 资料为例,计算相关系数和决定系数。

根据表 4.1.2 数据计算 x、y 的平方和及乘积和

$$L_{xx} = \sum x^2 - (\sum x)^2/n = 1.292$$

$$L_{yy} = \sum y^2 - (\sum y)^2/n = 1225.241$$

$$L_{xy} = \sum xy - (\sum x)(\sum y)/n = 37.971$$

将 L_{xx}, L_{yy}, L_{xy} 分别代入式(4.1.21)及式(4.1.23)得相关系数和决定系数:

$$r = \frac{37.971}{\sqrt{1.292 \times 1225.241}} = 0.9544$$

$$r^2 = \frac{37.971^2}{1.292 \times 1225.241} = 0.9108$$

以上结果表明:肺癌发病率与空气质量指数(AQI)成正相关,即空气质量指数(AQI)越大,肺癌发病率就越高。

r^2 一般应在 r 为显著时才需计算。

(四)相关系数的显著性检验

在 $\rho=0$ 的双变量总体中抽取样本,由于抽样误差,r 值不一定为 0,所以,为了判断 r 所代表的总体是否确有直线相关,必须检验实得 r 值来自 $\rho=0$ 的总体概率。这就是相关系数的假设检验。在此 $H_0:\rho=0$ 对 $H_A:\rho \neq 0$。

由于相关系数的标准误 (S_r) 和 t 值为

$$S_r = \sqrt{\frac{1-r^2}{n-2}} \tag{4.1.24}$$

$$t = \frac{r-\rho}{S_r} \tag{4.1.25}$$

$\rho=0$ 遵循 $df=n-2$ 的 t 分布,故由所得 t 值的大小即可判定 r 来自 $\rho=0$ 的总体概率。

[例 4.1.6] 以例 4.1.5 所得 $r=0.9544$,检验其显著性。

应用式(4.1.24)计算相关系数标准误,式(4.1.25)计算 t 值,分别为

$$S_r=\sqrt{\frac{1-0.9544^2}{5-2}}=0.1724$$

$$t=\frac{0.9544}{0.1724}=5.536$$

由 $df_{剩}=3$ 查 t 值表 $t_{0.05}=3.182$,$t_{0.01}=5.841$,$t(5.536)>t_{0.05}(3.182)$,相关显著,表明肺癌发病率与空气质量指数(AQI)有显著的相关关系。

对相关系数假设检验,计算 S_r 和 t 亦较麻烦,可以简化。由于 df 一定时,$t_{0.05}$ 和 $t_{0.01}$ 值都是一定的,因而将式(4.1.17)移项,即可得到不同 df 下给定显著水平 α 的临界 r 值。

因为 $\quad t=r/S_r=r/\sqrt{(1-r^2)/(^1n-2)}=r/\sqrt{(1-r^2)/df}$

$$r^2(df+t^2)=t^2$$

所以 $\quad r=\sqrt{\frac{t^2}{df+t^2}}$ (4.1.26)

附表 10 中 $\alpha=0.05$ 和 $\alpha=0.01$ 的临界 r 值,就是根据式(4.1.26)算出的。如 $df=3$ 时,$t_{0.05}=3.182$,$t_{0.01}=5.841$,故 $\alpha=0.05$ 的临界 r 值为

$$r_{0.05}=\sqrt{\frac{3.182^2}{3+3.182^2}}=0.878$$

$\alpha=0.05$ 的临界 r 值为

$$r_{0.01}=\sqrt{\frac{5.841^2}{3+5.841^2}}=0.959$$

如果 $|r|\geqslant r_{0.05}=(0.878)$,为在 $\alpha=0.05$ 水平上显著,$|r|\geqslant r_{0.01}(0.959)$ 为 $\alpha=0.01$ 水平上显著,则算得 r 值后,可根据 $df_{剩}$ 查 r 值表,得 r_α 值,就可确定 $H_0:\rho=0$ 被接受或者被否定。

本例 $r(0.9544)>r_{0.05}(0.878)$,表明相关显著,结果与 t 检验完全一致。

第二节 多元线性回归与相关

环境中出现的问题,多数是各种因素综合影响的结果。对于这样一些问题,多数可以采用多元线性回归与相关进行处理。

一、多元线性回归

(一)多元线性回归模型

当变量有 M 个,且 $M\geqslant3$ 时,上述的统计方法已不敷应用,必须在其基础上再作相应的扩充。若 M 个变量中,其中一个为因变量 y,另外 m 个($m=M-1$)为自变量 x_1,x_2,

$x_3, x_4, \cdots, x_m$，且 m 个自变量皆与因变量成线性相关，则其回归模型可表示为

$$y_\alpha = \beta_0 + \beta_1 x_{\alpha1} + \beta_2 x_{\alpha2} + \cdots + \beta_m x_{\alpha m} + \varepsilon_\alpha \quad (\alpha = 1, 2, \cdots, N) \tag{4.2.1}$$

或 $E(y) = \beta_0 + \beta_1 x_{\alpha1} + \beta_2 x_{\alpha2} + \cdots + \beta_m x_{\alpha m}$ (4.2.2)

式中 $\beta_0, \beta_1, \cdots, \beta_m$ 为待估参数，ε_α 为 y 在 $x_{\alpha1}, x_{\alpha2}, \cdots, x_{\alpha m}$ 处观察的随机误差，服从正态分布 $N(0, \sigma)$，N 为观察的值组数，$E(y)$ 为 y 的数学期望。

当用样本估计时，相应的回归方程为

$$\hat{y} = b_0 + b_1 x_1 + b_2 x_2 + \cdots + b_m x_m \tag{4.2.3}$$

式中 b_0 为常数项，是 $x_1, x_2, \cdots, x_m$ 皆为 0 时 y 的点估计值；$b_j (j = 1, 2, \cdots, m)$ 为 y 对 x_j 的偏回系数，它是表示当其他 x 固定不变时，x_j 变化一个单位而使 y 平均变化的数值；$\hat{y}$ 是 $E(y)$ 的估计值，称回归值。式(4.2.3)称 y 对 $x_1, x_2, \cdots, x_m$ 的 m 元线性回归方程。

（二）多元线性回归方程的建立

用最小二乘法确定式(4.2.3)中的统计量 b_0, b_j，应满足

$Q = \sum_\alpha (y_\alpha - \hat{y}_\alpha)^2 = \sum_\varepsilon (y_\alpha - b_0 - b_1 x_{\alpha1} - \cdots - b_m x_{\alpha m})^2$ 为最小，要在 Q 为最小时确定 b_0, b_j，需分别对 b_0, b_j 求偏导数，并令其为 0，则

$$\begin{cases} \dfrac{\partial Q}{\partial b_0} = -2 \sum_\alpha (y_\alpha - \hat{y}_\alpha) = 0 \\[2mm] \dfrac{\partial Q}{\partial b_j} = -2 \sum_\alpha (y_\alpha - \hat{y}_\alpha) = 0 \end{cases} \tag{4.2.4}$$

即

$$\begin{cases} Nb_0 + (\sum_\alpha x_{\alpha1})b_1 + (\sum_\alpha x_{\alpha2})b_2 + \cdots + (\sum_\alpha x_{\alpha m})b_m = \sum_\alpha y_\alpha \\ (\sum_\alpha x_{\alpha1})b_0 + (\sum_\alpha x_{\alpha1}^2)b_1 + (\sum_\alpha x_{\alpha1}x_{\alpha2})b_2 + \cdots + (\sum_\alpha x_{\alpha1}x_{\alpha m})b_m = \sum_\alpha x_{\alpha1}y_\alpha \\ (\sum_\alpha x_{\alpha2})b_0 + (\sum_\alpha x_{\alpha2}x_{\alpha1})b_1 + (\sum_\alpha x_{\alpha2}^2)b_2 + \cdots + (\sum_\alpha x_{\alpha2}x_{\alpha m})b_m = \sum_\alpha x_{\alpha2}y_\alpha \\ \vdots \\ (\sum_\alpha x_{\alpha m})b_0 + (\sum_\alpha x_{\alpha m}x_{\alpha1})b_1 + (\sum_\alpha x_{\alpha m}x_{\alpha2})b_2 + \cdots + (\sum_\alpha x_{\alpha m}^2)b_m = \sum_\alpha x_{\alpha m}y_\alpha \end{cases} \tag{4.2.5}$$

方程组(4.2.5)称正规方程组，对正规方程组求解，即得 b_0, b_j。

求解正规方程组的方法有多种，下面仅介绍矩阵法。

令 A 为正规方程组的系数矩阵，即

$$A = \begin{bmatrix} N & \sum_\alpha x_{\alpha1} & \sum_\alpha x_{\alpha2} & \cdots & \sum_\alpha x_{\alpha m} \\ \sum_\alpha x_{\alpha1} & \sum_\alpha x_{\alpha2}^2 & \sum_\alpha x_{\alpha1}x_{\alpha2} & \cdots & \sum_\alpha x_{\alpha1}x_{\alpha m} \\ \sum_\varepsilon x_{\alpha2} & \sum_\alpha x_{\alpha2}x_{\alpha1} & \sum_\alpha x_{\alpha2}^2 & \cdots & \sum_\alpha x_{\alpha2}x_{\alpha m} \\ \vdots & \vdots & \vdots & \vdots & \vdots \\ \sum_\alpha x_{\alpha m} & \sum_\alpha x_{\alpha m}x_{\alpha1} & \sum_\alpha x_{\alpha m}x_{\alpha2} & \cdots & \sum_\alpha x_{\alpha2}^2 \end{bmatrix} = X'X$$

其中 X 是多元线性回归模型的结构矩阵,即

$$X = \begin{bmatrix} 1 & x_{11} & x_{12} & \cdots & x_{1m} \\ 1 & x_{21} & x_{22} & \cdots & x_{2m} \\ 1 & x_{31} & x_{32} & \cdots & x_{3m} \\ \vdots & \vdots & \vdots & \vdots & \vdots \\ 1 & x_{N1} & x_{N2} & \cdots & x_{Nm} \end{bmatrix}$$

令 B 为正规方程组(4.2.5)右端的常数项矩阵,即

$$B = \begin{bmatrix} \sum_{\alpha} y_{\alpha} \\ \sum_{\alpha} x_{\alpha 1} y_{\alpha} \\ \sum_{\alpha} x_{\alpha 2} y_{\alpha} \\ \vdots \\ \sum_{\alpha} x_{\alpha m} y_{\alpha} \end{bmatrix} = X'Y \qquad Y = \begin{bmatrix} y_1 \\ y_2 \\ y_3 \\ \vdots \\ y_N \end{bmatrix}$$

令 $b = b_0, b_1, b_2, \cdots, b_m$,则正规方程组(4.2.5)可写成矩阵形式

$$Ab = (X'X)b = B = X'_Y \tag{4.2.6}$$

对正规方程组(4.2.6)求解得回归统计数 b

$$b = \begin{bmatrix} b_0 \\ b_1 \\ b_2 \\ \vdots \\ b_m \end{bmatrix} = A^{-1}B = (X'X)^{-1}X'Y \tag{4.2.7}$$

式中 $A^{-1} = C$ 是正规方程组系数矩阵的逆矩阵,称相关矩阵。若 A 为 m 阶非奇异矩阵,即 $|A| \neq 0$,则 A 有唯一的逆矩阵 A^{-1},即

$$A^{-1} = C = \frac{1}{|A|} \begin{bmatrix} A_0 & A_{10} & \cdots & A_{m0} \\ A_{01} & A_{11} & \cdots & A_{m1} \\ \vdots & \vdots & \vdots & \vdots \\ A_{0m} & A_{1m} & \cdots & A_{mm} \end{bmatrix} \tag{4.2.8}$$

式中 $|A|$ 为 A 的行列式,A_{ij} 为 $|A|$ 中元素 a_{ij} 的代数余子式。

〔例 4.2.1〕 根据不同地区调查,大气污染基本因子 NO_x 的指数 I_{NO_x} 以及空气质量指数(AQI)与某种疾病患病率的有关数据见表 4.2.1,试建立污染因子 x_j 某种疾病患病率的二元线性回归方程。

表 4.2.1 大气 I_{NO_x}、AQI 与某种疾病患病率表

地区	I_{NO_x}	AQI	患病率(1/10 万)
1	1.1	2.9	54.35
2	1.0	2.6	50.46
3	0.8	2.1	43.18
4	3.9	2.2	45.50
5	0.4	1.4	10.00

调查地区 $n=5$，令 $x_1=I_{NO_x}$，$x_2=AQI$，$y=$患病率（1/10 万），二元线性回归方程为

$$\hat{y}=b_0+b_1 x_1+b_2 x_2 \tag{4.2.9}$$

采用矩阵法求 b_0、b_1 和 b_2。

（1）计算建立二元线性回归方程的基础数据，列于表 4.2.2。

表 4.2.2　二元线性回归方程基础数据表

地区	x_1	x_2	y	x_1^2	x_2^2	y^2	$x_1 x_2$	$x_1 y$	$x_2 y$
1	1.1	2.9	54.35	1.21	8.41	2953.92	3.19	59.785	157.615
2	1.0	2.6	50.46	1.00	6.76	2546.21	2.60	50.460	131.196
3	0.8	2.1	43.18	0.64	4.41	1864.51	1.68	34.544	90.678
4	0.9	2.2	45.50	0.81	4.84	2070.25	1.98	40.950	100.100
5	0.4	1.4	10.00	0.16	1.96	100.00	0.56	4.000	14.000
和	4.2	11.2	203.49	3.82	26.38	9534.897	10.01	189.739	493.589
平均	0.84	2.24	40.698						

（2）计算 b_0 及 b_1 和 b_2，建立二元线性方程。

根据表 4.2.2 数据，其结构矩阵 X 和 Y 矩阵为

$$X=\begin{bmatrix} 1 & 1.1 & 2.9 \\ 1 & 1.0 & 2.6 \\ 1 & 0.8 & 2.1 \\ 1 & 0.9 & 2.2 \\ 1 & 0.4 & 1.4 \end{bmatrix} \qquad Y=\begin{bmatrix} 54.35 \\ 50.46 \\ 43.18 \\ 45.50 \\ 10.00 \end{bmatrix}$$

所以系数矩阵 A、相关矩阵 C 和常数项矩阵 B 为

$$A=X'X=\begin{bmatrix} N & \sum x_1 & \sum x_2 \\ \sum x_1 & \sum x^2 & \sum x_1 x_2 \\ \sum x_2 & \sum x_1 x_2 & \sum x_2^2 \end{bmatrix}=\begin{bmatrix} 5 & 4.2 & 11.2 \\ 4.2 & 3.82 & 10.01 \\ 11.2 & 10.01 & 26.38 \end{bmatrix}$$

$$C=A^{-1}=\frac{1}{|A|}\begin{bmatrix} A_{00} & A_{10} & A_{20} \\ A_{01} & A_{11} & A_{12} \\ A_{02} & A_{12} & A_{22} \end{bmatrix}=\frac{1}{0.0743}\begin{bmatrix} 0.5715 & 1.3160 & -0.7420 \\ 1.3160 & 6.4600 & -3.0100 \\ -0.7420 & -3.0100 & 1.4600 \end{bmatrix}$$

$$=\begin{bmatrix} 7.69179004 & 17.71197846 & -9.986541049 \\ 17.71197846 & 86.9448183 & -40.51144011 \\ -9.986541049 & -40.51144011 & 19.65006729 \end{bmatrix}$$

$$B=X'Y=\begin{bmatrix} \sum y \\ \sum x_1 y \\ \sum x_2 y \end{bmatrix}=\begin{bmatrix} 203.49 \\ 189.739 \\ 493.589 \end{bmatrix}$$

于是回归统计数 b_0、b_1 和 b_2 为

$$b=\begin{bmatrix} b_0 \\ b_1 \\ b_2 \end{bmatrix}=CB=\begin{bmatrix} -3.3914 \\ 105.0322 \\ -19.7043 \end{bmatrix}$$

则某疾病发病率 Y 依 $x_1(I_{NOx})$、$x_2(AQI)$ 的二元回归方程为

$$\hat{y} = -3.3914 + 105.0322x_1 - 19.7043x_2$$

(三)多元线性回归的显著性检验

1. 回归方程的显著性检验

多元线性回归方程的显著性检验也采用 F 检验,其方法原理与一元线性回归相同,也是将总变异分解为回归和剩余两部分,只是由于自变量数目增多,计算公式有所变化而已。Y 的总平方和的分解式为

$$\sum(y-\overline{y})^2 = \sum(\hat{y}-\overline{y})^2 + \sum(y-\hat{y})^2 \qquad (4.2.10)$$
$$(SS_总) \qquad\qquad (SS_回) \qquad\quad (SS_剩)$$

$$SS_总 = L_{yy} = \sum y^2 - (\sum y)^2/N \qquad (4.2.11)$$

$$SS_剩 = \sum(y-\hat{y})^2 = \sum y^2 - b_0 B_0 - b_j B_j \qquad (4.2.12)$$

式中 B_0、B_j 为常数项矩阵 B 中的元素。

$$SS_回 = SS_总 - SS_剩 \qquad (4.2.13)$$

总自由度的分解式为

$$(N-1) = (M-1) + (N-M) \qquad (4.2.14)$$
$$(\mathrm{d}f_总) \qquad (\mathrm{d}f_回) \qquad (\mathrm{d}f_剩)$$

则有

$$F = \frac{SS_回/\mathrm{d}f_回}{SS_剩/\mathrm{d}f_剩} \qquad (4.2.15)$$

当 $F > F_\alpha(\mathrm{d}f_回、\mathrm{d}f_剩)$,则表明因变量 y 与自变量 x_j 之间回归关系显著,反之不显著。

[例 4.2.2] 对例 4.2.1 进行回归方程的显著性检验。

根据表 4.2.2 数据,用式(4.2.11)和式(4.2.13)计算平方和

$SS_总 = 9534.897 - 203.49^2/5 = 1253.261$

$SS_剩 = 9534.897 - (-3.3914) \times 203.49 - 105.0322 \times 189.739 - (-19.7043)$
$\qquad \times 493.589$
$\quad = 22.134$

$SS_回 = 1253.261 - 22.134 = 1231.127$

用式(4.2.14)计算各变异的自由度

$\mathrm{d}f_总 = N-1 = 5-1 = 4$

$\mathrm{d}f_回 = M-1 = 3-1 = 2$

$\mathrm{d}f_剩 = \mathrm{d}f_总 - \mathrm{d}f_回 = 2$

于是可列出 F 检验表。

表 4.2.3 例 4.2.1 资料 F 检验表

变异	SS	$\mathrm{d}f$	MS	F	$F_{0.05}$	$F_{0.01}$
回归	1231.127	2	215.564	55.62*	19.0	99.0
剩余	22.134	2	11.067			
总变异	1253.261	4				

$F(55.62)＞F_{0.05}(19.00),(2,2)$，回归关系显著，表明某疾病患病率与大气污染基本因子 NO_x 的指数 I_{NO_x} 以及空气质量指数（AQI）有显著回归关系，回归方程有意义。

2. 偏回归系数的显著性检验

偏回归系数的显著检验，就是检验各偏回归系数 $b_i(i=1,2,\cdots,n)$ 来自 $\beta_i=0$ 的总体的概率。统计假设为 $H_0:\beta_i=0,H_A:\beta_i\neq0$。其检验方法有 t 检验和 F 检验，下面介绍 F 检验。

在包含 m 个自变量的多元回归中，由于最小平方法的作用，m 愈大，回归平方和 $u_{y=1,2,\cdots,m}$ 亦必然愈大。如果取消一个自变量 x_i，则回归平方和将减少，其减少的数值称为 y 对 x_i 的偏，回归平方和记为 u_i，计算式为

$$u_i=\frac{b_i^2}{c_{ii}} \qquad (4.2.16)$$

式中 c_{ii} 为 A^{-1}，这个 u_i 就是在 y 的变异中由 x_i 的变异所决定的那一部分平方和，它具有 $df=1$。因此，由

$$F=\frac{u_i}{SS_{剩}/df_{剩}} \qquad (4.2.17)$$

可检验 b_i 来自 $\beta_i=0$ 的总体的概率。

［例 4.2.3］　试对例 4.2.1 资料的 $b_1=105.0322,b_2=-19.7043$，进行 F 检验。

由例 4.2.1 资料可算得系数矩阵的逆矩阵元素 $C_{11}=86.9448183,C_{22}=19.65006729,C_{12}=C_{21}=-40.51144011$，于是可算得 y 对 x_i 的偏回归平方和为

$u_{p1}=105.0322^2/86.9448183=126.882$

$u_{p2}=(-19.7043)^2/19.65006729=19.758$

于是可列出方差分析表见表 4.2.4。

表 4.2.4　偏回归系数的 F 检验表

变异	SS	df	MS	F	$F_{0.05}$
x_1	126.882	1	126.882	11.423	18.500
x_2	19.758	1	19.758	1.785	
剩余	22.134	2	11.067		

$F_1(11.423)＜F_{0.05}(18.500)$，回归关系不显著。

$F_2(1.785)＜F_{0.05}(18.500)$，回归关系不显著。

（四）自变量的重要性和取舍

在多元回归中，各个自变量对于 y 的效应是不相同的。通常，通过偏回归系数的假设检验后，对于那些不显著的自变量应舍去，不使其包括在多元回归方程中。但是，由于自变量可能存在着相关，这种弃舍仍需谨慎。因为在多元回归的分析体系中，若不显著的自变量有几个，实际上我们只能肯定偏回归平方和最小的那个自变量对 y 的作用一定是最小的。所以比较稳妥的办法应是弃去那个 u_i 最小而又不显著的自变量，再作分析。分析时，各自变量对 y 的偏回归平方和都将有所改变，这时应对它们重新检验，再弃去那个 u_i 最小而又不显著的自变量。如此重复进行，每次仅弃去一个不显著的自变量，直至

回归方程中所包含的自变量都是显著的为止。

弃去一个自变量(假设为 x_i)后,剩下的各个自变量的偏回归系数 $b_i(i \neq m)$ 都要改变取值。如果计算中保留了足够位数的有效数字,则新的 b_i 值(记作 b_i^*)可由原来的 b_i 值算出,即

$$b_i^* = b_i - \frac{C_{ik}}{C_{kk}} b_k \qquad (i \neq k) \tag{4.2.18}$$

因此,可不必从头算起。

[例 4.2.4] 以例 4.2.1 资料为例对自变量进行取舍。

经例 4.2.3 对 x_1, x_2 进行显著性检验,二者均不显著,其中 x_2 的偏回归平方和最小,故弃掉 x_2,重建回归方程。由式(4.2.18)计算 b_1^*,并计算 b。

$$b_1^* = 105.0322 - \frac{-40.51144}{19.6501} \times (-19.7043) = 64.4090$$

$$b_0 = \bar{y} - b^* \bar{x}_1 = 40.698 - 64.4090 \times 0.84 = -13.4056$$

于是回归方程为

$$\hat{y} = -13.4056 + 64.4090 x_i$$

对建立的新的回归方程进行显著性检验,其平方和为

$$SS_{回} = b_1 L_1 y = b\left[\sum x_1 y - (\sum x_1)(\sum y)/5\right]$$
$$= 64.4090(189.739 - 4.2 \times 203.49/5)$$
$$= 1211.366$$
$$SS_{剩} = 1253.261 - 1211.366 = 41.895$$

于是 F 检验表为

表 4.2.5 例 4.2.1 资料 F 检验表

变异因素	SS	df	MS	F	$F_{0.01}$
回归	1211.366	1	1211.366	86.052[***]	34.100
剩余	41.895	3	13.973		
总变异	1253.261	4			

$F(86.052) > F_{0.01}(34.100)$,回归关系极显著,表明本例宜采用一元线性方程。

二、多元相关与偏相关

(一)多元相关

m 个自变量间的总相关称为多元相关,例如例 4.2.1 中大气污染基本因子 NO_x 的指数 $I_{NO_x}(x_1)$、空气质量指数(AQI)(x_2)与某种疾病发病率(y)之间的总相关就是多元相关。多元相关的大小程度用多元相关系数进行度量,多元相关系数以 $R_{y=1,2,\cdots,m}$ 表示,读作因变量 y 和 m 个自变量的多元相关系数或复相关系数。由于 m 个自变量对 y 的回归平方和 $u_{y=1,2,\cdots,m}$ 占 y 的总平方和 $SS_{总}(SS_y)$ 的比率越大,则表明 y 与 m 个自变量的总相关越密切,因此可定义为 $R_{y=1,2,\cdots,m} = \sqrt{\dfrac{u_{y=1,2,\cdots,m}}{SS_{总}}}$ 或 $\sqrt{\dfrac{SS_{回}}{SS_{总}}}$ \qquad (4.2.19)

即多元相关系数为多元回归平方和与总变异平方和之比的平方根。因 $u_{y=1,2,\cdots,m}$ 是 SS_y 的一部分,式(4.2.19)根号内的值为一百分率,故 R 的存在区间为 $[0,1]$。在一定自由度下,R 的值越近于 1,总相关越密切;越近于 0,总相关越不密切。因为多元回归平方和一定大于 y 对任一自变量的回归平方和,故多元相关系数一定比各自变量与 y 的单相关系数的绝对值大。因为自变量间存在相关,所以多元相关系数又不等于各自变量与 y 的单相关系数之和。

至于多元相关系数的显著性检验,与线性单相关系数一样可用查表法进行。计算得的相关系数大于或等于某一查表相关系数的临界值,则在该水平上显著,反之不显著。查表时,其自由度 $df = N - m - 1$,变量的个数为自变量的个数加 1(即 $m+1$)。R_a 临界值见附表 14。

〔例 4.2.5〕 仍以例 4.2.1 资料为例,试计算 y 与 x_1、x_2 的复相关系数,并作显著性检验。

前面已算得该资料的 $SS_{总} = 1253.261$,$SS_{回} = 1231.127$,$df_{回} = 2$,$df_{剩} = 2$,其多元相关系数为

$$R = \sqrt{\frac{SS_{回}}{SS_{总}}} = \sqrt{\frac{1231.127}{1253.261}} = 0.9911$$

由 $df_{剩} = 2$,$M = 3$ 查 R_a 值表,$R_{0.05} = 0.975$,$R_{0.01} = 0.995$,$R(0.9911) > R_{0.05}(0.9750)$,表明 y 与 x_1、x_2 总相关显著。

(二)偏相关

多元相关系数是反映所有自变量与因变量间相关的密切程度,为了反映任意两个变量间相关的密切程度,还需引入偏相关系数。

1. 偏相关系数

偏相关系数和偏回归系数的意义相似。偏回归系数是在其他各个自变量都保持一定时,指定的某一自变量对于因变量 y 的效应;偏相关系数是表示在其他各个变量都保持一定时,指定的某两个变量间相关密切程度的数量指标。由于在相关模型中,各个变量都同等看待,因此通常不作因变量和自变量之分。

偏相关系数以 r 带右下标表示。如有 x_1、x_2、x_3 3 个变量,则 $r_{13,3}$ 表示 x_3 变量保持一定时,x_1 和 x_2 变量间的偏相关系数;$r_{13,2}$ 表示 x_2 和 x_3 变量间的偏相关系数。同理可类推:若有 4 个变量,则 $r_{12,34}$ 表示 x_3,x_4 变量的偏相关系数等。一般而言,若有 M 个变量,则偏相关系数共有 $\frac{1}{2}M(M-1)$ 个。

在多个变量错综复杂的关系中,偏相关系数可帮助排除假象相关,找到真实联系最为密切的变量。

偏相关系数的取值和单相关系数一样,也是 $[-1,1]$。

2. 偏相关系数的计算

偏相关系数是在单相关系数的基础上由下列计算式计算。

一级偏相关系数

$$r_{12,3} = \frac{r_{12} - r_{13}r_{23}}{\sqrt{(1-r_{13}^2)(1-r_{23}^2)}}$$

$$r_{12,2} = \frac{r_{13} - r_{12}r_{23}}{\sqrt{(1-r_{12}^2)(1-r_{23}^2)}} \tag{4.2.20}$$

$$r_{23,1} = \frac{r_{23} - r_{21}r_{31}}{\sqrt{(1-r_{21}^2)(1-r_{31}^2)}}$$

二级偏相关系数

$$r_{12,34} = \frac{r_{12,3} - r_{14,3}r_{24,3}}{\sqrt{(1-r_{14,3}^2)(1-r_{24,3}^2)}} \tag{4.2.21}$$

三级偏相关系数

$$r_{12,345} = \frac{r_{12,34} - r_{15,34}r_{25,34}}{\sqrt{(1-r_{15,34}^2)(1-r_{25,34}^2)}} \tag{4.2.22}$$

偏相关系数的计算通式

$$r_{12,345\cdots n} = \frac{r_{12,345\cdots(n-1)} - r_{1n,345\cdots(n-1)}r_{2n,345\cdots(n-1)}}{\sqrt{[1-r_{1n,345\cdots(n-1)}^2][1-r_{2n,345\cdots(n-1)}^2]}} \tag{4.2.23}$$

［例 4.2.6］ 以例 4.2.1 为例，计算偏相关系数 $r_{1y,2}$ 和 $r_{2y,1}$。

根据表 4.2.2 数据计算 x_1、x_2，y 之间的平方和及乘积和

$$L_{11} = \sum x_1^2 - \left(\sum x_1\right)^2/N = 3.82 - 4.2^2/5 = 0.292$$

$$L_{12} = \sum x_1 x_2 - \left(\sum x_1\right)\left(\sum x_2\right)/N = 10.01 - 4.2 \times 11.2/5 = 0.602$$

$$L_{22} = \sum x_2^2 - \left(\sum x_2\right)^2/N = 26.38 - 11.2^2/5 = 1.292$$

$$L_{1y} = \sum x_1 y - \left(\sum x_1\right)\left(\sum y\right)/N = 189.739 - 4.2 \times 203.49/5 = 18.807$$

$$L_{2y} = \sum x_2 y - \left(\sum x_2\right)\left(\sum y\right)/N = 493.589 - 11.2 \times 203.49/5 = 37.771$$

由式(4.2.22)计算单相关系数

$$r_{12} = \frac{0.602}{\sqrt{0.292 \times 1.292}} = 0.980$$

$$r_{1y} = \frac{18.807}{\sqrt{0.292 \times 1253.261}} = 0.983$$

$$r_{2y} = \frac{37.771}{\sqrt{1.292 \times 1253.261}} = 0.939$$

于是可用式(4.2.20)计算偏相关系数

$$r_{1y,2} = \frac{0.983 - 0.980 \times 0.939}{\sqrt{(1-0.980^2) \times (1-0.939^2)}} = 0.917$$

$$r_{2y,1} = \frac{0.939 - 0.980 \times 0.983}{\sqrt{(1-0.980^2) \times (1-0.983^2)}} = 0.666$$

3. 偏相关系数的显著性检验

偏相关系数 r_{ij} 的标准误为

$$Sr_{ij} = \sqrt{\frac{1-r_{ij}^2}{N-M}} \tag{4.2.24}$$

若令总体偏回归系数为 ρ_{ij}，则因 $(r_{ij} - \rho_{ij})/Sr_{ij}$ 遵从 $\mathrm{d}f = n - M$ 的 t 分布，故由

$$t = \frac{r_{ij}}{Sr_{ij}} \qquad\qquad (4.2.25)$$

可作 $H_0:\rho=0$，$H_A:\rho\neq0$ 的假设检验。

［例 4.2.7］ 对例 4.2.6 偏相关系数 $r_{1y,2}=0.917$ 以及 $r_{2y,1}=-0.666$ 进行显著性检验。

由式(4.2.24)计算回归系数 r_{ij} 的标准误,式(4.2.25)计算 t 值,

$$Sr_{1y,2} = \sqrt{\frac{1-0.917^2}{5-3}} = 0.282$$

$$t_{1y,2} = \frac{0.917}{0.282} = 3.252$$

$$Sr_{2y,1} = \sqrt{\frac{1-(-0.666)^2}{5-3}} = 0.527$$

$$t_{2y,1} = \frac{-0.666}{0.527} = -1.264$$

由 $df=2$ 查 t_α 值表,$t_{0.05}=4.303$,所以上述两个偏回归系数均不显著。

为简便,可由 $df=2$ 查 r_α 值表,$r_{0.05}=0.975$,$r_{0.01}=0.995$ 同样可得出两个偏回归系数均不显著。

对式(4.2.25)移项,也可得到一定自由度下给定显著水平 α 的临界 r_{ij} 值,即

$$r_{ij} = \sqrt{\frac{t^2}{df+t^2}} \qquad\qquad (4.2.26)$$

如果 $t_{0.05(10)}=2.228$,$t_{0.01(10)}=3.169$,则

$$r_{0.05} = \sqrt{\frac{2.228^2}{10+2.228^2}} = 0.576$$

$$r_{0.01} = \sqrt{\frac{3.169^2}{10+3.169^2}} = 0.708$$

如果 $|r_{ij}| \geqslant r_{0.05}$,则为 0.05 水平显著;如果 $|r_{ij}| \geqslant r_{0.01}$,则 0.01 水平显著。所以,算得 r_{ij} 后,只要从附表中由 $df=N-m$ 查出 r_α 值,即可确定其显著性。

练习题

1. 测得不同浓度的葡萄糖溶液(x)在光电比色计上的消光度(y)如表,试计算:(1)直线回归方程 $\hat{y}=a+bx$,并作图;(2)对该回归关系进行假设检验;(3)测得某样品的消光度为 0.60,试计算该葡萄糖样品的浓度。

不同浓度葡萄糖溶液的消光度

x/(mg/L)	0	5	10	15	20	25	30
y	0.00	0.11	0.23	0.34	0.46	0.57	0.71

2. 应用火焰光度计测定不同浓度(x)钾标准溶液的发光强度(y),结果如下表。试进行一元线性回归分析。

不同浓度钾标准溶液测定的发光强度

x/(mg/L)	0	2.5	5	10	15	20	25
y	0	7.2	13	28	40	53	66

3. 用钼蓝法在分光光度计上测定 7 种不同浓度（x）磷标准溶液的透光度并转换为对数值,根据结果计算出 $\sum x = 2.55$，$\sum x^2 = 1.85$，$\sum y = 12.73$，$\sum y^2 = 23.38$，$\sum xy = 4.18$。请进行相关分析。

4. 测得广东 $\leqslant 25℃$ 的始日（x）与黏虫幼虫暴食高峰期（y）的关系如表（x 和 y 皆以 8 月 31 日为 0）。试分析:(1) $\leqslant 25℃$ 的始日可否用于预测黏虫幼虫的暴食期;(2)回归方程及其估计标准误。

始日与黏虫幼虫暴食高峰期的关系

年份	1954	1955	1956	1957	1958	1959	1960
x	13	25	27	23	26	1	15
y	50	55	50	47	51	29	48

5. 下表为 1973 年对江苏启东高产棉田调查的部分资料,x_1 为每亩株数（千株）,x_2 为每株铃数,y 为皮棉产量（kg/666.7 m²）。试计算:(1)多元回归方程;(2)对偏回归系数作假设检验,并解释所得结果;(3)多元相关系数和偏相关系数,并和简单相关系数作一比较,分析其不同的原因。

高产棉田的每亩株数、每株铃数与皮棉产量的关系

x_1	x_2	y	x_1	x_2	y
6.21	10.2	95	6.55	9.3	94.5
6.29	11.8	110.5	6.61	10.3	91.5
6.38	9.9	95	6.77	9.8	99.5
6.50	11.7	107	6.82	8.8	91
6.52	11.1	109.5	6.96	9.6	100.5

6. 测定 18 个土样的无机磷含量（x_1）、溶于碳酸钾并为溴酸物水解有机磷含量（x_2）、溶于碳酸钾但不为溴酸物水解有机磷含量（x_3）和玉米吸收的磷含量（y）,其单位皆为 $\mu g/g$,得二级数据为:$L_{11} = 1752.96$，$L_{22} = 3155.78$，$L_{33} = 35572.00$，$L_{yy} = 12389.61$，$L_{12} = 1085.61$，$L_{23} = 3364.00$，$L_{13} = 1200.00$，$L_{1y} = 3231.48$，$L_{2y} = 2216.44$，$L_{3y} = 7593.00$。

建立多元线性回归方程,并逐个弃去不显著的自变量,分析玉米吸收磷的主要来源是什么。

（注:L_{ii} 为 x_i 的平方和,L_{ij} 为 x_i 与 y 乘积和）

第五章　环境数据的非线性回归

环境科学及生物科学研究中,一部分变量间的关系属线性相关,而相当一部分变量间的关系属非线性相关。例如土壤重金属含量与作物产量、施肥量与作物产量、水分含量与作物产量等,虽然自变量 x 在某一区间内与因变量 y 的关系可能是线性的,但就 x 可能取值的整个区间内,与 y 的关系绝不是线性相关。例如土壤重金属锌含量,在适宜范围内作物产量随锌含量的增加而增加,两者呈线性相关,锌含量超过一定范围,作物产量随锌含量增加而降低,因此,锌含量在较大范围内与作物产量的关系是非线性相关。对于这类问题宜采用非线性回归分析进行处理。在非线性回归分析中,配置非线性回归方程有两种,一种是可以直线化的,另一种不能直线化而采用多项式逼近,下面分别做介绍。

第一节　可化为直线的曲线函数及最优方程的选择

一、可化为直线的曲线函数的主要类型

可化为直线的非线性函数的类型有多种,其中常用的有双曲线函数、指数函数、幂函数、对数函数、生长曲线函数等。

（一）双曲线函数

1. 普通双曲线函数
它的表达式为

$$y = \frac{x}{a+bx} \tag{5.1.1}$$

其图形见本书附图,要使上述方程直线化,只需将式(5.1.1)移项得

$$\frac{x}{y} = a + bx$$

令 $y' = \dfrac{x}{y}$,则有直线方程: $y' = a + bx$。

2. 简单双曲线函数
它的表达式有两种,其一的表达式为

$$y = \frac{1}{a+bx} \tag{5.1.2}$$

其图形见附图,式(5.1.2)可写成 $\dfrac{1}{y} = a + bx$。

若令 $y' = \dfrac{1}{y}$,则有直线方程: $y' = a + bx$。

其二的表达式为

$$y = a + \frac{b}{x} \tag{5.1.3}$$

若令 $x' = \frac{1}{x}$，则有直线方程：$y = a + bx'$。

（二）幂函数

幂函数的表达式为

$$y = ax^b \tag{5.1.4}$$

幂函数的直线化方法是将式(5.1.4)两边取对数，则变为

$$\log y = \log a + b \log x$$

若令 $y' = \log y, a' = \log a, x' = \log x$，则有直线方程：$y' = a' + bx'$。

（三）指数函数

应用较广泛的指数函数曲线有两种形式，其一的表达式为

$$y = a\,e^{bx} \tag{5.1.5}$$

它的直线化方法是对式(5.1.5)两边取自然对数得

$$\ln y = \ln a + bx$$

令 $y' = \ln y, a' = \ln a$，则有直线方程：$y' = a' + bx$。

其二的表达式为 $y = ab^x$ \hfill (5.1.6)

它的直线化方法，是对式(5.1.6)两边取对数得

$$\log y = \log a + x \log b$$

令 $y' = \log y, a' = \log a, b' = \log b$，则有直线方程：$y' = a' + b'x$。

（四）对数函数

最常用的是以 10 为底的对数形式，其表达式为

$$y = a + b \log x \tag{5.1.7}$$

其直线化方法是令 $x' = \log x$，则有直线方程：$y = a + bx'$。

（五）生长曲线

生长曲线又称逻辑斯特(Logistic)曲线，它是比利时数学家维尔赫斯特(1893 年)首先提出的，它的数学表达式有两种形式，其一为

$$y = \frac{1}{a + b e^{-x}} \tag{5.1.8}$$

它的直线化方法是将式(5.1.8)移项得

$$\frac{1}{y} = a + b e^{-x}$$

令 $y' = \frac{1}{y}, x' = e^{-x}$，则有直线方程：$y' = a + bx'$。

其二为 $y = k / (1 + a e^{-bx})$ \hfill (5.1.9)

它的直线化方法是将式(5.1.9)移项合并得

$$\frac{k-y}{y} = a\,\mathrm{e}^{-bx}$$

将上式两边取自然对数有 $\ln\left(\dfrac{k-y}{y}\right) = \ln a - bx$。

令 $y' = \ln\left(\dfrac{k-y}{y}\right)$，$a' = \ln a$，则有直线方程：$y' = a' - bx$

二、最优方程的选择

所谓"选择"，就是对某个双变量数据在尽可能的函数式内选取与实测值拟合得最好的一种函数式。一般情况下，一个散点图常有几种相接近的曲线函数可拟合，哪一种拟合得最好，需要进行比较。比较方法有的以直线化方程的相关系数 r 的大小作为判别标准，$|r|$ 值最大者认为该曲线函数拟合得最好。但根据最小二乘原理，以回归方程剩余平方和 $SS_{剩}$ 的大小作为判别标准最为恰当。$SS_{剩}$ 最小者，即认为该曲线函数拟合得最好。一些情况下，$|r|$ 值越大，$SS_{剩}$ 越小；另一些情况下，由于直线化方法不同，$|r|$ 值越大，$SS_{剩}$ 并不一定是最小的。因此，以回归方程剩余平方和 $SS_{剩}$ 的大小作为判别标准为好。

［例 5.1.1］　在环境调查中污染物的自净过程中，测得酚的浓度 y 和时间 x 的对应数据见表 5.1.1，试选择最优方程。

表 5.1.1　污染物自净过程中酚的浓度和时间的对应数据表

x/min	2.17	4.50	13.33	24.50	29.67	35.00	49.67	65.50	81.33
y/(mg/L)	0.040	0.039	0.038	0.024	0.021	0.023	0.017	0.017	0.013

（1）作散点图及判断。

根据表 5.1.1 数据，以 x 为横坐标，y 为纵坐标，作散点图如图 5.1.1。

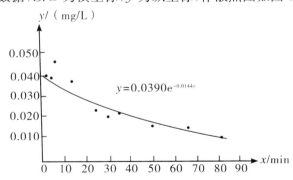

图 5.1.1　污染物自净过程中酚的浓度 y 和时间 x 的关系

根据图 5.1.1，散点图的图形与上述"可化为直线的非线性函数的主要类型"的图形相比较，可以初步判定该散点图形状近似于指数函数 $y = a\,\mathrm{e}^{bx}$、幂函数 $y = ax^{b}$、双曲线函数 $y = a + b/x$ 三种曲线。同时也近似于线性回归，则在这四种函数式中进行选择。

（2）配置回归方程。

在配置回归方程之前先将上述三种曲线方程直线化，直线化方法同前述，只是幂函数等式两边是取自然对数，方程直线化后，再将相应数据作直线化变换，其结果见表 5.1.2。

表 5.1.2　表 5.1.1 数据直线化变换表

编号	x/min	y/(mg/L)	指数函数 y'	幂函数 y'	幂函数 x'	双曲线 x'
1	2.17	0.040	−3.2189	−3.2189	0.7747	0.4608
2	4.50	0.039	−3.2442	−3.2442	1.5041	0.2222
3	13.33	0.038	−3.2702	−3.2702	2.5900	0.0750
4	24.50	0.024	−3.7297	−3.7297	3.1987	0.0408
5	29.67	0.021	−3.8632	−3.8632	3.3901	0.0337
6	35.00	0.023	−3.7723	−3.7723	3.5553	0.0286
7	49.67	0.017	−4.0745	−4.0745	3.9054	0.0201
8	65.50	0.017	−4.0745	−4.0745	4.1821	0.0153
9	81.33	0.013	−4.3428	−4.3428	4.3985	0.0123
$\sum$	305.67	0.232	−33.5903	−33.5903	27.4989	0.9088

根据表 5.1.2 数据，配置曲线回归方程的直线化回归方程，即

指数函数直线化方程：　$y' = -3.2432 - 0.0144x$

幂函数直线化方程：　$y' = -2.7952 - 0.3086x'$

双曲线函数直线化方程：　$y = 0.0204 + 0.0535x'$

线性回归方程：　$y = 0.0378 - 0.000353x$

将直线化回归方程复原为曲线回归方程，即

指数函数回归方程：　$y = 0.0390e^{-0.0144x}$

幂函数回归方程：　$y = 0.0611x^{-0.3086}$

双曲线函数回归方程：　$y = 0.0204 + 0.0535/x$

（3）计算剩余平方和及选择最优方程。

将实测值和根据回归方程计算的估计值列于表 5.1.3。

表 5.1.3　实测值和各回归方程计算的估计值

编号	1	2	3	4	5	6	7	8	9
y	0.040	0.039	0.038	0.024	0.021	0.023	0.017	0.017	0.013
指数函数回归$\hat{y}$	0.038	0.037	0.032	0.027	0.025	0.024	0.019	0.015	0.012
幂函数回归$\hat{y}$	0.048	0.038	0.027	0.023	0.021	0.020	0.018	0.017	0.016
双曲线函数回归$\hat{y}$	0.045	0.032	0.024	0.023	0.022	0.022	0.021	0.021	0.021
直线线性回归$\hat{y}$	0.037	0.036	0.033	0.029	0.027	0.025	0.020	0.015	0.009

利用表 5.1.3 的数据计算各回归方程的剩余平方和，剩余平方和只能用实测值和回归估计值之差来计算，即

$$SS_{剩} = \sum (y - \hat{y})^2$$

不能用 $SS_{剩} = L_{y'y'} - bL_{xy'}$ 来计算，则

指数函数回归方程剩余平方和：　$SS_{剩} = \sum (y - \hat{y})^2 = 0.000079$

幂函数回归方程剩余平方和：　$SS_{剩} = \sum (y - \hat{y})^2 = 0.000206$

双曲线函数回归方程剩余平方和：　$SS_{剩} = \sum (y - \hat{y})^2 = 0.000369$

直线线性回归方程剩余平方和：$SS_{剩} = \sum (y - \hat{y})^2 = 0.000137$

比较上述各类回归方程的剩余平方和，显然指数函数回归方程的剩余平方和最小，所以选择该回归方程来表达酚的浓度与时间的关系最好，即 $\hat{y} = 0.0390e^{-0.0144x}$ 能较好地拟合了酚的浓度 y 与时间 x 的关系。

从上述计算过程可以看出，最优方程的选择的计算相当烦琐。上例仅是根据初步判断确定的四种方程进行选择，若在所有可直线化的非线性方程中进行选择，计算更为复杂。为了方便应用，目前已为最优方程的选择编辑出了程序，可在计算机上直接进行选择。

第二节　可化为直线的非线性回归分析的方法步骤

可化为直线的非线性函数的类型有多种，本节仅以指数函数曲线、生长曲线为例介绍可化为直线的非线性回归分析的方法步骤。

一、指数函数曲线回归分析的方法步骤

［例5.2.1］　以例5.1.1资料为例，介绍指数函数曲线回归分析的方法步骤。

(1)直线化回归方程的配置。

①作散点图及选择最优方程。

方法同前，前已选择指数函数曲线方程为最好。

②曲线方程直线化。

指数函数曲线直线化方法，已于前述，即 $y = ae^{bx}$ 两边取自然对数得 $\ln y = \ln a + bx$，令 $y' = \ln y$，$a' = \ln a$，直线化方程为

$$y' = a' + bx$$

③配置直线化回归方程。

计算基础数据：按直线化要求，y 取自然对数，并计算有关数据，列于表5.2.1。

表 5.2.1　例 5.2.1 回归分析基本数据表

编号	x/min	x^2	y/(mg/L)	y'	$(y')^2$	xy'
1	2.17	4.71	0.040	−3.2189	10.3613	−6.9850
2	4.50	20.25	0.039	−3.2442	10.5248	−14.5989
3	13.38	177.69	0.038	−3.2702	10.6942	−43.5918
4	24.50	600.25	0.024	−3.7297	13.9107	−91.3777
5	29.67	880.31	0.021	−3.8632	14.9243	−114.6211
6	35.00	1225.00	0.023	−3.7723	14.2302	−132.0305
7	49.67	2467.11	0.017	−4.0745	16.6016	−202.3804
8	65.50	4290.25	0.017	−4.0745	16.6016	−266.8798
9	81.33	6614.57	0.013	−4.3428	18.8599	−353.1999
$\sum$	305.67	16280.13	0.232	−33.5903	126.7086	−1225.6651
平均	33.9633			−3.7323		

计算平方和及乘积和：利用表 5.2.1 的数据计算平方和及乘积和。

$$L_{xx} = \sum x^2 - (\sum x)^2/N = 5898.5579$$

$$L_{xy'} = \sum xy' - (\sum x)(\sum y')/N = -84.8265$$

$$L_{y'y'} = \sum (y')^2 - (\sum y')^2/N = 1.3410$$

计算 a 及 b，建立回归方程。

$$b = \frac{L_{xy'}}{L_{xx}} = \frac{-84.8265}{5898.5579} = -0.0144$$

$$a = \overline{y'} - b\overline{x} = -3.7323 + 0.0144 \times 33.9633 = -3.2432$$

故直线化回归方程为

$$y' = -3.2432 - 0.0144x$$

（2）回归方程的显著性检验。

根据以上有关数据，可作 F 检验或相关分析，这里采用相关分析法。相关系数 r 值为

$$r = \frac{L_{xy'}}{\sqrt{L_{xx} \cdot L_{y'y'}}} = \frac{-84.8265}{\sqrt{5898.5579 \times 1.3410}} = -0.954$$

由 $df = n - 2 = 9 - 2 = 7$，查 r 值表，$|r| > r_{0.01}(0.798)$，达极显著水平。表明污染物自净过程中酚浓度的自然对数（$\ln y$）与时间之间存在极显著的线性回归关系。

应该指出，以上计算的相关系数 r，反映的是经变量变换后，新自变量与因变量间的线性关系，并非实际自变量与因变量间关系的直接反映。此时实际自变量与因变量间的相关系数值为 0.9140，其决定系数为 0.8354，比经变量变换后的相关系数（0.954）要小，说明变量变换后的回归成分增加了，用指数回归方程拟合更合适。

由于此时的 r 仅反映新变量间的线性关系，它不能回答原变量实际观察值之间非线性关系的拟合程度，因此，应采用 $SS_{剩}$ 来评价，$SS_{剩}$ 越小，拟合程度越高。

（3）回归方程的复原。

方程检验显著后，可将直线化方程复原为指数方程，由于 $y' = a' + bx$ 中的 $a' = \ln a$，而指数方程为 $y' = ae^{bx}$，故方程复原时，需将 a' 取反对数，即

$$y = 0.0390e^{-0.0144x}$$

（4）预测取值。

回归方程经检验达显著或极显著水平，才能用于预测。预测也是利用变换后的数据，按直线回归的预测方法进行计算，将计算结果再复原即可。

例如，要预测经历时数 $x_0 = 40(\min)$ 时，酚的浓度 y 的取值。将 $x_0 = 40$ 代入直线回归方程得

$$y = -3.2432 - 0.0144 \times 40 = -3.8192$$

估测标准误差为

$$S_y = \sqrt{S_e^2 \left[1 + \frac{1}{N} + \frac{(x_0 - \overline{x})^2}{L_{xx}}\right]}$$

$$= \sqrt{\frac{0.000079}{7} \times \left[1 + \frac{1}{9} + \frac{(40 - 33.9633)^2}{5898.5579}\right]} = 0.003551$$

当 $\alpha = 0.05$，自由度 $df = N - 2 = 9 - 2 = 7$ 时，查 t 表得 $t_{0.05} = 2.365$，则因变量 y 估

测值的 95% 可信度下的置信区间为

$$\hat{y}_0 - t_{0.05} S_y \leqslant y_0 \leqslant \hat{y}_0 + t_{0.05} S_y$$
$$-3.8192 - 2.365 \times 0.003551 \leqslant y_0 \leqslant -3.8192 + 2.365 \times 0.003551$$
$$-3.82759812 \leqslant y_0 \leqslant -3.8191702$$
$$0.021945 \leqslant y_0 \leqslant 0.021946$$

这就是说，当经历 40(min) 时，酚的浓度在 0.021945～0.021946(mg/L) 之间，其可靠程度为 95%。

二、生长曲线回归分析的方法步骤

[例 5.2.2]　某作物出苗后，每隔 10 天测定一次生长量，结果见表 5.2.2，试对某作物生长量与生长天数的关系作回归分析。

表 5.2.2　某作物生长量（鲜重）测定结果

测定次数	1	2	3	4	5	6	7
生长天数(x)	10	20	30	40	50	60	70
生长量(kg/盆)	0.10	0.35	0.80	1.65	2.10	2.32	2.40

（一）作散点图及选择最优方程

将表 5.2.2 的试验数据以生长天数 x 为横坐标，作物生长量 y 为纵坐标，在坐标纸上作散点图（图 5.2.2）。

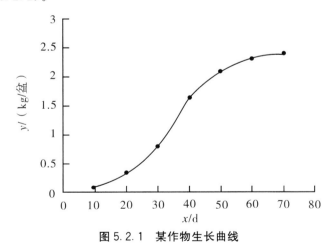

图 5.2.1　某作物生长曲线

按照前述方法选择最优方程。本例经选择以生长曲线 $y = \dfrac{k}{1 + a e^{-bx}}$ 为最好，因此选择它来表达这批试验数据的关系。生长曲线与其他可线性化的函数有所不同，即它含有未知常数 k 值，必须先确定 k 值，才能应用。k 值确定方法为如果 y 是生长量，则可取 3 对观察值 $(x_1、y_1, x_2、y_2, x_3、y_3)$ 代入方程 $y = \dfrac{k}{1 + a e^{-bx}}$ 的化简式 $\dfrac{k-y}{y} = a e^{-bx}$，得方程：

$$\frac{k-y_1}{y_1}=a\,\mathrm{e}^{-bx_1}\ \cdots\cdots\cdots\cdots\cdots\cdots\cdots\cdots\cdots\cdots\cdots\cdots\cdots\cdots\ (1)$$

$$\frac{k-y_2}{y_2}=a\,\mathrm{e}^{-bx_2}\ \cdots\cdots\cdots\cdots\cdots\cdots\cdots\cdots\cdots\cdots\cdots\cdots\cdots\cdots\ (2)$$

$$\frac{k-y_3}{y_3}=a\,\mathrm{e}^{-bx_3}\ \cdots\cdots\cdots\cdots\cdots\cdots\cdots\cdots\cdots\cdots\cdots\cdots\cdots\cdots\ (3)$$

$\dfrac{(2)}{(1)}$ 得 $\left(\dfrac{k-y_2}{y_2}\right)\Big/\left(\dfrac{k-y_1}{y_1}\right)=\mathrm{e}^{-b(x_2-x_1)}$

$\dfrac{(3)}{(2)}$ 得 $\left(\dfrac{k-y_3}{y_3}\right)\Big/\left(\dfrac{k-y_2}{y_2}\right)=\mathrm{e}^{-b(x_3-x_2)}$

若 x_1、x_2、x_3 为等间距,则有

$$\left(\frac{k-y_2}{y_2}\right)\Big/\left(\frac{k-y_1}{y_1}\right)=\left(\frac{k-y_3}{y_3}\right)\Big/\left(\frac{k-y_2}{y_2}\right)$$

解上式得 $k=\dfrac{y_2^2(y_1+y_3)-2y_1y_2y_3}{y_2^2-y_1y_3}$ \qquad\qquad (5.2.1)

(二)曲线方程直线化及数据变换

方程直线化前面已介绍,所得直线化方程为

$$y'=a'-bx$$

其中 $y'=\ln[(k-y)/y]$,$a'=\ln a$。首先计算 k 值;$x_1=10$,$y_1=0.10$;$x_2=40$,$y_2=1.65$;$x_3=70$,$y_3=2.40$。由于 x 取值为等间距,可用式(5.2.1)求 k 值得

$$k=\frac{1.65^2\times(0.10+2.40)-2\times0.10\times1.65\times2.40}{1.65^2-0.10\times2.40}=2.423(\mathrm{kg/盆})$$

其次计算回归分析的基础数据,列于表 5.2.3。

表 5.2.3　某作物生长量 y 对生长天数 x 的回归分析基础数据

编号	x/d	$y/(\mathrm{kg/盆})$	$y'\,x^2\,y'=\ln[(2.423-y)/y]$	x^2	y'^2	xy'
1	10	0.10	3.145445	100	9.893824	31.45445
2	20	0.35	1.778829	400	3.164233	35.57658
3	30	0.80	0.707420	900	0.500443	21.22260
4	40	1.65	−0.758252	1600	0.574946	−30.33008
5	50	2.10	−1.872040	2500	3.504534	−93.60200
6	60	2.32	−3.114593	3600	9.700690	−186.87558
7	70	2.40	−4.647730	4900	21.601394	−325.34110
$\sum$	280	9.72	−4.760921	14000	48.940063	−547.89513
平均	40		−0.680132			

（三）配置回归方程

根据表5.2.3数据计算平方和及乘积和为

$L_{xx} = \sum x^2 - (\sum x)^2/N = 14000 - (280)^2/7 = 2800.00$

$L_{xy'} = \sum xy' - (\sum x)(\sum y')/N = -547.89513 - 280 \times (-4.760921)/7 = -357.45829$

$L_{y'y'} = \sum y'^2 - (\sum y')^2/N = 48.940063 - (-4.760921)^2/7 = 45.7020$

从而可以计算出 a' 和 b。

$-b = L_{xy'}/L_{xx} = -357.45829/2800.00 = -0.127664$

$a' = \overline{y'} - (-b)\overline{x} = -0.680132 + 0.127664 \times 40 = 4.426415$

于是直线回归方程为 $\hat{y}' = 4.426415 - 0.127664x$

由于 $a' = \ln a$，故 $a = e^{a'} = e^{4.426415} = 83.631061$，则 Logistic 回归方程为

$$\hat{y}' = \frac{2.423}{1 + 83.631061 e^{-0.127664x}}$$

（四）回归方程的显著性检验（F 检验）

根据有关数据，计算平方和及自由度为

$SS_{总} = L_{y'y'} = 45.7020$

$SS_{回} = (-b)L_{xy'} = (-0.127664) \times (-357.45829) = 45.6344$

$SS_{剩} = SS_{总} - SS_{回} = 45.7020 - 45.6344 = 0.0676$

$df_{总} = N - 1 = 7 - 1 = 6$

$df_{回} = m - 1 = 2 - 1 = 1$

$df_{剩} - df_{总} - df_{回} = 6 - 1 = 5$

于是可列出 F 检验表见表5.2.4。

表5.2.4　F 检验表

变异	df	SS	MS	F	$F_{0.05}$	$F_{0.01}$
回归	1	45.6344	45.6344	3380.33**	6.61	16.26
剩余	5	0.0676	0.0135			
总变异	6	45.7020				

$F > F_{0.01}$，回归关系极显著，可以用于预测 y。

（五）预测取值

预测某作物生长 $x_0 = 45(d)$ 的生长量。将 $x_0 = 45$ 代入线性回归方程

$\hat{y} = 4.426415 - 0.127664 \times 45 = -1.318465$

估测标准误为

$$S_{y'} = \sqrt{S_e^2 \left[1 + \frac{1}{N} + \frac{(x_0 - \overline{x})^2}{\sum(x - \overline{x})^2}\right]} = \sqrt{0.0135 \times \left[1 + \frac{1}{7} + \frac{(45-40)^2}{2800}\right]} = 0.124696$$

当 $\alpha = 0.05$，自由度 $df = 7 - 2 = 5$ 时，查 t 表得 $t_{0.05} = 2.57$，则生长45天的某作物生长量估测值的95%的置信区间为

$$y'_0 - t_{0.05} S_{y'} \leqslant y'_0 \leqslant y'_0 + t_{0.05} S_{y'}$$

$$-1.318465 - 2.57 \times 0.12469 \leqslant y'_0 \leqslant -1.318465 + 2.57 \times 0.124696$$

$$-1.638934 \leqslant y'_0 \leqslant -0.997996$$

因 y' 是 $\left(\dfrac{2.423}{y}\right)$ 的自然对数值,故实际表示生长量的估测值时,应将其转换为真数,转变方法如下:

因为 $y' = \ln\left(\dfrac{2.423}{y}\right)$,所以 $\left(\dfrac{2.423}{y}\right) = e^{y'}$。当 $y' = -1.638934$ 时,代入上式得

$$\left(\frac{2.423}{y}\right) = e^{-1.638934} = 0.1941869 \qquad y = 12.48$$

当 $y' = -0.997996$ 时,代入上式得

$$\left(\frac{2.423}{y}\right) = e^{-0.997996} = 0.368617 \qquad y = 6.57$$

$6.57 < y_0 < 12.48$

即当某作物生长 45 天时,其生长量在 6.57~12.48 kg/盆之间,其可靠程度为 95%。

练习题

1. 何谓非线性回归? 非线性回归的方法如何分类?

2. 简述可化为直线的一元非线性回归分析的步骤。

3. 在光电比色计上测得溶液中叶绿素的浓度 $x(\mu g/mL)$ 和透光度 y 的关系,得结果列于下表。试作回归分析。

溶液中叶绿素浓度测量结果

x	0	5	10	15	20	25	30	35	40	45	50	55
y	100	82	65	52	44	36	30	25	21	17	14	11

x	60	65	70	75	80	85
y	9	7.5	6.05	5.0	4.0	3.3

4. 某试验测定某种肉用鸡在良好饲养条件下的生长量,每两周测定一次,结果列于下表。试作回归分析。(提示:用 $y = \dfrac{k}{1 + a e^{-bx}}$ 模型)

某种肉用鸡的生长量测定结果

x/周	2	4	6	8	10	12	14
y/(kg/只)	0.30	0.86	1.73	2.20	2.47	2.67	2.80

第六章 环境数据的多项式回归

如果 y 与 x 的关系为非线性,但又无适当的变量转换形式使其变为线性,则可选用一个多项式回归方程描述。对于多元非线性方程也是采用多项式回归来处理。多项式回归在生物科学和环境科学研究中具有广泛用途。

第一节 一元多项式回归分析

一、一元多项式回归模型

在一元多项式中,如果因变量 y 与自变量 x 的关系为 k 次多项式,则回归模型为

$$Y_\alpha = \beta_0 + \beta_1 x_\alpha + \beta_2 x_\alpha^2 + \cdots + \beta_k x_\alpha^k + \varepsilon_\alpha \qquad (\alpha = 1, 2, \cdots, N) \qquad (6.1.1)$$

式中,$\beta_0, \beta_1, \cdots, \beta_k$ 为待估参数;ε_α 为 Y 在 x_α 处观察值的随机误差,服从正态分布 $N(0, \sigma)$;N 为试验处理数。

当应用样本估计时,则上式变为

$$y_\alpha = \hat{y}_\alpha + e_\alpha$$

其中 $\quad \hat{y}_\alpha = b_0 + b_1 x_\alpha + b_2 x_\alpha^2 + \cdots + b_k x_\alpha^k \qquad\qquad\qquad\qquad\qquad (6.1.2)$

式中,$b_0, b_1, \cdots, b_k$ 和 e_α 依次估计 $\beta_0, \beta_1, \cdots, \beta_k$ 和 ε_α,而 y_α 是第 α 次试验点 $(x_\alpha, x_\alpha^2, \cdots, x_\alpha^k)$ 上的观察值,$\hat{y}_\alpha$ 是其回归估计值。

方程 $\hat{y}_\alpha = b_0 + b_1 x_\alpha + b_2 x_\alpha^2 + \cdots + b_k x_\alpha^k$ 为常用的一元多项式回归方程。

二、一元多项式回归分析的一般步骤

(一)确定回归模型

利用散点图以及专业知识、数学知识判断一元多项式回归方程的模型,首先将试验数据在坐标图上描点,得散点图。将散点的分布趋势与函数图形相对照,再结合生物学知识来判断多项式回归的模型,即这批试验数据属于一元几次多项式回归。例如,若散点分布趋势只是凸的或只是凹的,即抛物线则为二次式,如果有一处发生由凸变凹或由凹变凸说明宜配置三次式。在实践中大多配置二次式,一般很少配到三次以上。

通过变量变换,将多项式化为多元线性回归方程的形式 如一元多项式回归方程 $\hat{y} = b_0 + b_1 x + b_2 x^2 + \cdots + b_k x^k$,只要令 $x_1 = x, x_2 = x^2, x_k = x^k$,则可得多元线性回归方程:

$$\hat{y} = b_0 + b_1 x_1 + b_2 x_2 + \cdots + b_k x_k \qquad\qquad\qquad\qquad (6.1.3)$$

(二)建立多项式回归方程

利用矩阵法求出 b_0、b_i,由于一元多项式回归模型可转化为多元线性回归模型,因

此,完全可以按照配置多元线性回归方程的方法进行。即先建立正规方程组,通过解正规方程组求出 b_0、b_i。解方程组的方法较多,有消元法、换元法、行列式法、矩阵法等。下面介绍较为通用的矩阵法。

对于多项式回归模型式(6.1.1),其结构矩阵 X、信息矩阵 A、常数项矩阵 B、试验结果矩阵 y、回归统计数矩阵 b 如下:

$$X = \begin{bmatrix} 1 & x_1 & x_1^2 & \cdots & x_1^k \\ 1 & x_2 & x_2^2 & \cdots & x_2^k \\ \vdots & \vdots & \vdots & \vdots & \vdots \\ 1 & x_N & x_N^2 & \cdots x_N^k \end{bmatrix}$$

$$A = X'X = \begin{bmatrix} N & \sum_\alpha x_\alpha & \sum_\alpha x_\alpha^2 & \cdots & \sum_\alpha x_\alpha^k \\ & \sum_\varepsilon x_\alpha^2 & \sum_\varepsilon x_\alpha^3 & \cdots & \sum_\alpha x_\alpha^{k+1} \\ & & \sum_\alpha x_\alpha^4 & \cdots & \sum_\alpha x_\alpha^{k+2} \\ & & & & \vdots \\ \text{对称部分} & & & & \sum_\alpha x_\alpha^{2k} \end{bmatrix}$$

$$B = X'y = \begin{bmatrix} \sum_\alpha y_\alpha \\ \sum_\alpha x_\alpha y_\alpha \\ \sum_\alpha x_\alpha^2 y_\alpha \\ \vdots \\ \sum_\alpha x_\alpha^k y_\alpha \end{bmatrix} \qquad y = \begin{bmatrix} y_1 \\ y_2 \\ \vdots \\ y_N \end{bmatrix} \qquad b = \begin{bmatrix} b_0 \\ b_1 \\ \vdots \\ b_k \end{bmatrix}$$

则正规方程组可写成矩阵方程:$Ab = B$,方程两边乘 A^{-1} 得 $A^{-1}Ab = A^{-1}B$,即 $Eb = A^{-1}B$。式中 E 为单位矩阵,则回归统计数矩阵 b 的解为

$$b = \begin{bmatrix} b_0 \\ b_1 \\ \vdots \\ b_k \end{bmatrix} = (X'X)^{-1}X'y = A^{-1}B = CB$$

式中 $C = A^{-1}$,是信息矩阵 A 的逆矩阵,叫相关矩阵。在用矩阵法求解矩阵 b 的过程中,A^{-1} 的求得是关键。求 A^{-1} 有多种方法,下面用行列式法求矩阵 A 的逆矩阵 A^{-1}。

$$C = A^{-1} = \frac{1}{|A|} \begin{bmatrix} A_{00} & A_{10} & \cdots & A_{k0} \\ A_{01} & A_{11} & \cdots & A_{k1} \\ \vdots & \vdots & \vdots & \vdots \\ A_{0k} & A_{1k} & \cdots & A_{kk} \end{bmatrix} = \begin{bmatrix} C_{00} & C_{01} & \cdots & C_{0k} \\ C_{10} & C_{11} & \cdots & C_{1k} \\ \vdots & \vdots & \vdots & \vdots \\ C_{k0} & C_{k1} & \cdots & C_{kk} \end{bmatrix}$$

式中,$|A|$ 为 A 的行列式,A_{ij} 为 $|A|$ 中元素 a_{ij} 的代数余子式。

矩阵 b 中的 b_0 为常数,$b_1, b_2, \cdots, b_k$ 为偏回归系数,两者合称回归统计数,将它们代入回归方程式(6.1.2)可得所要求的一元多项式回归方程。

(三)回归方程的显著性检验

一元多项式回归方程建立后,还需进行显著性检验(F 检验),以检验回归方程的显著性。多项式回归方程的 F 检验和多元线性回归一样,也是将因变量 y 的总平方和与总自由度分解为回归与剩余两部分,计算相应的均方,并进行 F 检验。

1. 总平方和的分解

总平方和 $SS_总 = \sum_\alpha (y_\alpha - \overline{y})^2 = SS_剩 + SS_回$ 　　　$(\alpha = 1, 2, \cdots, N)$

$$SS_剩 = \sum_\alpha y_\alpha^2 - b_0 B_0 - \sum_{j=1}^k b_j B_j \qquad (j = 1, 2, \cdots, k) \qquad (6.1.4)$$

$$SS_回 = L_{yy} - SS_剩$$

式中,B_0、B_j 为矩阵 B 中的元素,k 为除 b_0 外其余回归系数 $b_j(j \neq 0)$ 的个数,N 为试验处理数。式(6.1.4)中 $SS_剩 = \sum_\alpha y_\alpha^2 - b_0 B_0 - \sum_{j=1}^k b_j B_j$ 的由来:

因为 $SS_剩 = \sum_\alpha (y_\alpha - \hat{y}_\alpha)^2 = \sum_\alpha (y_\alpha - \hat{y}_\alpha) y_\alpha - \sum_\alpha (y_\alpha - \hat{y}_\alpha) \hat{y}_\alpha$

根据最小二乘原理

$$\begin{cases} \sum_\alpha (y_\alpha - \hat{y}_\alpha) = 0 \\ \sum_\alpha (y_\alpha - \hat{y}_\alpha) x_1 = 0 \\ \quad \vdots \\ \sum_\alpha (y_\alpha - \hat{y}_\alpha) x_k = 0 \end{cases}$$

可得 $\sum_\alpha (y_\alpha - \hat{y}_\alpha) \hat{y}_\alpha = 0$

所以 $SS_剩 = \sum_\alpha (y_\alpha - \hat{y}_\alpha) y_\alpha = \sum_\alpha y_\alpha^2 - \sum_\alpha y_\alpha (b_0 + \sum_{j=1}^k x_{\alpha j} b_j)$

$\qquad = \sum_\alpha y_\alpha^2 - b_0 \sum_\alpha y_\alpha - \sum_{j=1}^k b_j \sum_\alpha x_{\alpha j} y_\alpha$

$\qquad = \sum_\alpha y_\alpha^2 - b_0 B_0 - \sum_{j=1}^k b_j B_j$

2. 自由度的分解

总自由度　$df_总 = N - 1$ 　　　　　　$df_总 = df_回 + df_剩$

$\qquad\qquad df_回 = k$ 　　　　　　$df_剩 = df_总 - df_回 = N - 1 - k$

式中,k 为最高次项的方次。

于是可进行 F 检验,根据 F 值是否大于 $F_{0.05}$ 判断所建立的回归方程是否显著;根据 F 值是否大于 $F_{0.01}$ 判断所建立的回归方是否达极显著水平。若检验结果所建立的回归方程达显著或极显著水平,则还要进行偏回归系数的显著性检验;若所建立的回归方程不显著,则方程无意义,没有必要再进行检验,可考虑改用其他数学模型。

(四)偏回归系数的显著性检验

回归方程显著并不说明自变量 x 的各次项对因变量 y 的影响都是重要的。为了判断 x 各次项对 y 影响的大小,需对偏回归系数进行显著性检验,检验的方法与多元线性回归相同。此处介绍 F 检验。

(1)计算偏回归平方和 U_j ,即

$$U_j = b_j^2 / c_{jj} \tag{6.1.5}$$

c_{jj} 为信息矩阵 A 的逆矩阵 C 中主对角线上的元素。

(2)计算 F 值, $F_j = U_j / S^2_{剩d}$ 。

(3)查 F 值表得 $F_{0.05}$ 和 $F_{0.01}$ (自由度 $df_{分子} = 1, df_{分母} = df_{剩}$)。

(4)判断:如果 $F_j > F_{0.05}$,则 j 次项显著;如果 $F_j > F_{0.01}$,则 j 次项达极显著;如果 $F_j < F_{0.05}$,则 j 次项不显著。

经过偏回归系数的显著性检验,如果有一个偏回归系数 b_j 不显著,应将其相应的变量 x_j 从回归方程中剔除,再以剔除后剩余的变量为基础重新建立新的回归方程,并对新方程的偏回归系数进行显著性检验。如果有几个偏回归系数不显著,这时不能一次将所有不显著的变量全部剔除,而只能剔除偏回归平方和最小者,建立剔除后剩余变量的新方程,检验新方程的每个偏回归系数,检验后如果还有几个不显著的,仍剔除其中偏回归平方和最小者,剔除后再建立新方程,并进行检验。如此每次只剔除一个,一直到所建立的新回归方程中不存在不显著的项为止。重新计算、重新检验的方法同多元线性回归。

(五)估测取值

利用回归方程来估测取值的形式有多种,下面介绍两种。

(1)极值的估测:一元二次多项式最为常见,下面介绍其极大值或极小值的估测。

当 $x_0 = -b_1 / 2b_2$ 时, $\hat{y}$ 有极大值或极小值,将 x_0 值代入一元二次回归方程 $\hat{y} = b_0 + b_1 x + b_2 x^2$ 可求得极值 $\hat{y}_0$ 。

(2)置信区间的估测:一元多项式回归的置信区间的估测按以下步骤进行。

例如,当 $x = x_0$ 时,因变量的取值如何?

将 $x = x_0$ 代入一元多项式回归方程 $\hat{y} = b_0 + b_1 x + b_2 x^2 + \cdots + b_k x^k$,可求得 $\hat{y}_0$ 。其回归方程的剩余标准误差为 $S_{剩} = \sqrt{S^2_{剩}}$,当 $\alpha = 0.05$,由 $df = N - k$,查 t 值表得 $t_{0.05}$,则因变量 y 在 95% 可靠程度下的置信区间为

$$\hat{y}_0 - t_{0.05} S_{剩} \leqslant y_0 \leqslant \hat{y}_0 + t_{0.05} S_{剩}$$

三、一元多项式回归分析示例

[例 6.1.1] 玉米氮肥施用量试验,设置施氮量 x 为 0.0、3.5、7.0、10.5、14.0、17.5、21.0(kg/亩)共 7 个处理,试验结果见表 6.1.1。试进行多项式回归分析。

表 6.1.1　玉米氮肥施用量试验结果回归分析基础数据表

处理	x/(kg/亩)	x^2	x^3	x^4	y/(kg/亩)	y^2	xy	$x^2 y$
1	0	0	0	0	229.9	52854.01	0	0
2	3.5	12.25	42.88	150.06	394.1	155314.81	1379.35	4827.73
3	7.0	49.00	343.00	2401.00	522.4	272901.76	3656.80	25597.60
4	10.5	110.25	1157.63	12155.06	548.1	300413.61	5755.05	60428.03
5	14.0	196.00	2744.00	38416.00	578.4	334546.56	8097.60	113366.40

续表

处理	x/(kg/亩)	x^2	x^3	x^4	y/(kg/亩)	y^2	xy	x^2y
6	17.5	306.25	5359.38	93789.06	628.1	394509.61	10991.75	192355.63
7	21.0	441.00	9261.00	194481.00	591.2	349517.44	12415.20	260719.20
$\sum$	73.5	1114.75	18907.88	341392.19	3492.2	1860057.80	42295.75	657294.58
平均	10.5				498.89			

根据表 6.1.1 所列施氮量 x、玉米产量 y 数据作图如下：

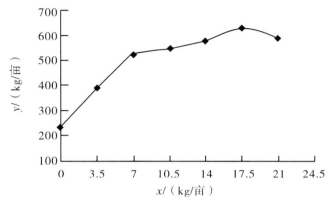

图 6.1.1　玉米氮肥施用量与产量的散点图

其散点图为抛物线，因此可用一元二次多项式拟合

$$\hat{y}=b_0+b_1x+b_2x^2$$

（1）建立一元二次多项式。

计算 b_0 及 b_j，计算式为

$$b=(X'X)^{-1}X'y=A^{-1}B=CB \qquad (6.1.6)$$

一元二次多项式回归模型的结构矩阵 X 和矩阵 y 为

$$X=\begin{bmatrix} 1 & x_1 & x_1^2 \\ 1 & x_2 & x_2^2 \\ 1 & x_3 & x_3^2 \\ 1 & x_4 & x_4^2 \\ 1 & x_5 & x_5^2 \\ 1 & x_6 & x_6^2 \\ 1 & x_7 & x_7^2 \end{bmatrix}=\begin{bmatrix} 1 & 0 & 0 \\ 1 & 3.75 & 12.25 \\ 1 & 7.00 & 49.00 \\ 1 & 10.50 & 110.25 \\ 1 & 14.00 & 196.00 \\ 1 & 17.50 & 306.25 \\ 1 & 21.00 & 441.00 \end{bmatrix} \qquad y=\begin{bmatrix} 229.9 \\ 394.1 \\ 522.4 \\ 548.1 \\ 578.4 \\ 628.1 \\ 591.2 \end{bmatrix}$$

其正规方程组的系数矩阵和常数项矩阵为

$$A=X'X=\begin{bmatrix} N & \sum x & \sum x^2 \\ \sum x & \sum x^2 & \sum x^3 \\ \sum x^2 & \sum x^3 & \sum x^4 \end{bmatrix}=\begin{bmatrix} 7 & 73.5 & 1114.75 \\ 73.5 & 1114.75 & 18707.88 \\ 1114.75 & 18907.89 & 341392.19 \end{bmatrix}$$

$$B = X'y = \begin{bmatrix} \sum y \\ \sum xy \\ \sum x^2 y \end{bmatrix} = \begin{bmatrix} 3492.2 \\ 42295.75 \\ 657294.58 \end{bmatrix}$$

求系数矩阵 A 的逆矩阵 C 的方法较多,可按下式进行:

$$C = A^{-1} = \frac{1}{|A|} \begin{bmatrix} A_{00} & A_{10} & A_{20} \\ A_{01} & A_{11} & A_{21} \\ A_{02} & A_{12} & A_{22} \end{bmatrix} = \begin{bmatrix} C_{00} & C_{01} & C_{02} \\ C_{10} & C_{11} & C_{12} \\ C_{20} & C_{21} & C_{22} \end{bmatrix}$$

其中 $|A|$ 是正规方程组的系数行列式,A_{ij} 是行列式 $|A|$ 中各元素 a_{ij} 的代数余子式。

$$|A| = \begin{vmatrix} 7 & 73.5 & 1114.75 \\ 73.5 & 1114.75 & 18707.89 \\ 1114.75 & 18907.89 & 341392.19 \end{vmatrix} = 30264707.04 \neq 0 \qquad (A^{-1} \text{ 存在})$$

$$A_{00} = (-1)^{0+0} \begin{vmatrix} 1114.75 & 18907.87 \\ 18907.89 & 341392.19 \end{vmatrix} = 23059017.71$$

$$C_{00} = A_{00} / |A| = 0.761911$$

其余类推,得

$$C = \begin{bmatrix} 0.761911 & -0.132655 & 0.004859 \\ -0.132655 & 0.037901 & -0.001666 \\ 0.004859 & -0.001666 & 0.000079 \end{bmatrix}$$

因此回归统计数列矩阵为

$$b = \begin{bmatrix} b_0 \\ b_1 \\ b_2 \end{bmatrix} = \begin{bmatrix} C_{00} & C_{01} & C_{02} \\ C_{10} & C_{11} & C_{12} \\ C_{20} & C_{21} & C_{22} \end{bmatrix} \begin{bmatrix} \sum y \\ \sum xy \\ \sum x^2 y \end{bmatrix} = \begin{bmatrix} 243.9123 \\ 44.7602 \\ -1.3502 \end{bmatrix}$$

于是得一元二次多项式回归方程为

$$\hat{y} = 243.9123 + 44.7608x - 1.3502x^2 \tag{6.1.7}$$

(2)多项式回归方程的显著性检验。

回归方程建立后,尚需进行显著性检验,以判断 x 与 y 间是否确是该次回归关系。多项式回归分析和线性回归分析一样,y 的总平方和和自由度可分解为回归和剩余两部分,各平方和与自由度的计算为

$$SS_{总} = \sum y^2 - (\sum y)^2 / N = 117849.1086$$

$$SS_{剩} = \sum y^2 - b_0 B_0 - b_1 B_1 - b_2 B_2 = 2554.8013$$

$$SS_{回} = SS_{总} - SS_{剩} = 115294.3073$$

$$df_{总} = N - 1 = 7 - 1 = 6$$

$$df_{回} = M - 1 = 3 - 1 = 2$$

$$df_{剩} = df_{总} - df_{回} = 4$$

于是可列出 F 检验表见表 6.1.2。

表 6.1.2 F 检验表

变异	SS	df	MS	F	$F_{0.01}$
回归	1153441.6505	2	57670.8253	92.00	18.00
剩余	2507.4581	4	626.8645		
总变异	117849.1086	6			

$F > F_{0.01}$，表明所建立的回归方程达极显著水平。

（3）偏回归系数的显著性检验。

为了判断各次分量对 y 影响的大小，尚需进行偏回归系数的显著性检验。y 对各次分量的偏回归平方和为

$$u_j = b_j^2/C_{jj} \qquad (j=1,2,\cdots,k) \qquad (6.1.8)$$

式中 b_j 为偏回归系数，C_{jj} 为相关矩阵对角线元素。

$$u_1 = b_1^2/C_{11} = 44.7602^2/0.037901 = 52860.7558$$

$$u_2 = b_2^2/C_{22} = (-1.3501)^2/0.0000079 = 23073.0381$$

于是可列出偏回归系数的 F 检验表见表 6.1.3。

表 6.1.3 偏回归系数的 F 检验表

变异	SS	df	MS	F	$F_{0.01}$
一次分量	52860.7558	1	52860.7558	84.33**	21.20
二次分量	23073.0381	1	2373.0381	36.81**	
剩余	2507.4581	4	626.8645		

F_1、$F_2 > F_{0.01}(21.20)$，说明 x 的一次项、二次项与 y 的回归关系均达极显著水平，一元二次多项式能反映玉米产量与施氮量间的关系。

（4）多项式回归方程的应用。

①计算最佳施肥量及产量预报。

对式（6.1.7）多项式方程求 y 对 x 的一阶导数

$$dy/dx = 44.7602 - 2.7002x$$

当肥料经济效益最大时，边际产值等于边际成本，如果氮肥价格（p_f）为 3.00 元/kg，玉米价格 p_y 为 0.70 元/kg，则

$$dy/dx = p_f/p_y = 4.286$$

则　　$4.286 = 44.7602 - 2.7002x$　　$x = 14.99$（kg/亩）

最佳施氮量为 14.992（kg/亩），将其代入所建立的一元二次方程得其理论产量，$\hat{y} = 611.49$（kg/亩），由 $df_{剩} = 6-2 = 4$，查 t 值表得 $t_{0.05} = 2.776$，以剩余标准差 $S = \sqrt{S_{剩}^2} = 25.158$ 估计估测标准误，则产量预报为

$$y = \hat{y} \pm t_{0.05} \times S$$

$$y = 614.31 \pm 69.84（kg/亩）$$

即在 95% 的可靠程度下，当施氮量为 15.92（kg/亩）时，玉米产量为 544.47 — 684.15（kg/亩）。利润为 383.07（元/亩）。

②计算最高产量施肥量及产量预报。

同样对所建立的一元二次方程,求 y 对 x 的一阶导数

$$\mathrm{d}y/\mathrm{d}x = 44.7602 - 2.7002x$$

当玉米产量最高时,边际产值等于0,即

$$\mathrm{d}y/\mathrm{d}x = 0$$

则 $0 = 44.7602 - 2.7002x$

$$x = 16.58(\mathrm{kg/亩})$$

将 x 代入式(6.1.7)多项式回归方程,得最高的理论产量 $\hat{y} = 614.90(\mathrm{kg/亩})$,利润为 383.07(元/亩)。玉米最高产量预报为

$$y = 614.90 \pm 69.84(\mathrm{kg/亩})$$

即当玉米施氮量为 16.58(kg/亩)时,在95%可靠程度下,其产量为 545.06～684.74(kg/亩),利润为 380.69(元/亩)。

第二节　多元多项式回归

一、多元多项式回归分析的一般步骤

在多元多项式回归中,实际应用最广泛的是多元二次多项式回归,多元三次或更高次的多项式回归是很少见的。因此,下面仅介绍多元二次多项式回归分析,至于多元三次或更高次的多项式回归,可以类推。

如果因变量 y 对 m 个自变量 $x_1, x_2, \cdots, x_{km}$ 的关系可以假定为二次多项式,而且在 $x_{a1}, x_{a2}, \cdots, x_{aP}$ 的点对 y 观察的随机误差 $\varepsilon_a (a = 1, 2, \cdots, N; N$ 为试验处理数)服从正态分布,则 m 元二次多项式回归模型为

$$y_a = \beta_0 + \sum_{j=1}^{m} \beta_j x_{aj} + \sum_{j=1}^{m} \beta_{jj} x_j^2 + \sum_{i<j} b_{ij} x_i x_j + \varepsilon_a \tag{6.2.1}$$

当用样本估计时,其相应的回归方程为

$$\hat{y}_a = b_0 + \sum_{j=1}^{m} b_j x_{aj} + \sum_{j=1}^{m} b_{jj} x_j^2 + \sum_{i<j} b_{ij} x_i x_j \tag{6.2.2}$$

式中,b_0 为回归截距,b_j、b_{jj}、b_{ij} 依次为一次项、二次项、交互项的偏回归系数。

多元多项式回归可以通过变量变换转化为多元线性回归来处理。例如,在二元二次多项式方程 $\hat{y} = b_0 + b_1 x_1 + b_2 x_2 + b_{11} x_1^2 + b_{22} x_2^2 + b_{12} x_1 x_2$ 中,若令 $b_3 = b_{11}, b_4 = b_{22}, b_5 = b_{12}, x_3 = x_1^2, x_4 = x_2^2, x_5 = x_1 x_2$,则上式可化为五元线性回归方程:

$$\hat{y} = b_0 + b_1 x_1 + b_2 x_2 + b_3 x_3 + b_4 x_4 + b_5 x_5 \tag{6.2.3}$$

这样二元二次多项式回归方程的配置可按照多元线性回归方程配置的方法进行配置,先建立正规方程组,然后解正规方程组求出 b_0, b_i 回归统计数,建立回归方程,解正规方程组的方法较多,下面介绍的是与一元多项式回归相同的矩阵法来求 b_0, b_i。

在二元二次多项式回归模型下,结构矩阵 X、信息矩阵 A、回归统计数矩阵 b、常数项矩阵 B 如下:

$$X = \begin{bmatrix} 1 & x_{11} & x_{12} & x_{11}^2 & x_{12}^2 & x_{11}x_{12} \\ 1 & x_{21} & x_{22} & x_{21}^2 & x_{22}^2 & x_{21}x_{22} \\ \vdots & \vdots & \vdots & \vdots & \vdots & \vdots \\ 1 & x_{N1} & x_{N2} & x_{N1}^2 & x_{N2}^2 & x_{N1}x_{N2} \end{bmatrix}$$

$$A = X'X = \begin{bmatrix} N & \sum_\alpha x_{\alpha1} & \sum_\alpha x_{\alpha2} & \sum_\alpha x_{\alpha1}^2 & \sum_\alpha x_{\alpha2}^2 & \sum_\alpha x_{\alpha1}x_{\alpha2} \\ & \sum_\alpha x_{\alpha1}^2 & \sum_\alpha x_{\alpha1}x_{\alpha2} & \sum_\alpha x_{\alpha1}^3 & \sum_\alpha x_{\alpha1}x_{\alpha2}^2 & \sum_\alpha x_{\alpha1}^2x_{\alpha2} \\ & & \sum_\alpha x_{\alpha2}^2 & \sum_\alpha x_{\alpha1}^2x_{\alpha2} & \sum_\alpha x_{\alpha2}^3 & \sum_\alpha x_{\alpha1}x_{\alpha2}^2 \\ & & & \sum_\alpha x_{\alpha1}^4 & \sum_\alpha x_{\alpha1}^2x_{\alpha2}^2 & \sum_\alpha x_{\alpha1}^3x_{\alpha2} \\ & & & & \sum_\alpha x_{\alpha2}^4 & \sum_\alpha x_{\alpha1}x_{\alpha2}^3 \\ \text{对称部分} & & & & & \sum_\alpha x_{\alpha1}^2x_{\alpha2}^2 \end{bmatrix}$$

$$B = X'Y \begin{bmatrix} \sum_\alpha y_\alpha \\ \sum_\alpha x_{\alpha1}y_\alpha \\ \sum_\alpha x_{\alpha2}y_\alpha \\ \sum_\alpha x_{\alpha1}^2 y_\alpha \\ \sum_\alpha x_{\alpha2}^2 y_\alpha \\ \sum_\alpha x_{\alpha1}x_{\alpha2}y_\alpha \end{bmatrix} \qquad y = \begin{bmatrix} y_1 \\ y_2 \\ \vdots \\ y_N \end{bmatrix} \qquad b = \begin{bmatrix} b_0 \\ b_1 \\ b_2 \\ b_3 \\ b_4 \\ b_5 \end{bmatrix}$$

信息矩阵 A 的逆矩阵 A^{-1}（即相关矩阵 C）可采用行列式法或行的初等变换法求得。回归统计数矩阵 b 的解为

$$b = \begin{bmatrix} b_0 \\ b_1 \\ b_2 \\ b_3 \\ b_4 \\ b_5 \end{bmatrix} = CB = A^{-1}B = (X'X)^{-1}(X'Y)$$

求出 $b_0, b_1, \cdots, b_5$ 后就得到了所要求的二元二次回归方程。回归方程建立后还要进行显著性检验。回归方程、各偏回归系数的显著性检验及其取舍均按多元线性回归分析的方法进行。

二、多元多项式回归分析示例

　　［例 6.2.1］　有一大麦氮肥、磷肥用量配比试验，施氮量（N，kg/亩）为五个水平 0.0、2.5、5.0、7.5、10.0，施磷量（P_2O_5，kg/亩）为 4 个水平 0、2、4、6，共 20 个处理，试验结果列于表 6.2.1。试作分析。

表 6.2.1　大麦氮肥、磷肥配比试验产量结果　　　　　　　　　单位:kg/亩

P$_2$O$_5$	N				
	0	2.5	5.0	7.5	10.0
0	84.5	100.0	142.0	175.5	161.0
2	105.5	131.5	165.5	193.0	172.0
4	156.0	177.0	211.0	245.0	233.5
6	154.0	188.0	217.0	255.0	235.5

根据对表 6.2.1 资料初步分析判断,为表达大麦产量 y 与氮肥用量 x_1 及磷肥用量 x_2 之间的关系,宜选配二元二次回归方程:

$$\hat{y}=b_0+b_1x_1+b_2x_2+b_{11}x_1^2+b_{22}x_2^2+b_{12}x_1x_2$$

若令 $b_3=b_{11}$,$b_4=b_{22}$,$b_5=b_{12}$,$x_3=x_1^2$,$x_4=x_2^2$,$x_5=x_1x_2$,则有五元线性回归方程:

$$\hat{y}=b_0+b_1x_1+b_2x_2+b_3x_3+b_4x_4+b_5x_5$$

二元二次回归方程的配置按多元线性回归方程的配置方法进行。

先用表 6.2.1 的资料,构成矩阵 X、矩阵 Y、信息矩阵 A 及常数项矩阵 B 为

$$X=\begin{bmatrix} x_0 & x_1 & x_2 & x_1^2 & x_2^2 & x_1x_2 \\ 1 & 0 & 0 & 0 & 0 & 0 \\ 1 & 0 & 2 & 0 & 4 & 0 \\ 1 & 0 & 4 & 0 & 16 & 0 \\ 1 & 0 & 6 & 0 & 36 & 0 \\ 1 & 2.5 & 0 & 6.25 & 0 & 0 \\ 1 & 2.5 & 2 & 6.25 & 4 & 5 \\ 1 & 2.5 & 4 & 6.25 & 16 & 10 \\ 1 & 2.5 & 6 & 6.25 & 36 & 15 \\ 1 & 5 & 0 & 25 & 0 & 0 \\ 1 & 5 & 2 & 25 & 4 & 10 \\ 1 & 5 & 4 & 25 & 16 & 20 \\ 1 & 5 & 6 & 25 & 36 & 30 \\ 1 & 7.5 & 0 & 56.25 & 0 & 0 \\ 1 & 7.5 & 2 & 56.25 & 4 & 15 \\ 1 & 7.5 & 4 & 56.25 & 16 & 30 \\ 1 & 7.5 & 6 & 56.25 & 36 & 45 \\ 1 & 10 & 0 & 100 & 0 & 0 \\ 1 & 10 & 2 & 100 & 4 & 20 \\ 1 & 10 & 4 & 100 & 16 & 40 \\ 1 & 10 & 6 & 100 & 36 & 60 \end{bmatrix} \qquad Y=\begin{bmatrix} 84.5 \\ 105.5 \\ 156.0 \\ 154.0 \\ 100.0 \\ 131.5 \\ 177.0 \\ 188.0 \\ 142.0 \\ 165.5 \\ 211.0 \\ 217.0 \\ 175.5 \\ 193.0 \\ 245.0 \\ 255.0 \\ 161.0 \\ 172.0 \\ 233.5 \\ 235.5 \end{bmatrix}$$

$$A = X'X = \begin{bmatrix} 20 & 100 & 60 & 750 & 280 & 300 \\ 100 & 750 & 300 & 6150 & 1400 & 2250 \\ 60 & 300 & 280 & 2250 & 1440 & 1400 \\ 7500 & 6250 & 2250 & 553125 & 10500 & 18750 \\ 280 & 1400 & 1440 & 10500 & 78400 & 7200 \\ 300 & 2250 & 1400 & 18750 & 7200 & 16500 \end{bmatrix}$$

$$B = X'Y = \begin{bmatrix} 3510.50 \\ 19722.50 \\ 11922.00 \\ 151218.75 \\ 57212.00 \\ 66262.50 \end{bmatrix}$$

信息矩阵 A 的逆矩阵 A^{-1} 采用行的初等变换法求得

$$AE = \begin{bmatrix} 20 & 100 & 60 & 750 & 280 & 300 & 1 & 0 & 0 & 0 & 0 & 0 \\ 100 & 750 & 300 & 6250 & 1400 & 2250 & 0 & 1 & 0 & 0 & 0 & 0 \\ 60 & 300 & 280 & 2250 & 1440 & 1400 & 0 & 0 & 1 & 0 & 0 & 0 \\ 750 & 6250 & 2250 & 55312 & 10500 & 18750 & 0 & 0 & 0 & 1 & 0 & 0 \\ 280 & 1400 & 1440 & 10500 & 7840 & 7200 & 0 & 0 & 0 & 0 & 1 & 0 \\ 300 & 2250 & 1400 & 18750 & 7200 & 16500 & 0 & 0 & 0 & 0 & 0 & 1 \end{bmatrix}$$

经过行的初等变换得

$$EC = \begin{bmatrix} 1 & 0 & 0 & 0 & 0 & 0 & 0.5414288 & -0.1131425 & -0.165 & 0.0057138 & 0.0125 & 0.012 \\ 0 & 1 & 0 & 0 & 0 & 0 & -0.113143 & 0.056914 & 0.012 & -0.004571 & 0 & -0.0024 \\ 0 & 0 & 1 & 0 & 0 & 0 & -0.165 & 0.012 & 0.1425 & 0 & -0.01875 & -0.004 \\ 0 & 0 & 0 & 1 & 0 & 0 & 0.0057143 & -0.0045714 & 0 & 0.0004571 & 0 & 0 \\ 0 & 0 & 0 & 0 & 1 & 0 & 0.0125 & 0 & -0.018750 & 0 & 0.003125 & 0 \\ 0 & 0 & 0 & 0 & 0 & 1 & 0.012 & -0.0024 & -0.004 & 0 & 0 & 0.0008 \end{bmatrix}$$

即 $C = A^{-1} = \begin{bmatrix} 0.541429 & -0.113143 & -0.165 & 0.005714 & 0.0125 & 0.012 \\ -0.113143 & 0.056914 & 0.012 & -0.004571 & 0 & -0.0024 \\ -0.165 & 0.012 & 0.1425 & 0 & -0.01875 & -0.004 \\ 0.005714 & -0.004571 & 0 & 0.000457 & 0 & 0 \\ 0.0125 & 0 & -0.01875 & 0 & 0.003125 & 0 \\ 0.012 & -0.0024 & -0.004 & 0 & 0 & 0.0008 \end{bmatrix}$

所以矩阵 b 为

$$b = \begin{bmatrix} b_0 \\ b_1 \\ b_2 \\ b_3 \\ b_4 \\ b_5 \end{bmatrix} = \begin{bmatrix} b_0 \\ b_1 \\ b_2 \\ b_{11} \\ b_{22} \\ b_{12} \end{bmatrix} = CB = A^{-1}B = \begin{bmatrix} 76.5021 \\ 18.0523 \\ 18.5475 \\ -0.9714 \\ -0.8688 \\ 0.1140 \end{bmatrix}$$

故所求的二元二次回归方程为

$$\hat{y} = 76.5021 + 18.0523x_1 + 18.5475x_2 - 0.9714x_1^2 - 0.8688x_2^2 + 0.1140x_1x_2$$

回归方程建立后,还要按多元线性回归分析的方法对所建立的回归方程及其偏回归系数进行显著性检验。平方和计算为

$$SS_{总} = (\sum_{\alpha} y_\alpha - \overline{y})^2 = \sum_{\alpha} y_\alpha^2 - (\sum_{\alpha} y_\alpha)^2/N = 43522.24$$

$$SS_{剩} = \sum_{\alpha} y_\alpha^2 - b_0 B_0 - b_1 B_1 - b_2 B_2 - b_{11} B_{11} - b_{22} B_{22} - b_{12} B_{12} = 3028.10$$

式中,$B_0, B_1 B_2, B_{11}$(即 B_3),B_{22}(即 B_4),B_{12}(即 B_5)为矩阵 B 中元素。

$$SS_{回} = SS_{总} - SS_{剩} = 40494.14$$

计算自由度及偏回归平方和为

$$df_{总} = N - 1 = 20 - 1 = 19$$

$$df_{回} = M - 1 = 6 - 1 = 5$$

$$df_{剩} = df_{总} = df_{回} = 19 - 5 = 14$$

$$u_1 = \frac{b_1^2}{C_{11}} = \frac{18.0523^2}{0.056914} = 5725.93$$

$$u_2 = \frac{b_2^2}{C_{22}} = \frac{18.5475^2}{0.1425} = 2414.10$$

$$u_{11} = P_3 = \frac{b_3^2}{C_{33}} = \frac{b_{11}^2}{C_{33}} = \frac{(-0.9714)^2}{0.000457} = 2064.81$$

$$u_{22} = P_4 = \frac{b_4^2}{C_{44}} = \frac{b_{22}^2}{C_{44}} = \frac{(-0.8688)^2}{0.003125} = 241.54$$

$$u_{12} = P_5 = \frac{b_5^2}{C_{55}} = \frac{b_{12}^2}{C_{55}} = \frac{(-0.1140)^2}{0.0008} = 16.24$$

列出 F 检验表见表 6.2.2。

表 6.2.2　偏回归系数的 F 检验表

变异	SS	df	MS	F	$F_{0.05}$	$F_{0.01}$
回归	40494.14	5	8098.83	37.44**	2.96	4.69
x_1	5725.93	1	5725.93	26.47**	4.60	8.86
x_2	2414.10	1	2414.10	11.16**		
x_1^2	2064.81	1	2064.81	9.55**		
x_2^2	241.54	1	241.54	1.12		
x_1x_2	16.24	1	16.24	0.08		
剩余	3028.10	14	216.29			
总变异	43522.24	19				

检验结果表明,建立的回归方程极显著;偏回归系数中氮磷一次项及氮的二次项均达极显著水平,磷的二次项及氮磷交互项不显著。由于回归方程中包含了不显著的因素,因此需要考虑从回归方程中将其剔除掉。剔除的方法并不是一次将所有不显著的次项完全剔除掉,而是先将偏回归平方和最小的次项从回归方程中剔掉,然后再进行回归分析的重新配置与检验。不显著的次项取舍和回归方程的重新配置与检验参考多元线性回归分析,不再赘述。

第三节　正交多项式回归

多项式回归可化为多元线性回归来处理,但多元线性回归的计算比较烦琐,其烦琐的程度随着自变量的增加而迅速增加。同时因各回归系数之间存在相关性,当剔除一个自变量后,还需重新计算和检验。如果利用正交多项式则可克服上述缺点,简化计算。

一、一元正交多项式回归

(一)正交多项式回归分析的原理

多项式回归的计算,主要复杂在计算信息矩阵 A 和它的逆矩阵上,如果能使信息矩阵 A 变成对角阵(除主对角线上的元素不为 0 外,其余皆为 0),就可使计算大大简化,而且还可消去各回归系数间的相关性(因相关矩阵 C 即矩阵 A^{-1} 非主对角线元素均为 0)。如何将信息矩阵 A 变为对角阵,可从最简单的一元二次多项式回归谈起。如果用多项式:

$$p_1(x) = x + k_{10} \tag{6.3.1}$$
$$p_2(x) = x^2 + k_{21}x + k_{20} \tag{6.3.2}$$

式中,k_{10}, k_{21}, k_{20} 为待估参数。用式(6.3.1)和式(6.3.2)分别代替一元二次多项式回归模型中的一次项 x 和二次项 x^2,这样模型

$$y_\alpha = \beta_0 + \alpha_1 x_\alpha + \beta_2 x_\alpha^2 + \varepsilon_\alpha \quad (\alpha = 1, 2, \cdots, N; N \text{ 为试验点数}) \tag{6.3.3}$$

就转变为

$$y_\alpha = \beta'_0 + \beta'_1 p_1(x_\alpha) + \beta'_2 p_2(x_\alpha) + \varepsilon'_\alpha \quad (\alpha = 1, 2, 3, \cdots, N) \tag{6.3.4}$$

式中 $\beta'_0, \beta'_1, \beta'_2, \varepsilon'_\alpha$ 分别对应式(6.3.3)中的 $\beta_0, \beta_1, \beta_2, \varepsilon_\alpha$。

其结构矩阵 X 及信息矩阵 A 为

$$X = \begin{bmatrix} 1 & p_1(x_1) & p_2(x_1) \\ 1 & p_1(x_2) & p_2(x_2) \\ \vdots & \vdots & \vdots \\ 1 & p_1(x_N) & p_2(x_N) \end{bmatrix}$$

$$A = X'X = \begin{bmatrix} N & \sum_\alpha p_1(x_\alpha) & \sum_\alpha p_2(x_\alpha) \\ \sum_\alpha p_1(x_\alpha) & \sum_\alpha p_1^2(x_\alpha) & \sum_\alpha p_1(x_\alpha)p_2(x_\alpha) \\ \sum_\alpha p_2(x_\alpha) & \sum_\alpha p_1(x_\alpha)p_2(x_\alpha) & \sum_\alpha p_2^2(x_\alpha) \end{bmatrix}$$

要使信息矩阵 A 成为对角阵,必须有

$$\sum_\alpha p_1(x_\alpha) = 0 \tag{6.3.5}$$
$$\sum_\alpha p_2(x_\alpha) = 0 \tag{6.3.6}$$
$$\sum_\alpha p_1(x_\alpha)p_2(x_\alpha) = 0 \tag{6.3.7}$$

满足式(6.3.5)、式(6.3.6)、式(6.3.7) 的一组多项式 $p_1(x), p_2(x)$ 就称正交多项

式。将式(6.3.2)代入式(6.3.5)、式(6.3.6)、式(6.3.7)得

$$\sum_{\alpha}(x_{\alpha}+k_{10})=0 \tag{6.3.8}$$

$$\sum_{\alpha}(x_{\alpha}^2+k_{21}x_{\alpha}+k_{20})=0 \tag{6.3.9}$$

$$\sum_{\alpha}(x_{\alpha}+k_{10})(x_{\alpha}^2+k_{21}x_{\alpha}+k_{20})=0 \tag{6.3.10}$$

由式(6.3.8)可得

$$k_{10}=-\frac{1}{N}\sum_{\alpha}x_{\alpha}=-\overline{x}$$

将 k_{10} 的解代入式(6.3.10)，由式(6.3.9)、式(6.3.10)组成下列方程组

$$\begin{cases} \sum_{\alpha}(x_{\alpha}^2+k_{21}x_{\alpha}+k_{20})=0 \\ \sum_{\alpha}(x_{\alpha}-\overline{x})(x_{\alpha}^2+k_{21}x_{\alpha}+k_{20})=0 \end{cases}$$

在 x 的取值 $x_1,x_2,\cdots,x_N$ 为等间距的情况下，解上述方程组得

$$k_{21}=-2\overline{x}$$

$$k_{20}=\overline{x}^2-\frac{1}{N}\sum_{\alpha}(x_{\alpha}-\overline{x})^2$$

因而，在自变量 x 的取值为等间距的情况下，当选取

$$p_1(x)=x-\overline{x} \tag{6.3.11}$$

$$p_2(x)=(x-\overline{x})^2-\frac{1}{N}\sum_{\alpha}(x_{\alpha}-\overline{x})^2 \tag{6.3.12}$$

则信息矩阵 A 为对角阵

$$A=\begin{bmatrix} N & 0 & 0 \\ 0 & \sum_{\alpha}p_1^2(x_{\alpha}) & 0 \\ 0 & 0 & \sum_{\alpha}p_2^2(x_{\alpha}) \end{bmatrix}$$

这时称模型式(6.3.4)为正交多项式模型。此时

$$A=\begin{bmatrix} \dfrac{1}{N} & 0 & 0 \\ 0 & \dfrac{1}{A_1} & 0 \\ 0 & 0 & \dfrac{1}{A_2} \end{bmatrix} \quad (\text{其中 } A_j=\sum_{\alpha}p_j^2(x_{\alpha}),j=1,2)$$

常数项矩阵 B 为

$$B=\begin{bmatrix} B_0 \\ B_1 \\ B_2 \end{bmatrix}=X'Y=\begin{bmatrix} \sum_{\alpha}y_{\alpha} \\ \sum_{\alpha}y_{\alpha}p_1(x_{\alpha}) \\ \sum_{\alpha}y_{\alpha}p_2(x_{\alpha}) \end{bmatrix}$$

由 $b=CB$ 即可得各回归统计数

$$b'_j = \frac{B_j}{A_j} = \frac{\sum\limits_{a} y_a p_j(x_a)}{\sum\limits_{a} y_a p_j^2(x_a)} \tag{6.3.13}$$

$$b'_0 = \frac{1}{N} = \sum_{a} y_a = \overline{y} \tag{6.3.14}$$

这样就求出了正交多项式回归方程,方程求出后还要进行检验。在正交多项式回归中,由于回归系数之间已不存在相关性,因此回归平方和等于各次正交多项式偏回归平方和之和。设 u_j 为 j 次正交多项式的偏回归平方和,则有

$$u_j = \frac{b'^2_j}{C_{jj}} = \frac{B_j^2}{A_j} = b'_j B_j \tag{6.3.15}$$

$$SS_回 = u_1 + u_2 + \cdots + u_k = \frac{B_1^2}{A_1} + \frac{B_2^2}{A_2} + \cdots + \frac{B_k^2}{A_k} \tag{6.3.16}$$

$$SS_剩 = L_{yy} - SS_回 \tag{6.3.17}$$

因此,回归系数的检验与回归方程的检验可同时进行,如果某一项未达显著水平,可将其剔除而不必对整个回归方程进行重新计算(因回归系数之间不存在相关性)。如果有几项未达显著水平,可从偏回归平方和最小者开始,逐个剔除一个后将其偏回归平方和与自由度并入剩余项,然后用合并后的剩余均方再检验其他项,直到回归方程中不含不显著项为止。

利用正交多项式可使多项式回归方程的配置和检验变得很简单。但式(6.3.11)和式(6.3.12)一组正交多项式,因受自变量 x 的单位和取值间距大小的影响,所以,当试验中自变量 x 的单位和取值间距不同时,正交多项式 $p_j(x)$ 在等间距点 x_a 上对应的值 $P_j(x_a)$ 也不相同。为了使正交多项式具有通用性,可以将 $p_j(x)$ 中的 $x - \overline{x}$ 除以自变量 x 取值的间距 h,即

$$\varphi_1(x) = \frac{x - \overline{x}}{h} \tag{6.3.18}$$

$$\varphi_2(x) = \left(\frac{x - \overline{x}}{h}\right)^2 - \frac{1}{N}\sum_{a}\left(\frac{x_a - \overline{x}}{h}\right)^2 = \left(\frac{x - \overline{x}}{h}\right)^2 - \frac{N^2 - 1}{12} \tag{6.3.19}$$

式中,N 为 x 的水平数。

正交多项式组式(6.3.18)和式(6.3.19)消除了 x 的单位和取值间距不同的影响,具有通用性。这样的正交多项式组,在自变量 x 的取值为等间距的情况下,无论 x 的单位和取值间距如何,只要 x 的水平数 N 相等,则正交多项式 $\varphi_j(x)$ 在等间距点 X_a 上对应的值 $\varphi_j(x)$ 总是相同的。例如有一个水稻氮肥施用试验和一个玉米密度试验,水稻氮肥试验分为每 666.7 m² 施氮 0、5、10、15 kg 四个组;玉米密度试验分为每 666.7 m² 有 3000、3500、4000、4500 株四个组。这两个试验的自变量 x(施氮量和密度)的单位和取值间距是不相同的,但它们的水平数 N 均为 4,可以验证,采用正交多项式组式(6.3.18)、式(6.3.19)时,$\varphi_1(x)$、$\varphi_2(x)$ 在两个试验的等间距点 x_a 上的对应值是完全相同的,结果列于表 6.3.1。

上面介绍的用正交多项式替换多项式回归方程中的各次项,只列举了一次和二次的两个正交多项式,而更高次的正交多项式已由数学家推导出来,编成一个正交多项式组,供实际计算时应用。下面就是正交多项式组:

$$
\begin{cases}
\varphi_1(x) = \dfrac{x - \overline{x}}{h} \\[2mm]
\varphi_2(x) = \left(\dfrac{x - \overline{x}}{h}\right)^2 - \dfrac{N^2 - 1}{12} \\[2mm]
\varphi_3(x) = \left(\dfrac{x - \overline{x}}{h}\right)^3 - \dfrac{3N^2 - 7}{20}\left(\dfrac{x - \overline{x}}{h}\right) \\[2mm]
\varphi_4(x) = \left(\dfrac{x - \overline{x}}{h}\right)^4 - \dfrac{3N^2 - 13}{14}\left(\dfrac{x - \overline{x}}{h}\right)^2 + \dfrac{3(N^2 - 1)(N^2 - 9)}{560} \\[2mm]
\vdots \\[2mm]
\varphi_{k+1}(x) = \varphi_1(x)\varphi_k(x) = \dfrac{k^2(N^2 - k^2)}{4(4k^2 - 1)}\varphi_{k+1}(x)
\end{cases}
$$

这些正交多项式虽然具有通用性,但是 $\varphi_j(x)$ 在等间距点 x_a 上对应的值 $\varphi_j(x_a)$ 并不一定都为整数。例如表 6.3.1 中的 $\varphi_1(x_a)$,其在 x_a 点上的值为 $-1.5, -0.5, 0.5,$ 1.5。为避免小数运算时困难,可选择适当的参数 λ_j 使得 $X_j(x) = \lambda_j\varphi_j(x)$ 在 N 个等间距点上的值为绝对值尽可能小的整数,如表 6.3.1,当取 $\lambda_1 = 2$,即 $2\varphi_1(x_a)$ 时,它在 $a = 1, 2, 3, 4$ 上的值为 $-3, -1, 1, 3$,全为整数,这样计算就方便多了。一般称 $X_j(x)$ 的值为 j 次多项式的正交系数。各次正交多项式所采用的参数 λ_1,在不同的 N 数时是不同的。例如在 $N = 8$ 时为 $\varphi_2(x)$,$N = 9$ 时为 $3\varphi_2(x)$,$N = 10$ 时为 $\dfrac{1}{2}\varphi_2(x)$ 等。这些在不同 N 数下的参数 λ_j,也已为数学家选择好,编在正交多项式表中供使用(见附表 15)。

表 6.3.1 $N = 4$ 时 $\varphi_1(x)$ 和 $\varphi_2(x)$ 在 x_a 上的值

a	$\varphi_1(x_a)$	$\varphi_2(x_a)$
1	-1.5	1
2	-0.5	-1
3	0.5	-1
4	1.5	1

正交多项式表是将不同 N 数目下的带参数的各次正交多项式的值计算出来后编成的。只要 N 的数目相等,自变量 x 的取值是等间距的,不论 x 的取值起点如何,间距的大小如何,代入以后都得到完全相同的正交多项式值,所以能制成通用的表。正交多项式表中还计算出了带参数的各次正交多项式的单值平方之和 $A_j = \sum\limits_{a} X_j^2(x_a)$ 的值,供实际计算利用。本书附表 15 的正交多项式表在一般情况下是够用的,实际运用时只要根据具体情况选取合适的正交多项式表即可。

(二)一元正交多项式回归分析的一般步骤

一元正交多项式回归分析可分为以下五个步骤。

(1)根据试验数据在散点图上的分布趋势,结合专业知识及数学知识确定选配的多项式模型。

(2)根据试验处理数 N 的数值,查相应的正交多项式表,找出与多项式回归方程次数相应的各次带参数的正交多项式值 $\lambda_j\varphi_j(x)$,用以替换多项式回归方程中的对应各次项。

（3）抄取正交多项式表中相应数值，列成表格计算偏回归系数 b'_j 及偏回归平方和 u_j。

（4）利用第三步已算得的部分结果，按前面介绍的计算方法进行各部分平方和与自由度的计算，并列表进行 F 检验。F 检验表的模式见表 6.3.2。

表 6.3.2　多项式回归方程的 F 检验表

变异		SS		df		MS	F	$F_{0.05}$	$F_{0.01}$
回归	一次项 二次项 ⋮ k 次项	$SS_{回}$	u_1 u_2 ⋮ u_k	K	1 1 ⋮ 1	MS_1 MS_2 ⋮ MS_k	F_1 F_2 ⋮ F_k		
剩余		$SS_{剩}=L_{yy}-SS_{回}$		$N-k-1$		MS_e			
总变异		L_{yy}		$N-1$		—			

根据检验结果，对于那些不显著的次项的取舍按前面介绍的方法进行，直到所有次项均显著为止。由于正交性的原因，各自变量之间已不存在相关性，因此别除不显著的次项后，不必对整个方程重新计算。

（5）上述运算求出来的是一元正交多项式回归方程，因此，还需要进行回归方程的回代、整理，才能求出所要求的一元多项式回归方程。

（三）一元正交多项式回归分析示例

［例 6.3.1］　模拟酸雨对玉米生长的影响试验，设置 pH 值为 2.0、2.5、3.0、3.5、4.0、4.5、5.0、5.5 等 8 个处理，试验结果见表 6.3.3。试作回归分析。

（1）建立正交多项式回归方程。

根据试验数据及其散点图，可能为二次多项式，最多不超过三次式，可选配三次式。根据试验处理数 $N=8$，查相应的正交多项式表，将所得数据列于正交多项式回归计算表见表 6.3.3，并作相应的计算。

表 6.3.3　一元正交多项式回归分析计算表

处理号	$X_0(x)$	$X_1(x)$	$X_2(x)$	$X_3(x)$
1	1	-7	7	-7
2	1	-5		
3	1	-3		
4	1	-1		
5	1	1		
6	1	3		
7	1	5		
8	1	7		

续表

处理号	$X_0(x)$	$X_1(x)$	$X_2(x)$	$X_3(x)$
λ_j		2	1	
$A_j = \sum x^2$	8	168	168	
$B_j = \sum xy$	345.9	417.0	-265.0	
$b_j = B/A$	43.125	2.4821	-1.5774	
$u_j = B^2/A$		1035.054	418.006	

于是多项式回归方程为

$$\hat{y} = 43.125 + 2.4821X_1(x) - 1.5774X_2(x) + 0.0947X_3(x)$$

(2)回归方程各次项回归系数的显著性检验。

平方和为　$SS_总 = \sum y^2 - (\sum y)^2/N = 1458.875$

$$SS_回 = \sum u_j = 1455.427$$

$$SS_剩 = SS_总 - SS_回 = 3.448$$

自由度为　$df_总 = N - 1 = 8 - 1 = 7$

$$df_回 = M - 1 = 4 - 1 = 3$$

$$df_剩 = df_总 - df_回 = 4$$

于是可列出 F 检验表见表 6.3.4。

表 6.3.4　各次分量的 F 检验表

变异	SS	df	MS	F	$F_{0.05}$	$F_{0.01}$
一次项 $X_1(x)$	1035.054	1	1035.054	1200.76**	7.71	21.2
二次项 $X_2(x)$	418.006	1	418.006	484.93**		
三次项 $X_3(x)$	2.367	1	2.367	2.75		
回归	1455.427	3	485.142	562.81**	6.59	16.17
剩余	3.448	4	0.862			
总变异	1458.875	7				

$F_回 > F_{0.01}(16.17)$，F_1、$F_2 > F_{0.01}(21.2)$，表明回归方程极显著，一次、二次分量均达极显著水平，而三次分量（$F_3 < F_{0.05}$）不显著，说明宜配二次正交多项式，即

$$\hat{y}y = 43.125 + 2.4821X_1(x) - 1.5774X_2(x) \qquad (6.3.20)$$

(3)建立一元二次多项回归方程。

式(6.3.20)正交多项式方程中

$$X_1(x) = \lambda_1 \varphi_1(x) = 2[(x - \overline{x})/n] = 4x - 15$$

$$X_2(x) = \lambda_2 \varphi_2(x) = 1x\{[(x - \overline{x})/n]^2 - (N^2 - 1)/12\} = 4x^2 - 30x + 51.762$$

代入式(6.3.20)得一元二次多项式回归方程

$$\hat{y} = 43.135 + 2.4821(4x - 15) - 1.5774(4x^2 - 30x + 51.762)$$

$$\hat{y} = -75.73 + 57.2500x - 6.3095x^2$$

二、多元正交多项式回归

在实际问题中，一个变量的变化并不只受另一个变量的影响，多数情况下要受几个变量的影响，这就是多元回归的问题。而各个自变量与因变量的关系并不总是线性的，

这就要考虑多元多项式回归才能表达它们之间的关系。在农业生产中,作物产量与各种肥料要素之间的关系就属于这种类型。配多元多项式回归方程,一般可将其转换为多元线性回归方程来处理(如前面多元多项式回归所述)。当自变量的取值是等间距时,可以利用正交多项式来转换,这在计算上要方便得多。下面简述一个多元正交多项式回归分析。

在多元多项式回归中,如果参试的每个因素的各水平取等间距(各因素的水平数及间距不一定相同),则可按以上所述正交多项式回归的方法作多项式回归分析。在农业试验中,多项式回归体系的自变量一般为二次,很少超过三次,现以二元二次正交多项式为例,说明其统计分析方法。

在二元二次多项式回归模型中,自变量的一次项 x、z 和二次项 x^2、z^2 分别用相应的正交多项式 $X_1(x)$、$Z_1(z)$ 和 $X_2(x)$、$Z_2(z)$ 代替,即得二元二次正交多项式回归模型:

$$y_\alpha = \beta_{00} + \beta_{10} X_1(x_\alpha) + \beta_{20} X_2(x_\alpha) + \beta_{01} Z_1(z_\alpha) + \beta_{02} Z_2(z_\alpha) + \beta_{11} X_1(z_\alpha) Z_1(z_\alpha) + \varepsilon_\alpha$$

$$(6.3.21)$$

式中

$$X_1(x) = \lambda_1 \left(\frac{x - \overline{x}}{h_x} \right), \quad X_2(x) = \lambda_2 \left[\left(\frac{x - \overline{x}}{h_x} \right)^2 - \frac{N_x^2 - 1}{12} \right]$$

$$Z_1(z) = \lambda_1 \left(\frac{z - \overline{z}}{h_z} \right), \quad Z_2(z) = \lambda_2 \left[\left(\frac{z - \overline{z}}{h_z} \right)^2 - \frac{N_z^2 - 1}{12} \right]$$

下面举例说明具体运算方法。

[例 6.3.2] 冬小麦氮、磷肥配合试验的结果见表 6.3.5,请配回归方程以表达冬小麦产量与氮、磷肥施用量的关系。

表 6.3.5　冬小麦氮、磷肥配合试验结果　　　　　　　　　　单位:kg/亩

磷肥施用量	氮肥施用量				
	0	4.5	9.0	13.5	18.0
0	228.4	256.6	270.4	314.8	322.4
4.5	362.1	437.7	444.1	488.9	525.6
9.0	350.9	467.7	552.8	558.9	598.6
13.5	347.5	478.9	590.6	599.0	620.0
18.0	410.1	471.1	634.7	657.5	632.3

(1)建立正交多项式回归方程。

①根据试验数据的性质,确定选配回归方程的类型。从数据的趋势看,小麦产量随氮肥施用量的增加而增加,最初增产率大,后逐渐变小,似呈抛物线趋势;磷肥也有相同而且有交互作用的迹象。可考虑配二元二次多项式回归方程以表达之。以 x 代表氮肥施用量,z 代表磷肥施用量,得回归方程

$$\hat{y} = b_{00} + b_{10} x + b_{20} x^2 + b_{01} z + b_{02} z^2 + b_{11} zx$$

$$(6.3.22)$$

②根据各自变量水平数 N,查相应的正交多项式表。方法与配一元正交多项式相似。本例氮肥施用量有 5 个水平,$N_x = 5$;磷肥用量也是 5 个水平,$N_z = 5$。在 $N = 5$ 的正交多项式表中找到与二元二次多项式回归方程式(6.3.22)的次数相应的各次带参数的正交多项式值,用以替换相应的各次项。本例 $N_x = 5$,x 的一次项以 $X_1(x)$ 代替,二次

项以 $X_2(x)$ 代替；$N_z=5$，z 的一次项、二次项也分别以 $Z_1(z)$、$Z_2(z)$ 代替。注意本例 $X_1(x)=\varphi_1(x)$，$X_2(x)=\varphi_2(x)$，$Z_1(z)=\varphi_1(z)$，$Z_2(z)=\varphi_2(z)$，$\lambda_j=1$。故式(6.3.22) 就被替换为

$$\hat{y}=b'_{00}+b'_{10}X_1(x)+b'_{20}X_2(x)+b'_{10}Z_1(z)+b'_{02}Z_2(z)+b'_{11}X_1(x)Z_1(z)$$

$$(6.3.23)$$

③抄取正交多项式表中相应数值，列表计算偏回归统计数 b_j 及偏回归平方和 u_j。列表时应该注意，这是二元复因素试验资料，一个因素的每个水平都在另一因素的各个水平上重复试验。本例氮肥施用量有 5 个水平，每个水平都在磷因素的 5 个水平上重复试验。因此，抄表时每一列的数值都要重复抄 5 次。还要注意在列表时每一列重复抄 5 次的排法，视两因素各水平的组合形式而变。在本例计算表格中是将磷肥 Z 的同一水平集中在一起再排上氮的各个水平构成的。这样在抄表时，表示氮的列的数据按正交多项式表上的数列，整列重复抄 5 次。而表示磷的列中的数据就不能这样抄，它是将正交多项式表上的数列中的每个数集中连抄 5 次，如 $Z_1(z)$ 列在正交多项式表中的数列是 -2，$-1,0,1,2$。在重复 5 次抄取时是 -2，-2，-2，-2，-2，-1，-1，-1，-1，-1，$\cdots$，2，$2,2,2,2$。以此类推来列表。在抄取 $A_j=\sum[\lambda_j\varphi_j(x)]^2$ 时要注意，正交多项式表中的 A_j 值是一次重复计算的，而现在是重复试验了五次，故 A_j 应乘以 5。如 $\varphi_1(x)$ 列的 A_j 值在正交多项式表中是 10，现在计算表中是 $5\times A_j=50$。正交多项式表中相应数值和偏回归平方和的计算结果均列于表 6.3.6 中。

表 6.3.6　二元二次正交多项式回归计算表　　　　　　　　单位:kg/亩

序号	$X(N)$	$Z(P_2O_5)$	X_0	$X_1(x_a)$	$X_2(x_a)$	$Z_1(z_a)$	$Z_2(z_a)$	$X_1(x)Z_1(z)$	y
1	0	0	1	-2	2	-2	2	4	228.4
2	4.5	0	1	-1	-1	-2	2	2	256.6
3	9.0	0	1	0	-2	-2	2	0	270.4
4	13.5	0	1	1	-1	-2	2	-2	314.8
5	18.0	0	1	2	2	-2	2	-4	322.4
6	0	4.5	1	-2	2	-1	-1	2	362.1
7	4.5	4.5	1	-1	-1	-1	-1	1	437.7
8	9.0	4.5	1	0	-2	-1	-1	0	444.1
9	13.5	4.5	1	1	-1	-1	-1	-1	488.9
10	18.0	4.5	1	2	2	-1	-1	-2	525.6
11	0	9.0	1	-2	2	0	-2	0	350.9
12	4.5	9.0	1	-1	-1	0	-2	0	467.7
13	9.0	9.0	1	0	-2	0	-2	0	552.8
14	13.5	9.0	1	1	-1	0	-2	0	558.9
15	18.0	9.0	1	2	2	0	-2	0	598.6
16	0	13.5	1	-2	2	1	-1	-2	347.5
17	4.5	13.5	1	-1	-1	1	-1	-1	478.9
18	9.0	13.5	1	0	-2	1	-1	0	590.6
19	13.5	13.5	1	1	-1	1	-1	1	599.0
20	18.0	13.5	1	2	2	1	-1	2	620.0

续表

序号	$X(N)$	$Z(P_2O_5)$	X_0	$X_1(x_a)$	$X_2(x_a)$	$Z_1(z_a)$	$Z_2(z_a)$	$X_1(x)Z_1(z)$	y
21	0	18.0	1	-2	2	2	2	-4	410.1
22	4.5	18.0	1	-1	-1	2	2	-2	471.1
23	9.0	18.0	1	0	-2	2	2	0	634.7
24	13.5	18.0	1	1	-1	2	2	2	657.5
25	18.0	18.0	1	2	2	2	2	4	632.3
$A_j=\sum x^2$			25	50	70	50	70	100	
$B_j=\sum xy$			11621.6	2506.9	-920.5	3203.8	-1555.6	1056.1	$SS_Y=$ 412239.48
$b'_j=B_j/A_j$			464.864	50.138	-13.150	64.076	-22.223	10.561	
$u_j=B_j^2/A_j$				125690.95	12104.58	205286.69	34569.88	11153.47	

表中 $X_1(x)Z_1(z)$ 所在列的数值是 $X_1(x_a)$ 和 $Z_1(z_a)$ 所在列同行数值相乘的结果。

(2)回归方程及各次项偏回归系数的显著性检验。

计算平方和为

$$SS_{总}=\sum y^2-\left(\sum y\right)^2/N=412239.48$$

$$SS_{回}=\sum u_j=388805.57$$

$$SS_{剩}=SS_{总}-SS_{回}=23433.91$$

自由度为

$$df_{总}=N-1=25-1=24$$

$$df_{回}=M-1=6-1=5$$

$$df_{剩}=df_{总}-df_{回}=19$$

于是列出 F 检验表见表6.3.7。

表6.3.7　回归关系的 F 检验表

变异	SS	df	MS	F	$F_{0.05}$	$F_{0.01}$
氮肥一次项	125690.95	1	125690.95	101.91**	4.38	8.18
氮肥二次项	12104.58	1	12104.58	9.81**		
磷肥一次项	205286.69	1	205286.69	166.45**		
磷肥二次项	34569.88	1	34569.88	28.03**		
氮×磷	11153.47	1	11153.47	9.04**		
回归	388805.57	5	77761.11	63.05**	2.90	4.50
剩余	23433.91	19	1233.36			
总变异	412239.48	24				

F 检验结果表明,回归方程氮肥一次项、二次项和磷肥一次项、二次项及氮、磷交互作用均达极显著水平,上述各项均保留,故得二元二次正交多项式回归方程为

$$\hat{y}=464.864+50.138X_1(x)-13.150X_2(x)+64.076Z_1(z)$$

$$-22.223Z_2(z)+10.561X_1(x)Z_1(z) \tag{6.3.24}$$

(3)建立二元二次多项式回归方程。

对配得的二元二次正交多项式回归方程作回代整理,得出所要配的二元二次多项式回归方程。因为

$$X_1(x) = \frac{(x-\bar{x})}{h_x} = \left(\frac{x-9}{4.5}\right) = \frac{x}{4.5} - 2$$

$$X_2(x) = \left[\left(\frac{(x-\bar{x})}{h_x}\right)^2 - \frac{N_x^2-1}{12}\right] = \left[\left(\frac{(x-9)}{4.5}\right)^2 - \frac{5^2-1}{12}\right] = \frac{x^2}{20.25} - \frac{18x}{20.25} + 2$$

$$Z_1(z) = \frac{(z-\bar{z})}{h_z} = \left(\frac{z-9}{4.5}\right) = \frac{z}{4.5} - 2$$

$$Z_2(z) = \left[\left(\frac{(z-\bar{z})}{h_z}\right)^2 - \frac{N_z^2-1}{12}\right] = \left[\left(\frac{(z-9)}{4.5}\right)^2 - \frac{5^2-1}{12}\right] = \frac{z^2}{20.25} - \frac{18z}{20.25} + 2$$

$$X_1(x)Z_1(z) = \left(\frac{x}{4.5} - 2\right)\left(\frac{z}{4.5} - 2\right) = \frac{xz}{20.25} - \frac{2z}{4.5} - \frac{2x}{4.5} + 4$$

将它们代入式(6.3.24),整理得二元二次多项回归方程为

$$\hat{y} = 207.934 + 18.1377x - 0.6494x^2 + 29.2991z - 1.0974z^2 + 0.5222xz$$

此回归方程就是所要配的二元二次多项式回归方程,它能够较准确地表达冬小麦产量与氮、磷肥用量之间的数量关系。

练习题

1. 简述一元多项式回归分析的步骤。

2. 简述一元正交多项式回归分析的步骤和正交多项式回归的使用条件。

3. 多项式回归和正交多项式回归在自变量的取舍上有何异同? 为什么?

4. 水稻氮肥施用量试验,氮肥施用量为 0、3、6、9、12(kg/亩),试验结果如下表。请建立多项式回归方程,检验其显著性,并寻求水稻最高产量施氮量和最佳施氮量及产量预报。P_y(稻谷价格)$=1.20$ 元/kg,P_x(氮肥价格)$=3.00$ 元/kg。

水稻氮肥施用量试验结果

处理号	1	2	3	4	5
施氮量/(kg/亩)	0	3	6	9	12
产量/(kg/亩)	312	380	461	502	485

5. 大豆磷肥施用量试验,磷(P_2O_5)肥施用量为 0、2、4、6、8、10、12(kg/666.7 m^2),试验结果如下表。请建立多项式回归方程,检验其显著性,并寻求大豆最高产量施磷量和最佳施磷量及产量预报。P_y(大豆价格)$=3.00$ 元/kg,P_x(磷肥价格)$=3.00$ 元/kg。

大豆磷肥施用量试验结果

处理号	1	2	3	4	5	6	7	8
施磷量/(kg/亩)	0	2	4	6	8	10	12	14
大豆产量/(kg/亩)	122	140	155	165	173	166	150	127

6. 在光电比色计上测得溶液中叶绿素的浓度 $x(\mu g/mL)$ 和透光度 y 的关系,所得结果列于下表。试作回归分析。

溶液中叶绿素浓度测量结果

x	0	5	10	15	20	25	30	35	40	45	50	55
y	100	82	65	52	44	36	30	25	21	17	14	11
x	60	65	70	75	80	85						
y	9	7.5	6.05	5.0	4.0	3.3						

7. 某一早稻早熟品种氮肥施用量试验,氮肥的施用量(纯 N,kg/亩)为 0、1.2、2.4、3.6、4.8、6.0、7.2、8.4、9.6、10.8、12.0,试验结果如下表。请建立多项式回归方程,检验其显著性,并寻求水稻最高产量施氮量和最佳施氮量及产量预报。P_y(稻谷价格)=1.50 元/kg,P_x(N 价格)=3.00 元/kg。

早稻早熟品种氮肥施用量试验结果

x/(N,kg/亩)	0	1.2	2.4	3.6	4.8	6.0
y/(产量,kg/亩)	300	316	331	345	365	376
x/(N,kg/亩)	7.2	8.4	9.6	10.8	12.0	
y/(产量,kg/亩)	386	399	406	401	396	

8. 模拟酸雨对春菜生长的影响试验,设置 pH 值为 2、3、4、5、6 等 5 种酸度处理,试验结果如下表,请建立多项式回归方程,并进行显著性检验。

模拟酸雨对春菜生长的影响试验结果

处理号	1	2	3	4	5
pH 值	2	3	4	5	6
产量/(g/盆)	10	35	43	46	46

9. 模拟酸雨对玉米生长的影响试验,设置 pH 值为 2.5、3.0、3.5、4.0、4.5、5.0、5.5、6.0 等 8 种酸度处理,试验结果如下表,请建立多项式回归方程,检验其显著性,并寻求玉米最高产量的 pH 值。

模拟酸雨对玉米生长的影响试验结果

处理号	1	2	3	4	5	6	7	8
pH 值	2.5	3.0	3.5	4.0	4.5	5.0	5.5	6.0
产量/(g/盆)	14	30	40	50	53	54	54	50

10. 玉米氮、磷肥施用量配比试验,施氮量(纯 N,kg/亩)为 0,5,10,15,20 五个水平;施磷量(P_2O_5,kg/亩)为 0,4,8,12 四个水平,共二十个处理。试验结果列于下表。试作回归分析。(提示:采用多元多项式模型)(产量,kg/亩)

玉米氮、磷肥施用量配比试验结果

P_2O_5	N				
	0	5	10	15	20
0	253	300	426	527	483
4	317	395	497	579	516
8	468	531	633	735	701
12	462	564	651	765	707

11. 请用正交多项式回归重新计算 8、9 题,试比较两种计算方法的方便程度。

第七章 环境数据的聚类分析

聚类分析(cluster analysis)是多元统计分析被引进到分类学逐渐形成的一个新的数学分支。通俗地说,它是应用数理统计中多元分析原理研究"物以类聚"的一种方法。过去人们主要凭经验和专业知识来进行分类,很少利用数学工具。随着生产和科学技术的发展,分类越来越细,只凭经验和专业知识难以满足分类的需要,最近十几年来由于电子计算机和多元分析的发展,这种方法发展很快,已被广泛应用于考古学、地质勘探、天气预报、土壤分类、数量遗传、环境学、生态学、微生物学、医学、心理学和教育学等许多方面,受到各类专业人员的重视。国内十余年来也有很多领域应用聚类分析方法研究各种实际问题,并取得了成效。但是由于这一学科发展较晚,至今理论上还不够完善,它的许多方面还有待进一步研究和解决。

本章重点介绍聚类统计量以及系统聚类和模糊聚类的方法及其应用。

第一节 聚类统计量

聚类分析主要用于研究各种事物或现象的分类,其分类依据的条件称为指标变量,对其分类的每一个对象称为样本。为了根据指标变量对样本进行分类,就需要研究其表示样本间关系的量,即聚类统计量。聚类统计量到目前达数百种之多,目前常用的聚类统计量可分为距离和相似系数两大类。聚类统计量选择的不同,将会使聚类结果千差万别。因此,必须根据专业和数学知识合理地选择聚类统计量,才能正确地进行聚类。

一、指标变量及其转换

(一)指标变量

在聚类分析中,样品之间的距离与相似系数各有多种定义,这些定义依赖于不同指标变量,依照度量的量纲这些指标变量可分为如下几类:

(1)连续型和离散型指标变量:变量值可以度量,例如重量、长度、产量等为连续型指标变量,而植株数、人数等为离散型指标变量。

(2)有序多态指标变量:这种变量无法度量,即没有明确的数量表示,只有次序关系。例如事物评价方面的好、中、差以及一类、二类、三类等。

(3)无序多态指标变量:这种变量既无数量关系,又无次序关系。例如事物的红、黑、白颜色,天气的晴、雨、阴,种子发芽与不发芽等。

(二)数据转换

在聚类过程中,不同变量取值的量纲一般是不同的。为了消除不同量纲的影响,以便统一比较;或者即使各变量的量纲相同,但为了使数据更适合某种数学模型的需要,常需对原数据进行标准化或正规化的数据变换。常用的变换方法如下。

（1）标准差标准化：标准差标准化运算式为

$$x'_{ij} = \frac{x_{ij} - \overline{x}_j}{S_j} \qquad (i=1,2,\cdots,n; j=1,2,\cdots,m) \tag{7.1.1}$$

式中 $\overline{x}_j = \sum\limits_{i=1}^{n} x_{ij}/n$ 为 j 个变量的均值，$S_j = \left[\sum\limits_{i=1}^{n}(x_{ij}-\overline{x}_j)^2/(n-1)\right]^{\frac{1}{2}}$ 为 j 个变量的标准差，

（2）极差标准化：极差标准化运算式为

$$x'_{ij} = \frac{x_{ij} - \overline{x}_j}{R_j} \qquad (i=1,2,\cdots,n; j=1,2,\cdots,m) \tag{7.1.2}$$

其中，$R_j = \max\{x_{ij}\} - \min\{x_{ij}\}$.

（3）正规化：正规化的运算式为

$$x'_{ij} = \frac{x_{ij} - x_{j\min}}{x_{j\max} - x_{j\min}} \tag{7.1.3}$$

经正规化的数据中最大值为 1，最小值为 0。

（4）规格化：将第 j 个变量值除以该变量的最大值，运算式为

$$x'_{ij} = \frac{x_{ij}}{x_{j\max}} \tag{7.1.4}$$

规格化后，变量的数据在 0 至 1 之间。

（5）对数转换：将数据取对数，这种方法一般是数据之间量级相差较大采用。

（6）主成分转换：将数据用它的主成分代替，只取前几个主成分，舍去次要成分。

（三）数据转换示例（标准差标准化）

［例 7.1.1］ 5 个土壤样本，每个样本 6 个氧化物含量，其数据列于表 7.1.1。试对数据进行标准差标准化。

表 7.1.1 土壤氧化物含量表

样本	氧化物含量					
	SiO_2	Al_2O_3	Fe_2O_3	MgO	CaO	Na_2O
1	48.529	15.403	3.343	7.629	8.665	2.880
2	53.211	16.574	5.525	4.742	7.631	3.431
3	62.485	16.446	2.317	2.049	4.004	3.773
4	59.491	17.686	3.598	1.441	3.827	5.481
5	73.734	13.389	1.000	0.429	1.039	3.452
$\overline{x}$	59.490	15.899	3.156	3.258	5.032	3.803
S	9.6363	1.6197	1.6729	2.9187	3.0986	0.9912

应用式（7.1.1）对表 7.1.1 数据进行标准差标准化

$$x'_{11} = \frac{48.529 - 59.490}{9.6363} = -1.1375$$

$$x'_{12} = \frac{15.403 - 15.899}{1.6197} = -0.3062$$

...

$$x'_{56} = \frac{3.452 - 3.083}{0.9912} = -0.3541$$

将上述标准差标准化后的数据列于表 7.1.2。

表 7.1.2　土壤氧化物含量标准化数据表

标本	氧化物					
	SiO_2	Al_2O_3	Fe_2O_3	MgO	CaO	Na_2O
1	−1.1375	−0.3062	0.1118	1.4976	1.1725	−0.9316
2	−0.6516	0.4167	1.4164	0.5084	0.8388	−0.3757
3	0.3108	0.3377	−0.3170	−0.4142	−0.3318	−0.0307
4	0.0001	1.1033	0.2642	−0.6225	−0.3889	1.6925
5	1.4782	−1.5490	−1.2888	−0.9693	−1.2886	−0.3541

二、距 离

(一)距离的种类及其定义

设有 i 个样本($i=1,2,\cdots,n$),每个样本有 j 个指标变量($j=1,2,\cdots,m$),以 x_{ij} 表示第 i 个样本的第 j 个指标变量,以 $\bar{x}_j$ 表示第 j 个指标变量的平均数。

以 d_{ij} 表示第 i 个样本与第 j 个样本间的距离,由于距离的类型不同,其定义式也稍有差异,下面介绍聚类分析中对连续型变量常用的几种距离及其定义式:

(1)绝对距离:绝对距离以 $d_{ij}(1)$ 表示,定义式为

$$d_{ij}(1) = \sum_{k=1}^{m} |x_{ik} - x_{jk}| \tag{7.1.5}$$

式中,x_{ik} 代表第 i 个样本的第 k 个变量,x_{jk} 代表第 j 个样本的第 k 个变量。

(2)欧氏距离是目前应用较多的一种,以 $d_{ij}(2)$ 表示,其定义式为

$$d_{ij}(2) = \left[\sum_{k=1}^{m} (x_{ik} - x_{jk})^2\right]^{\frac{1}{2}} \tag{7.1.6}$$

(3)明考斯基(Minkowski)距离以 $d_{ik}(q)$ 表示,其定义式为

$$d_{ij}(q) = \left[\sum_{k=1}^{m} |x_{ik} - x_{jk}|^q\right]^{\frac{1}{q}} \tag{7.1.7}$$

显然明考斯基距离式(7.1.7)是式(7.1.5)和式(7.1.6)的特殊形式,因为 $q=1$,式(7.1.7)就变成式(7.1.5);$q=2$,式(7.1.7)就变成式(7.1.6)。

(4)切比雪夫(Chccyahcv)距离以 $d_{ij}(\infty)$ 表示,其定义式为

$$d_{ij}(\infty) = \max_{1 \leqslant k \leqslant m} |x_{ik} - x_{jk}| \tag{7.1.8}$$

式(7.1.8)是式(7.1.7)的特殊形式,当 $q \to \infty$ 时,式(7.1.7)就变成式(7.1.8)。

(5)距离系数:距离系数以 d_{ij} 表示,定义式为

$$d_{ij} = \left[\sum_{k=21}^{n} (x_{ik} - x_{jk})^2 / m\right]^{\frac{1}{2}} \tag{7.1.9}$$

式(7.1.9)与式(7.1.6)基本类似。

（6）马氏距离：马氏距离是马哈拉诺比斯（Mahalanobis）距离的简称，以 $d_{ij}(M)$ 表示。定义式为

$$d_{ij}(M) = \left[(x_i - x_j)' \sum{}^{-1}(x_i - x_j)\right]^{\frac{1}{2}} \tag{7.1.10}$$

其中　$x_i = \begin{bmatrix} x_{i1} \\ x_{i2} \\ \vdots \\ x_{im} \end{bmatrix}$　　　$x_j = \begin{bmatrix} x_{j1} \\ x_{j2} \\ \vdots \\ x_{jm} \end{bmatrix}$

而式中 $\sum^{-1}$ 为 x_i、x_j 向量间协方差矩阵的逆矩阵。

（二）距离的特性

一般来说，上述距离均有以下特性：

（1）任何 2 个样本间均有 $d_{ij} \geqslant 0$，特别是对相同 2 个样本有 $d_{ij} = 0$。d_{ij} 越小，2 个样本越相近。

（2）对于任意 2 个样本都有 $d_{ij} = d_{ji}$。

（3）如果有任意 3 个样本，一般地有 $d_{ij} \leqslant d_{ik} + d_{jk}$。

（三）距离的计算

［例 7.1.2］　某试验有 3 个样本，10 个指标变量，数据列于表 7.1.3。试计算绝对距离、欧氏距离和距离系数。

表 7.1.3　各样本指标变量表

样本	变量									
	1	2	3	4	5	6	7	8	9	10
1	3	2	1	4	5	3	2	1	4	5
2	2	1	4	2	1	2	3	2	1	6
3	4	2	2	3	7	4	1	3	5	1

（1）计算绝对距离：

$d_{12}(1) = |3-2| + |2-1| + \cdots + |5-6| = 18$

$d_{13}(1) = 14$　　　　$d_{23}(1) = 26$

（2）计算欧氏距离：

$d_{12}(2) = \left[(3-2)^2 + (2-1)^2 + \cdots + (5-6)^2\right]^{\frac{1}{2}} = 6.63$

$d_{13}(2) = 5.48$　　　　$d_{23}(2) = 9.80$

（3）计算距离系数：

$d_{12} = \left[(3-2)^2/10 + (2-1)^2/10 + \cdots + (5-6)^2/10\right]^{\frac{1}{2}} = 2.10$

$d_{13} = 1.73$　　　　$d_{23} = 3.10$

三、相似系数

聚类分析中除了研究样本的分类外，也常常要研究指标变量的分类。当然对指标变

量间也可以定义为距离,但最常用的是相似系数。

(一)相似系数的种类及其定义式

相似系数是描述变量之间相似程度的量,以 C_{ij} 表示变量 x_i 与变量 x_j 的相似系数。相似系数包括夹角余弦、相关系数和指数相似系数。

(1)夹角余弦:受相似形的启发,人们把每个样本看成是 m 维空间的一个向量,向量 x_1 与 x_2 的夹角记为 θ,取其余弦($\cos\theta$)称为夹角余弦,以 $C_{ij}(1)$ 表示,有时也记为 $\cos\theta$,定义式为

$$C_{ij}(1)=\frac{\sum\limits_{k=1}^{m}x_{ik}x_{jk}}{\sqrt{\sum\limits_{k=1}^{m}x_{ik}^2\sum\limits_{k=1}^{m}x_{jk}^2}} \tag{7.1.11}$$

式中,i,j 代表两个样本,k 表示第 k 个指数变量($k=1,2,\cdots,m$)。如果 x_i 与 x_j 较为相似,它们的夹角 θ_{ij} 近于 0,从而 $\cos\theta_{ij}$ 趋近于 1。夹角余弦越大,两变量越密切,反之就越疏远。

(2)相关系数:相关系数在第四章已做详细介绍,它实际上是标准化后的夹角余弦。相关系数常以 r_{ij} 表示,但为了与其他相似系数统一,则以 $C_{ij}(2)$ 表示,定义式为

$$\begin{aligned}C_{ij}(2)&=\frac{\sum\limits_{k=1}^{m}(x_{ik}-\overline{x}_i)(x_{jk}-\overline{x}_j)}{\sqrt{\sum\limits_{k=1}^{m}(x_{ik}-\overline{x}_i)^2\sum(x_{jk}-\overline{x}_J)^2}}\\&=\frac{\sum x_ix_j-(\sum x_i)(\sum x_j)/n}{\sqrt{[\sum x_i^2-(\sum x_i)^2/n][\sum x_j^2-(\sum x_j)^2/n]}}\end{aligned} \tag{7.1.12}$$

(3)指数相似系数:当各变量的量纲不同,变量值大小相差悬殊,可以用指数相似系数来描述变量间的相似程度。其定义式为

$$C_{ij}(3)=\frac{1}{m}\sum_{k=1}^{m}e^{-\frac{3}{4S_k^2}(x_{ik}-x_{jk})^2} \tag{7.1.13}$$

式中,S_k^2 是第 k 个指数变量的方差。

(二)相似系数的性质

(1)$|C_{ij}|\leqslant 1$。

(2)相似系数和距离相反,相似系数越大,表示两个样本越相近。

(3)如果两个样本相对应的变量相等,则 $C_{ij}=1$。

(4)相似系数和距离相似,也有 $C_{ij}=C_{ji}$。

(三)相似系数的计算

根据表 7.1.3 资料计算夹角余弦、相关系数和指数相似系数。

(1)计算夹角余弦。

为了简化运算,根据表 7.1.3 资料,计算基础数据列于表 7.1.4。

表 7.1.4 例 7.1.2 计算夹角余弦的基础数据表

指标	1	2	3	4	5	6	7	8	9	10	$\sum$	$\bar{x}$
X_{1k}	3	2	1	4	5	3	2	1	4	5	30	3.0
X_{2k}	2	1	4	2	1	2	3	2	1	6	24	2.4
X_{3k}	4	2	2	3	7	4	1	3	5	1	32	3.2
$X_{1k}X_{2k}$	6	2	4	8	5	6	6	2	4	30	73	
$X_{1k}X_{3k}$	12	4	2	12	35	12	2	3	20	5	107	
$X_{2k}X_{3k}$	8	2	8	6	7	8	3	6	5	6	59	
X_{1k}^2	9	4	1	16	25	9	4	1	16	25	110	
X_{2k}^2	4	1	16	4	1	4	9	4	1	36	80	
X_{3k}^2	16	4	4	9	49	16	1	9	25	1	134	

根据表 7.1.4 数据,用式(7.1.11)计算夹角余弦,即

$$C_{12}(1) = \frac{73}{\sqrt{110 \times 80}} = 0.778$$

$$C_{13}(1) = \frac{107}{\sqrt{110 \times 134}} = 0.881$$

$$C_{23}(1) = \frac{59}{\sqrt{80 \times 134}} = 0.570$$

(2)计算相关系数。

根据表 7.1.4 资料,用式(7.1.12)计算相关系数,即

$$C_{12}(2) = \frac{73 - 30 \times 24/10}{\sqrt{(110 - 30^2/10) \times (80 - 24^2/10)}} = 0.047$$

$$C_{13}(2) = \frac{107 - 30 \times 32/10}{\sqrt{(110 - 30^2/10) \times (134 - 32^2/10)}} = 0.438$$

$$C_{23}(2) = \frac{59 - 24 \times 32/10}{\sqrt{(80 - 24^2/10) \times (134 - 32^2/10)}} = -0.669$$

(3)计算指数相似系数。

根据表 7.1.4 资料应用式(7.1.13)计算指数相似系数,假定该资料 10 个变量有共同的方差,即

$$S^2 = \frac{\sum(x - \bar{x})^2}{n-1} = 2.67 \qquad 则 \frac{3}{4S^2} = 0.28$$

式(7.1.13)中的 $3(x_{ik} - x_{jk})^2/4S_k^2$,以 A_{ij} 表示,即

$$A_{ij} = \frac{3}{4S_k^2}(x_{ik} - x_{jk})^2$$

为了简化运算,根据表 7.1.4 资料计算基础数据列于表 7.1.5。

表 7.1.5 例 7.1.2 计算指数相似系数基础数据表

指标	$(x_{1k}-x_{2k})^2$	$(x_{1k}-x_{3k})^2$	$(x_{2k}-x_{3k})^2$	A_{12}	A_{13}	A_{23}	$e^{-A_{12}}$	$e^{-A_{13}}$	$e^{-A_{23}}$
1	1	1	4	0.28	0.28	1.12	0.76	0.76	0.33
2	1	0	1	0.28	0.00	0.28	0.76	1.00	0.76

续表

指标	$(x_{1k}-x_{2k})^2$	$(x_{1k}-x_{3k})^2$	$(x_{2k}-x_{3k})^2$	A_{12}	A_{13}	A_{23}	$e^{-A_{12}}$	$e^{-A_{13}}$	$e^{-A_{23}}$
3	9	1	4	2.52	0.28	1.12	0.08	0.76	0.33
4	4	1	1	1.12	0.28	0.28	0.33	0.76	0.76
5	16	4	36	4.48	1.12	10.08	0.01	0.33	0.00
6	1	1	4	0.28	0.28	1.12	0.76	0.76	0.33
7	1	1	4	0.28	0.28	1.12	0.76	0.76	0.33
8	1	4	1	0.28	1.12	0.28	0.76	0.33	0.76
9	9	1	16	2.52	0.28	4.48	0.08	0.76	0.01
10	1	16	25	0.28	4.48	7.00	0.76	0.01	0.00
Σ							5.06	6.23	3.61

于是指数相似系数的计算结果为

$$C_{12}(3)=\frac{1}{m}\sum_{k=1}^{m}e^{-\frac{3}{4S_k^2}(x_{1k}-x_{2k})^2}=\frac{1}{m}\sum_{k=1}^{m}e^{-A_{12}}=\frac{1}{10}\times5.06=0.51$$

$$C_{13}(3)=\frac{1}{10}\times6.23=0.62$$

$$C_{23}(3)=\frac{1}{10}\times3.61=0.36$$

第二节　系统聚类法

系统聚类法(hierarchical clustering method)是在各个领域中使用最多的一种方法。这种方法的基本思想是将各个样本各自看成一类,然后定义样品之间的距离(或相似系数)和类与类之间的距离。选择距离最小的一对,将其合并成一个新类,再计算新类与其他类之间的距离,然后将距离最近的两类合并。这样每次减少一类,直至所有的样品都成为一类为止。因此这种方法属于逐步并类法。

一、系统聚类法的类型及聚类方法

类与类之间的距离有多种定义方法,可以定义类与类之间的距离为两类之间的最近距离,也可以定义类与类之间的距离为两类最远的距离等。由于采用类与类之间距离的不同定义,这样就产生了系统聚类的不同方法,目前经常采用的有以下几种方法,即最短距离法、最长距离法、中间距离法、重心法、类平均法、可变类平均法、可变法、离差平方和法。限于篇幅,下面介绍最短距离法、最长距离法和类平均法三种。

(一)最短距离法

最短距离法是用 d_{ij} 表示样品 x_i 与 x_j 之间的距离,用 $G_1,G_2,\cdots,G_p$ 表示类,定义两类之间的距离是用两类所有样本中最近的两个样本 距离来表示,类 G_p 和 G_q 的距离用 D_{pq} 表示为

$$D_{pq} = \min_{i \in G_p, j \in G_q} d_{ij} \qquad (7.2.1)$$

式中，$i \in G_p$ 表示 i 在 G_p 类内，$j \in G_q$ 表示 j 在 G_q 类内，D_{pq} 为两类中所有样本的最小距离。

1. 最短距离法聚类步骤

(1)计算各样本的两两距离，记在分类距离对称表中，并记为 $D_{(0)}$。每个样本为一类，$D_{pq} = d_{pq}$，d_{pq} 表示两样本间的距离，D_{pq} 表示每两个类之间的距离。

(2)选取 $D_{(0)}$ 中最短距离，设为 D_{pq}，则将 G_p 和 G_q 合并为一个新类记为 G_r，表示由 G_p 和 G_q 类所组成。

(3)计算新类 G_r 与其他类之间的距离，定义为

$$D_{rk} = \min_{i \in G_r, j \in G_k} d_{i,j} = \min\{ \min_{i \in G_p, j \in G_k} d_{i,j}, \min_{i \in G_q, j \in G_k} d_{i,j} \} = \min\{D_{pk}, D_{qk}\}$$

(4)作表 $D_{(1)}$。

(5)对表 $D_{(1)}$ 重复上述步骤，可得表 $D_{(2)}$、$D_{(3)}$ 等，直至所有的样品都成为一类为止。

(6)作聚类图。

2. 最短距离法聚类示例

［例 7.2.1］　设有 6 个样本。每个样本为 1 个变量，其值依次为 1，2，5，7，9，10。试用最短距离法进行聚类。

(1)计算 6 个样本两两间的绝对距离，并作 $D_{(0)}$ 表，结果见表 7.2.1。

表 7.2.1　$D_{(0)}$ 表

	G_1	G_2	G_3	G_4	G_5
G_2	1				
G_3	4	3			
G_4	6	5	2		
G_5	8	7	4	2	
G_6	9	8	5	3	1

(2)进行第一次并类，制作 $D_{(1)}$ 表：选取 $D_{(0)}$ 中的最短距离，在表 $D_{(0)}$ 中 G_1 与 G_2 距离为 1，G_5 与 G_6 距离为 1，这两个均为最短距离，将 G_1 与 G_2 合并为一个新类记为 G_7，将 G_5 与 G_6 合并为一个新类记为 G_8。

计算新类 G_7、G_8 与各类之间的距离。

$D_{7,3} = \min\{D_{1,3}、D_{2,3}\} = \min\{4,3\} = 3$

$D_{7,4} = \min\{D_{1,4}、D_{2,4}\} = \min\{6,5\} = 5$

$D_{7,8} = \min\{D_{1,8}、D_{2,8}\}$

$\qquad = \min\{\min\{D_{1,5}、D_{1,6}\}, \min\{D_{2,5}、D_{2,6}\}\}$

$\qquad = \min\{\min\{8,9\}, \min\{7,8\}\} = 7$

$D_{8,3} = \min\{D_{5,3}、D_{6,3}\} = \min\{4,5\} = 4$

$D_{8,4} = \min\{D_{5,4}、D_{6,4}\} = \min\{2,3\} = 2$

于是可作出 $D_{(1)}$ 表，见表 7.2.2。

表 7.2.2 $D_{(1)}$ 表

	G_7	G_3	G_4
G_3	3		
G_4	5	2	
G_8	7	4	2

$$G_7 = \{G_1, G_2\} \qquad G_8 = \{G_5, G_6\}$$

（3）进行第二次并类，制作 $D_{(2)}$ 表：在表 $D_{(1)}$ 中，G_3 与 G_4，G_4 与 G_8 距离为2，可将 G_3、G_4、G_8 三类合并为一新类记为 G_9，计算新类 G_9 与 G_7 的距离。

$$D_{9,7} = \min\{D_{3,7}, D_{4,7}, D_{8,7}\} = \min\{3, 5, 7\} = 3$$

于是可作出 $D_{(2)}$ 表，见表 7.2.3。

表 7.2.3 $D_{(2)}$ 表

	G_7
G_9	3

$$G_7 = \{G_1, G_2\} \qquad G_9 = \{G_3, G_4, G_5, G_6\}$$

至此，全部样本并为一类。

（4）作聚类图，见图 7.2.1。

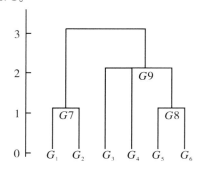

图 7.2.1 聚类图

由图 7.2.1 可以看出，这 6 个样本分成两类比较合适，在实际问题中有时给出一个阈值 T，要求类与类之间的距离要小于 T，以便进行归类。图 7.2.1 称为聚类图或谱系图，有时也称为原素图，聚类图是表达聚类过程的很有用的工具，原始样本两两之间的距离有 $n(n-1)/2$ 个数，化成聚类图后数据大大简化，使我们容易抓住关键。

最短距离法也可用于指标变量的分类，分类时可以用距离也可以用相似系数，但应用相似系数时应从最大元素并类，因此将式（7.2.1）中的"min"改为"max"。

（二）最长距离法

最长距离法是类与类之间的距离用两类之间的最远的距离表示，即

$$D_{pq} = \max_{\substack{i \in G_p \\ j \in G_q}} d_{ij} \tag{7.2.2}$$

并类步骤与最短距离法完全一样，也是将各个样本先自成一类，选取最小距离类 D_p 和 D_q 合并为一个新类 D_r，D_r 与各类距离由最大距离来确定，即

$$D_{rk} = \max\{D_{pk}, D_{qk}\} \tag{7.2.3}$$

再继续按最短距离并类,直至所有样品归为一类。

综上所述,最长距离法与最短距离法只有两点不同,一是定义类与类之间距离不同,最短距离法定义类与类之间的距离为两类最近样品的距离,而最长距离法则定义类与类之间的距离为两类之间最远的距离;二是计算新类与其他类的距离所用的递推公式不同。下面介绍其他系统聚类法之间的差异也主要是这两点,其他步骤则完全相同。

[例 7.2.2] 试用最长距离法对例 7.2.1 的 6 个样本进行分类。

(1)计算 6 个样本两两之间的绝对距离,作 $D_{(0)}$ 表,见表 7.2.4。

表 7.2.4 $D_{(0)}$ 表

	G_1	G_2	G_3	G_4	G_5
G_2	1				
G_3	4	3			
G_4	6	5	2		
G_5	8	7	4	2	
G_6	9	8	5	3	1

(2)选取 $D_{(0)}$ 表中的最短距离,在 $D_{(0)}$ 表中,G_1 与 G_2 距离为 1,G_5 与 G_6 距离为 1,将 G_1 与 G_2 合并为一个新类记为 G_7,G_5 与 G_6 合并为一个新类记为 G_8,计算新类 G_7、G_8 与各类之间的距离,按最长距离法有

$$D_{7,3} = \max\{D_{1,3}、D_{2,3}\} = \max\{4,3\} = 4$$
$$D_{7,4} = \max\{D_{1,4}、D_{2,4}\} = \max\{6,5\} = 6$$
$$D_{7,8} = \max\{D_{1,8}、D_{2,8}\}$$
$$= \max\{\max\{D_{1,5}、D_{1,6}\}、\max\{D_{2,5}、D_{2,6}\}\}$$
$$= \max\{9,8\} = 9$$
$$D_{8,3} = \max\{D_{5,3}、D_{6,3}\} = \max\{4,5\} = 5$$
$$D_{8,4} = \max\{D_{5,4}、D_{6,4}\} = \max\{2,3\} = 3$$

作 $D_{(1)}$ 表,见表 7.2.5。

表 7.2.5 $D_{(1)}$ 表

	G_7	G_3	G_4
G_3	4		
G_4	6	2	
G_8	9	5	3

$G_7 = \{G_1, G_2\}$ $G_8 = \{G_5, G_6\}$

(3)选取 $D_{(1)}$ 表中的最短距离,G_3 与 G_4 的距离为 2,将 G_3 与 G_4 合并为一个新类记为 G_9,并计算新类 G_9 与各类之间的距离。

$$D_{9,7} = \max\{D_{3,7}、D_{4,7}\} = \max\{4,6\} = 6$$
$$D_{9,8} = \max\{D_{3,8}、D_{4,8}\} = \max\{5,3\} = 5$$

作 $D_{(2)}$ 表,见表 7.2.6。

表 7.2.6 $D_{(2)}$ 表

	G_7	G_9
G_9	6	
G_8	9	5

$$G_7 = \{G_1, G_2\} \qquad G_8 = \{G_5, G_6\} \qquad G_9 = \{G_3, G_4\}$$

（4）在 $D_{(2)}$ 表选取最短距离，G_8 与 G_9 距离为 5，将 G_8 与 G_9 合并为一个新类记为 G_{10}，计算新类与各类之间的距离。

$$D_{10,7} = \max\{D_{8,7}, D_{9,7}\} = \max\{9, 6\} = 9$$

于是可作出 $D_{(3)}$ 表，见表 7.2.7。

表 7.2.7　$D_{(3)}$ 表

	G_7
G_{10}	9

$$G_7 = \{G_1, G_2\} \qquad\qquad G_{10} = \{G_3, G_4, G_5, G_6\}$$

（5）作聚类图，见图 7.2.2。

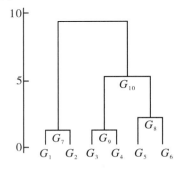

图 7.2.2　聚类图

（三）类平均法

类平均法（average linkage method）有两种定义方法，一种定义方法是把类与类之间的距离定义为所有样品对之间的平均距离；另一种定义方法是定义类与类之间的平方距离为样品对之间平方距离的平均值，平方距离类平均法的递推公式为

$$D_{rk}^2 = \frac{n_p}{n_r} D_{pk}^2 + \frac{n_q}{n_r} D_{qk}^r \tag{7.2.4}$$

式中 n_p、n_q 分别代表 p 类、q 类的样本数。

$$n_r = n_p + n_q$$

平方距离的类平均法聚类方法和步骤与最短距离法一样。

［例 7.2.3］　试用类平均法对例 7.2.1 的 6 个样本进行分类。

（1）计算样本两两之间的距离，作 $D_{(0)}^2$，见表 7.2.8。

表 7.2.8　$D_{(0)}^2$ 表

	G_1	G_2	G_3	G_4	G_5
G_2	1				
G_3	16	9			
G_4	36	25	4		
G_5	64	49	16	4	
G_6	81	64	25	9	1

（2）选取 $D^2_{(0)}$ 表中最短距离：G_1 与 G_2 距离为 1，G_5 与 G_6 距离为 1。将 G_1 与 G_2 合并为一个新类 G_7，G_5 和 G_6 合并为一个新类 G_8，计算 G_7、G_8 与各类之间的距离。

$$D^2_{rk} = \frac{n_p}{n_r}D^2_{pk} + \frac{n_q}{n_r}D^2_{qk}$$

$$D^2_{7,3} = \frac{1}{2}D^2_{1,3} + \frac{1}{2}D^2_{2,3} = \frac{1}{2}\times 16 + \frac{1}{2}\times 9 = 12.5$$

$$D^2_{7,4} = \frac{1}{2}D^2_{1,4} + \frac{1}{2}D^2_{2,4} = \frac{1}{2}\times 36 + \frac{1}{2}\times 25 = 30.5$$

$$D^2_{8,7} = \frac{1}{2}D^2_{5,7} + \frac{1}{2}D^2_{6,7} = \frac{1}{2}\left(\frac{1}{2}D^2_{1,5} + \frac{1}{2}D^2_{2,5} + \frac{1}{2}D^2_{1,6} + \frac{1}{2}D^2_{2,6}\right)$$

$$= \frac{1}{2}\times\frac{1}{2}\times(64+49+81+64) = 64.5$$

$$D^2_{8,3} = \frac{1}{2}D^2_{5,3} + \frac{1}{2}D^2_{6,3} = \frac{1}{2}\times 16 + \frac{1}{2}\times 25 = 20.5$$

$$D^2_{8,4} = \frac{1}{2}D^2_{5,4} + \frac{1}{2}D^2_{6,4} = \frac{1}{2}\times 4 + \frac{1}{2}\times 9 = 6.5$$

（3）作 $D^2_{(1)}$ 表，见表 7.2.9。

表 7.2.9　$D^2_{(1)}$ 表

	G_7	G_3	G_4
G_3	12.5		
G_4	30.5	4	
G_8	64.5	20.5	6.5

$$G_7 = \{G_1, G_2\} \qquad\qquad G_8 = \{G_5, G_6\}$$

（4）在 $D^2_{(1)}$ 表中选取最短距离。G_3 与 G_4 距离为 4，将 G_3 与 G_4 合并为一个新类记 G_9。计算 G_9 与各类之间的距离。

$$D^2_{9,7} = \frac{1}{2}D^2_{3,7} + \frac{1}{2}D^2_{4,7} = \frac{1}{2}\times 12.5 + \frac{1}{2}\times 30.5 = 21.5$$

$$D^2_{9,8} = \frac{1}{2}D^2_{3,8} + \frac{1}{2}D^2_{4,8} = \frac{1}{2}\times 20.5 + \frac{1}{2}\times 6.5 = 13.5$$

作 $D^2_{(2)}$ 表，见表 7.2.10。

表 7.2.10　$D^2_{(2)}$ 表

	G_7	G_9
G_9	21.5	
G_8	64.5	13.5

$$G_7 = \{G_1, G_2\} \qquad G_8 = \{G_5, G_6\} \qquad G_9 = \{G_3, G_4\}$$

（5）在 $D^2_{(2)}$ 表中选取最短距离。G_8 与 G_9 的距离为 13.5，将 G_8 与 G_9 合并为一个新类 G_{10}，计算 G_{10} 与各类之间的距离。

$$D^2_{10,7} = \frac{2}{4}D^2_{8,7} + \frac{2}{4}D^2_{9,7} = \frac{2}{4}\times 64.5 + \frac{2}{4}\times 21.5 = 43$$

作 $D^2_{(3)}$，见表 7.2.11。

表 7.2.11 $D^2_{(3)}$

	G_7
G_{10}	43

$G_7 = \{G_1, G_2\}$　　　　　　$G_{10} = \{G_3, G_4, G_5, G_6\}$

（6）作聚类图，见图 7.2.3。

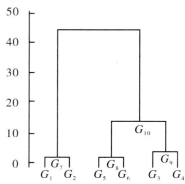

图 7.2.3　聚类图

比较上述三种聚类方法，分类方案均可分为两大类，但最短距离法、最长距离法和平方距离类平均法在归类过程上有所不同，而后两者对于本例子的归类过程基本上是一样的。

二、系统聚类方法的讨论

（一）系统聚类递推公式的统一形式

上述三种系统聚类法，在步骤上是完全一致的，不同的仅是类与类之间的距离有不同的定义方法，从而得到不同的距离的递推公式。这些公式在形式上不太一样，这给统一编制程序带来不便，维希特（Wishart）首先发现可将它们统一起来，其统一公式为

$$D^2_{rk} = \alpha_p D^2_{pk} + \alpha_q D^2_{qk} + \beta D^2_{pq} + \gamma \mid D^2_{pk} - D^2_{qk} \mid \tag{7.2.5}$$

其中，α_p、α_q、β、γ 是系数，不同系统聚类法取值不一样，这些系数的取值列于表 7.2.12。

对于最短距离法：

$$D_{rk} = \sqrt{\frac{1}{2} D^2_{pk} + \frac{1}{2} D^2_{qk} - \frac{1}{2} \mid D^2_{pk} - D^2_{qk} \mid}$$

若 $D_{pk} > D_{qk}$，

$$D_{rk} = \sqrt{\frac{1}{2} D^2_{pk} + \frac{1}{2} D^2_{qk} - \frac{1}{2} (D^2_{pk} - D^2_{qk})}$$

$$= \sqrt{D^2_{qk}} = D_{qk}$$

若 $D_{pk} < D_{qk}$，

$$D_{rk} = \sqrt{\frac{1}{2} D^2_{pk} + \frac{1}{2} D^2_{qk} - \frac{1}{2} (D^2_{qk} - D^2_{pk})}$$

$$= \sqrt{D^2_{pk}} = D_{pk}$$

不论是 $D_{pk} > D_{qk}$ 还是 $D_{pk} < D_{qk}$ 都是最短距离。

对于最长距离法：

$$D_{rk} = \sqrt{\frac{1}{2}D_{pk}^2 + \frac{1}{2}D_{qk}^2 - \frac{1}{2}|D_{pk}^2 - D_{qk}^2|}$$

若 $D_{pk} > D_{qk}$，

$$D_{rk} = \sqrt{\frac{1}{2}D_{pk}^2 + \frac{1}{2}D_{qk}^2 - \frac{1}{2}(D_{pk}^2 - D_{qk}^2)}$$

$$= \sqrt{D_{qk}^2} = D_{qk}$$

若 $D_{pk} < D_{qk}$，

$$D_{rk} = \sqrt{\frac{1}{2}D_{pk}^2 + \frac{1}{2}D_{qk}^2 - \frac{1}{2}(D_{qk}^2 - D_{pk}^2)}$$

$$= \sqrt{D_{pk}^2} = D_{pk}$$

不论 $D_{pk} > D_{qk}$ 还是 $D_{pk} < D_{qk}$ 都是最长距离。

其他几种距离都是 D^2 之间的关系。

表 7.2.12　系统聚类法系数的取值

	α_p	α_q	β	γ
最短距离法	$1/2$	$1/2$	0	$-1/2$
最长距离法	$1/2$	$1/2$	0	$1/2$
中间距离法	$1/2$	$1/2$	$-1/4$	0
重心法	n_p/n_r	n_q/n_r	$-\alpha_p\alpha_q$	0
类平均法	n_p/n_r	n_q/n_r	0	0
可变类平均法	$\dfrac{(1-\beta)n_p}{n_r}$	$\dfrac{(1-\beta)n_q}{n_r}$	<1	0
可变法	$\dfrac{1-\beta}{2}$	$\dfrac{1-\beta}{2}$	<1	0
离差平方和	$\dfrac{n_k+n_p}{n_k+n_r}$	$\dfrac{n_k+n_q}{n_k+n_r}$	$-\dfrac{n_k}{n_r+n_k}$	0

（二）系统聚类法的性质

表 7.2.12 所列八种系统聚类法,对解决同一问题所得到的答案并不完全一致,这就需要提出一些标准作为衡量的依据。可惜至今还没有一个很合适的标准,曾有人提出了几个衡量这些方法的尺度,可使我们加深对各种方法的了解。

(1)空间的浓缩或扩张:对比一下图 7.2.1 和图 7.2.2,图 7.2.1 的各类之间的距离一般都小于(或等于)图 7.2.2 的相应距离。这反映在横坐标上,图 7.2.1 横坐标刻度不到 4 个单位就够了,而图 7.2.2 刻度接近 10 个单位,这就是说,原来 n 类相互之间距离是固定的,通过并类,两者相比,称最短距离法比最长距离法浓缩了,或者说后者比前者扩张了。浓缩的方法不容易分辨小的类,而扩张的方法却会将细枝末节的东西都呈现出来,但同时也会干扰我们的注意力。

如果以类平均法为基础,其他方法与其相比,最短距离法和重心法使空间浓缩,最长距离法、可变类平均法和离差平方和法使空间扩张,这些结论可供我们在选择聚类方法时参考。

(2)并类距离单调性:用系统聚类法聚类,开始各样品自成一类,然后将距离最近的两类合并,这两类的距离记为 D_1,第二次合并的两类距离记为 D_2,如果 $D_1 \leqslant D_2 \leqslant D_3$ 则称并类距离具有单调性,并类距离具有单调性的方法符合系统聚类的最初想法(先亲后疏),也便于画聚类谱系图。显然,最短距离法和最长距离法具有单调性,同样可以证明类平均法的并类距离也有单调性。但是重心法不能保证距离的单调性。例如图 7.2.4 是等腰三角形,两腰各长 1.1,底边长 1。运用系统聚类法首先将 A、B 合并,并类距离 $D_1 = 1$,第二次并类距离 D_2 是 C 至 AB 中点的距离

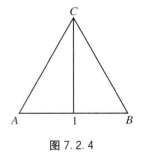

图 7.2.4

$$D_2 = \sqrt{1.1^2 - 0.5^2} = 0.98$$

$D_2 < D_1$,故不能满足单调性。

(三)类的确定

迄今为止,我们只是直观地叙述"类"这个概念,并未给出严格的定义。当然,要给各种千差万别的类下一个统一的定义是很不容易的,所以长期以来"类"这个概念常常是含糊的。拉奥(Rao)曾提出了几个定义。因为论证不是十分简单的,我们不逐一讨论。

许多人并不拘泥于完全从定义来确定类,因为那样做并不很方便,况且由于阈值 T 无法从数学上确定,因而类的定义并不唯一。多米尼克(Dominic)在研究岩相分类时曾指出,应根据研究目的来确定适当的分组方法,也曾建议下述分类的准则。

准则 A:任何类都必须在邻近各级中是突出的,即各类重心之间距离必须为极大。

准则 B:确定类中,两类包括的元素都不过分的多。

准则 C:分类的数目必须符合实用目的。

准则 D:若采用几种聚类法,则在各自的聚类图中应发现相同的类。

第三节　系统聚类法的应用

一、系统聚类法在环境质量评价中的应用

[例 7.3.1]　为了对陡河流域不同断面水污染状况进行评价,取陡河 13 个断面的水样进行化验,化验结果的标准化数据见表 7.3.1。试进行聚类并作评价。

(一)化验数据的标准化

由于化验数据量纲不同,且数据大小相差较大,需将原始数据化验按如下公式作标准化处理:

$$X_i = \frac{C_i}{S_i} \qquad\qquad X_{DO} = \frac{S_{DO}}{C_{DO}} \qquad\qquad (7.3.1)$$

式中,X_i 为某污染物的污染指数,C_i 为某污染物的实测浓度,S_i 为某污染物地面水环境质量的三级标准,X_{DO} 为溶解氧的指数,S_{DO} 为溶解氧地面水环境质量的三级标准,C_{DO}

为溶解氧的实测浓度。

因为溶解氧含量越高水质越好,所以污染指数取其倒数。污染物化验结果的标准化数据列于表 7.3.1。

表 7.3.1 陡河 13 个断面水监测值标准化结果表

污染因子	DO (溶解氧)	COD 化学耗氧量	BOD₅ 五日生化需氧量	酚	氰	悬浮物	油类	硫化物	六价铬	砷
1 水库东入口(A)	0.44	0.43	0.56	0	0	1.25	1.69	0.12	0	0
2 水库西入口(B)	0.47	0.41	0.56	0	0	1.00	2.21	0.05	0	0
3 水库中心(C)	0.48	0.43	0.58	0	0	1.13	0.84	0.02	0	0
4 陡电附近(D)	0.49	0.43	0.44	0	0	2.16	1.54	0.11	0	0
5 水库出口(E)	0.42	0.44	0.64	0	0	0.87	1.21	0.08	0	0
6 水机桥(F)	0.43	0.46	0.54	0.4	0.004	0.86	0.98	0.02	0.03	0.047
7 焦化厂(G)	0.78	2.11	5.60	223	4.75	1.15	15.54	37.69	0	0.22
8 张各庄(H)	0.67	1.15	4.70	59.5	1.03	0.58	6.83	0.08	10.12	0.11
9 电厂桥(I)	0.69	0.63	0.68	2	0.38	2.71	0.60	0.12	0.86	0.02
10 钢厂桥(J)	0.56	0.63	0.82	0.7	0.08	1.05	4.71	0.22	0.22	0.12
11 华新桥(K)	0.52	0.71	0.92	0.6	0.09	1.37	7.07	0.47	0.034	0.04
12 女织宅(L)	0.70	1.77	8.46	1.2	0.05	2.27	5.23	1.13	0	1.08
13 涧河口(M)	0.45	0.65	0.68	0	0.0004	1.13	1.25	0.26	0	0.03

(二)监测断面为样本、污染因子为变量进行聚类、评价

样本 $n=13$,$i,j=1,2,\cdots,13$;变量 $x=10$,$k=1,2,\cdots,10$。x_{ik},x_{jk} 表示不同监测断面中 DO、COD、BOD₅ 污染指标变量。

(1)聚类:采用最短距离法进行聚类,并取绝对距离。

$$d_{ij}(1)=\sum_{k=1}^{m}|x_{ik}-x_{jk}| \tag{7.3.2}$$

根据表 7.3.1 资料,计算样本 i 与样本 j 之间的绝对距离,制作 $D_{(0)}$ 表,见表 7.3.2。

表 7.3.2 监测断面为样本、污染因子为变量的 $D_{(0)}$ 表

	1	2	3	4	5	6	7	8	9	10	11	12	13	λ
1	0	0.89	1.13	1.24	1.01	1.74	286.55	81.7	6.38	5.02	7.33	17.4	1.08	0.89
2		0	1.58	2.05	1.32	1.99	286.14	80.91	7.12	4.41	7.12	17.19	1.71	0.89
3			0	1.97	0.82	1.01	287.36	82.39	5.69	5.79	8.34	18.14	1.93	0.82
4				0	1.93	2.62	287.69	82.82	5.4	6.14	8.23	16.72	2.00	1.24
5					0	0.91	287.18	81.69	6.25	5.45	8.16	18.23	0.79	0.79

续表

1	2	3	4	5	6	7	8	9	10	11	12	13	λ
6					0	287.13	81.56	5.74	5.34	8.07	18.18	1.58	0.91
7						0	226.13	286.99	282.17	279.52	278.63	286.39	226.13
8							0	80.46	76.90	75.79	79.12	81.78	75.79
9								0	8.48	11.19	18.06	5.88	6.40
10									0	3.53	13.28	4.94	3.83
11										0	13.89	7.37	8.53
12											0	17.41	13.28
13												0	0.79

表 7.3.2 中最后一列是置信水平 λ，λ 是对应该行中的最短距离。

据表 7.3.2 $D_{(0)}$ 表进行第一次并类，再计算新类与各类之间的距离进行第二次并类，直至全部并为一类为止。于是可作出以监测断面为样本、污染因子为变量的聚类图，如图 7.3.1 所示。

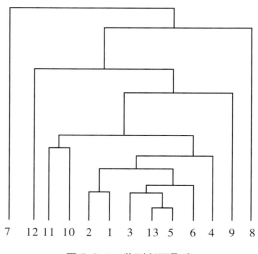

图 7.3.1 监测断面聚类

从图 7.3.1 看出，断面 5(E) 和 13(M)，1(A) 和 2(B)，10(J) 和 11(K) 污染程度相同，断面 7(G) 污染最严重。

(2)断面水质评价：根据表 7.3.1 所列污染因子监测数据标准化值，计算水质质量系数 P_i，其计算式为

$$P_i = \sum_{k=1}^{n} X_{ik} \tag{7.3.3}$$

式中，P_i 为水质质量系数，X_{ik} 为污染因子的污染指数（污染因子监测数据标准化值），n 为污染因子个数。根据表 7.3.1 数据，用式(7.3.3)计算各断面水质质量系数 P_i，将 P_i 及表 7.3.2 中 λ 值列于表 7.3.3。

表 7.3.3　监测断面水质评价的 λ 值及 P 值表

监测断面	1 (A)	2 (B)	3 (C)	4 (D)	5 (E)	6 (F)	7 (G)	8 (H)	9 (I)	10 (J)	11 (K)	12 (L)	13 (M)
λ	0.89	0.89	0.82	1.24	0.79	0.91	226.13	75.79	6.40	3.83	3.83	13.28	0.79
P	4.49	4.70	3.48	5.17	3.66	2.00	290.84	84.77	8.89	9.11	20.97	21.91	4.47

根据 λ 值与 P 值划分陡河各断面水质分级列于表 7.3.4。

表 7.3.4　陡河水质分级表

水质等级		Ⅰ	Ⅱ	Ⅲ	Ⅳ	Ⅴ
水质状况		尚清洁	轻污染	污染	重污染	严重污染
分级依据	置信水平 P 值	$\lambda \leqslant 1$ $P \leqslant 5$	$1 < \lambda \leqslant 3$ $5 < P \leqslant 9$	$3 < \lambda \leqslant 10$ $9 < P \leqslant 22$	$10 < \lambda \leqslant 50$ $22 < P \leqslant 84$	$\lambda > 50$ $P > 84$
	相对污染情况	检出值均在标准内，个别项接近标准	个别项目检出值超过标准	有两个项目检出值超过标准	相当一部分检出值超过标准	相当一部分项目检出值超过标准几倍至几十倍
	监测断面	A、B、C E、F、M	D	I、J、K	L	G、H

（三）污染因子为样本、监测断面为变量进行聚类、评价

样本 $n = 10$，$i, j = 1, 2, \cdots, 10$；变量 $x = 13$，$k = 1, 2, \cdots, 13$。x_{ik}、x_{jk} 表示不同污染物在各污染断面的污染指数。

（1）聚类：采用最短距离法进行聚类。根据表 7.3.1 数据，用绝对距离式（7.3.2）计算样本 i 与样本 j 之间的距离制作 $D_{(0)}$ 表，见表 7.3.5。

表 7.3.5　污染因子为样本、监测断面为变量的 $D_{(0)}$ 表

	一	二	三	四	五	六	七	八	九	十	λ
1	0	3.63	18.2	285.86	9.38	10.61	42.78	41.41	15.08	6.19	3.63
2		0	7.97	284.21	9.15	10.34	39.51	41.04	17.39	8.58	3.63
3			0	284.82	18.8	21.87	31.14	48.99	25.12	23.51	7.97
4				0	281.02	291.67	285.36	247.95	276.14	285.79	247.95
5					0	19.25	43.32	36.14	14.6	7.01	7.01
6						0	38.21	50.24	25.35	15.86	10.34
7							0	53.63	45.54	48.03	31.14
8								0	50.69	38.82	36.14
9									0	12.30	12.30
10										0	6.19

根据表 7.3.5 $D_{(0)}$ 表进行第一次并类，再计算新类与各类间的距离制作 $D_{(1)}$ 表进行第二次并类，直至全部并为一类为止。于是可作出以污染因子为样本、监测断面为变量的聚类图，见图 7.3.2 。

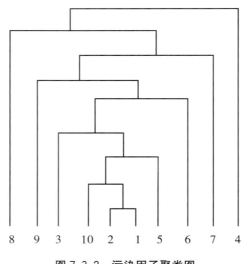

图 7.3.2 污染因子聚类图

从图 7.3.2 看出，DO(1)、COD(2)、砷(10)、氰(5)、BOD_5(3)污染程度相近，而酚(4)是最主要的污染因子。

(2)陡河水污染因子分类：根据表 7.3.1 所列污染因子监测数据标准化值，用式(7.3.3)计算 P_i 值，将 P_i 及表 7.3.5 中 λ 值列于表 7.3.6。

表 7.3.6 λ 值及 P 值表

污染物	DO (1)	COD (2)	BOD_5 (3)	酚 (4)	氰 (5)	悬浮物 (6)	油类 (7)	硫化物 (8)	六价铬 (9)	砷 (10)
λ	3.63	3.63	7.97	247.95	7.01	10.34	31.14	36.14	12.30	6.19
P	7.14	10.25	25.20	287.40	6.38	17.53	49.7	40.39	11.23	1.67

根据表 7.3.6 所列 λ 值及 P 值，制作陡河水污染因子分类表于表 7.3.7。

表 7.3.7 陡河水污染因子分类

分类		最主要	主要	较主要
分类依据	置信水平	$\lambda > 30$	$7.5 < \lambda \leqslant 30$	$\lambda \leqslant 7.5$
	P 值	$P > 40$	$11 \leqslant P \leqslant 40$	$P < 11$
		酚、硫化物、油类	六价铬、悬浮物、BOD_5	DO、COD、砷、氰化物

二、系统聚类法在土壤分类上的应用

[例 7.3.2] 在研究桦树与美国梧桐对土壤营养反应的试验中，取湖区 25 个样本，对每个样本测定 7 种变量值，即烧失量、可交换同位素磷、磷酸酶活性、可提取态铁、总磷量、总氮量和 pH 值。数据列于表 7.3.8。试进行聚类分析。

表 7.3.8　25 个湖区土壤样本的 7 种变量数值

土壤号	烧失量 （％干重）	可交换同位素 磷（Hgg-IW）	磷酸酶 活性*	可提取态铁 （mg/100 g 干重）	总磷量 （％干重）	总氮量 （％干重）	pH 值
1	15.21	70.6	467.1	1400	0.12	0.65	4.53
2	33.27	67.5	10598	480	0.15	1.19	4.90
3	68.09	1700.3	3309.7	1200	0.36	2.30	4.82
4	32.89	168.1	1392.9	2100	0.17	1.29	4.84
5	19.87	102.7	71.3	920	0.14	0.74	7.93
6	10.46	32.5	367.0	1100	0.06	0.52	3.78
7	10.56	192.9	352.4	1000	0.10	0.33	4.59
8	15.63	118.4	300.2	1900	0.11	0.61	4.16
9	11.15	101.4	308.4	1300	0.11	0.47	5.13
10	16.25	232.5	306.2	1600	0.12	0.66	4.43
11	9.94	51.4	212.3	1800	0.10	0.37	4.70
12	70.67	150.3	627.7	590	0.15	1.81	3.65
13	9.0	9.8	129.7	95	0.01	0.21	3.63
14	19.71	297.7	467.9	2200	0.08	0.63	4.04
15	26.02	83.9	618.3	2800	0.08	0.88	3.93
16	11.84	168.9	375.8	750	0.07	0.45	5.89
17	10.71	127.3	330.3	910	0.13	0.43	4.50
18	8.3	107.4	241.4	880	0.08	0.31	4.74
19	12.67	188.7	516.4	1300	0.05	0.33	4.40
20	15.92	203.6	336.9	1500	0.08	0.52	4.13
21	12.92	170.6	319.6	1600	0.06	0.44	4.05
22	7.54	52.8	315.7	890	0.05	0.28	4.70
23	21.96	104.3	578.8	1900	0.12	0.81	4.11
24	88.87	107.6	1156.8	290	0.06	1.99	3.19
25	72.19	174.7	1061.3	690	0.14	2.32	3.93
最低	7.54	9.80	71.3	95	0.01	0.21	3.19
平均	25.56	191.48	608.96	1247	0.108	0.820	4.510
最高	88.78	1700.30	3309.70	2800	0.36	2.32	7.93
标准差	23.26	321.37	553.68	644.44	0.065	0.634	0.909

　＊磷酸酶活性以每克（g）土壤的苯酚微克（μg）数表示。土重以烘干土计。

　本例采用最短距离法进行聚类。样本间的距离采用欧氏距离，其计算式为

$$d_{ij} = \left[\sum_{k=1}^{m} (x_{ik} - x_{jk})^2 \right]^{\frac{1}{2}} \tag{7.3.4}$$

　式中，d_{ij} 表示样本 i 与样本 j 间的欧氏距离。首先对表 7.3.8 数据进行标准差标

准化,然后用式(7.3.4)计算欧氏距离,计算时两者合并计算为

$$d_{12} = \left[\left(\frac{15.21-25.56}{23.26} - \frac{33.27-25.56}{23.26} \right)^2 + \cdots + \left(\frac{4.53-4.51}{0.909} - \frac{4.90-4.51}{0.909} \right)^2 \right]^{\frac{1}{2}} = 2.17$$

依次计算其他两两间的距离进行聚类,根据聚类结果作聚类图如图7.3.3所示。

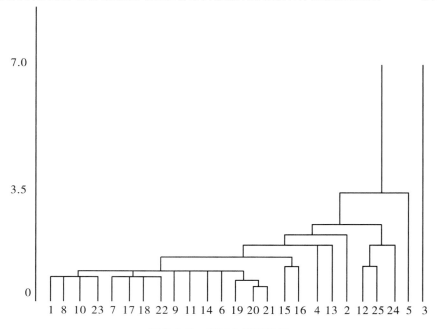

图7.3.3　湖区土壤聚类图

由图7.3.3看出,如果取 $T=3$,则湖区土壤可分为3类,即{G_3}{G_5}{其他各类};如果取 $T=2$,则湖区土壤可分为8类,即{G_3}{G_5}{G_{24}}{G_{12},G_{25}}{G_2}{G_{13}}{G_4}{其他各类};如果取 $T=1$,则湖区土壤可分为11类,即{G_3}{G_5}{G_{24}}{G_{12}}{G_{25}}{G_2}{G_{13}}{G_4}{G_{15}}{G_{16}}{其他各类}。

第四节　模糊聚类

自英国学者扎德(L. A. Zadeh)于1965提出"模糊集"(fuzzy sets)概念以来,逐步形成了模糊数学这样一个新的数学分支。模糊数学是用数学的方法来处理具有"模糊性"现象或信息的数学。这里所谓的模糊性,主要是指对客观事物差异的中间过渡中的"不分明性"。而在农业生物学的分析中,涉及许多呈连续变异的数量性状,如株高、粒重、产量等,由此得出的概念如"高矮""大小""丰歉"等表现出模糊性。十余年来,模糊数学在理论与应用方法上获得了迅速的发展,已广泛用于图像识别、聚类、自动控制、计算机应用及社会科学等各个方面。本节主要介绍模糊聚类法的基本原理及其应用。

一、模糊聚类的基本原理和方法

(一)基本原理

所谓模糊聚类,就是依据某一群元素彼此间相似的程度,运用模糊数学的语言,来表

示这群元素彼此间相似程度的相似矩阵,然后选取一定的"界限"λ,对这群元素进行归类。当λ由 1 下降到 0 时,所分的类由细变粗,逐渐归并,从而形成了一个动态的聚类图。

对于分明集有

$$f_E(X) = \begin{cases} 1 & X \in E \\ 0 & X \overline{\in} E \end{cases} \qquad (7.4.1)$$

即当 X 属于 E 的子集时,就定义为 1;当 X 不属于 E 的子集时,就定义为 0。

对于不分明集有

$$0 \leqslant f_A(X) \leqslant 1 \qquad (7.4.2)$$

即 $f_A(X)$ 可以取 0 到 1 之间任意一个实数值。

模糊数学具有特有的运用法则,如 A 和 B 均为不分明集,运用法则为

(1)交:记为 $\wedge$,$f_{A \wedge B}(X) = \min[f_A(X), f_B(X)]$ $\qquad (7.4.3)$

(2)并:记为 $\vee$,$f_{A \vee B}(X) = \max[f_A(X), f_B(X)]$ $\qquad (7.4.4)$

(3)补:记为 $\overline{A}$,$f_{\overline{A}}(X) = 1 - f_A(X)$ $\qquad (7.4.5)$

(二)模糊聚类方法

模糊聚类与系统聚类法类似,先计算相似矩阵或距离矩阵,然后将原矩阵的元素压缩到 0 至 1 之间,建立模糊矩阵,该矩阵具有自反性和对称性,一般不具有传递性。所谓传递性是甲像乙,乙像丙,则丙像甲。但实际情况往往并非如此,如爸爸与儿子相像,儿子与妈妈相像,爸爸不一定像妈妈。为了使矩阵满足传递性,就要对原矩阵进行改造,使之变成模糊等价矩阵,再取不同的"界限"λ,就可以得到不同的聚类结果,具体计算步骤如下。

(1)计算相似系数,如 X 为标准化后的数据,则相似系数的计算为

$$r'_{ij} = \frac{\sum\limits_{k=1}^{m} X_{ik} X_{jk}}{\sqrt{\sum\limits_{k=1}^{m} X_{ik}^2 \sum\limits_{k=1}^{m} X_{jk}^2}} \qquad (7.4.6)$$

这样可以建立相似矩阵 R'

$$R' = \begin{bmatrix} r'_{11} & r'_{12} & \cdots & r'_{1m} \\ r'_{21} & r'_{22} & \cdots & r'_{2m} \\ \vdots & \vdots & \vdots & \vdots \\ r'_{m1} & r'_{m2} & \cdots & r'_{mn} \end{bmatrix} \qquad (7.4.7)$$

相似系数 $|r'_{ij}| \leqslant 1$,需要进行改造。

(2)将相似系数压缩到 0 至 1 之间,可以令

$$r_{ij} = 0.50 + \frac{r'_{ij}}{2} \qquad (7.4.8)$$

这样可以有 $0 \leqslant r_{ij} \leqslant 1$,于是可建立模糊矩阵 R

$$R = \begin{bmatrix} r_{11} r_{12} & \cdots & r_{1m} \\ r_{21} r_{22} & \cdots & r_{2m} \\ \vdots & \vdots & \vdots \\ r_{m1} r_{n2} & \cdots & r_{mn} \end{bmatrix} \qquad (7.4.9)$$

（3）建立模糊等价矩阵。

上述模糊矩阵具有自反性和对称性，但一般不具有传递性，也即 $R^2 \neq R$，$R^4 \neq R^2$，$R^8 \neq R^4$ …… 这就要通过褶积将模糊矩阵改造为模糊等价矩阵，所谓矩阵的褶积和矩阵的乘积类似，只不过是将数的运算的乘与加改为交 $\wedge$ 与并 $\vee$，即

$$r_{ij} = (r_{i1} \wedge r_{1j}) \vee (r_{i2} \wedge r_{2j}) \vee \cdots \vee (r_{im} \wedge r_{mj}) \tag{7.4.10}$$

这样计算 $R^2 = R \cdot R$，$R^4 = R^2 \cdot R^2$，$R^8 = R^4 \cdot R^4$ …… 直至 $R^{2k} = R^k$。这时模糊矩阵具有传递性，满足模糊等价关系。这个矩阵记为 R^*。

（4）进行聚类。

将 r_{ij} 由大到小依次排列，从 1 开始，沿着 r_{ij} 自大到小依次取 λ 值，定义

$$r_{ij} = \begin{cases} 1 & r_{ij} \geqslant \lambda \\ 0 & r_{ij} < \lambda \end{cases} \tag{7.4.11}$$

这样可以按 λ 进行分类，其中为 1 的表示这两个样本划分为一类。因而可以得到聚类结果。也可画成树形图。

［例 7.4.1］ 现以［例 7.3.2］中 7 个样本之间的相似系数资料为例，说明其模糊聚类的具体步骤。

（1）数据经标准化计算相似矩阵 R'。

$$R' = \begin{bmatrix} 1 & -0.68 & 0.84 & 0.28 & -0.74 & -0.05 & 0.06 \\ & 1 & -0.57 & -0.76 & 0.99 & -0.19 & -0.60 \\ & & 1 & 0.20 & -0.61 & 0.56 & -0.26 \\ & & & 1 & -0.76 & -0.29 & 0.23 \\ & & & & 1 & -0.19 & 0.49 \\ & & & & & 1 & -0.14 \\ & & & & & & 1 \end{bmatrix}$$

这是对称矩阵，左下角从略。

（2）建立模糊矩阵。

据式（7.4.8）将相似系数压缩到 0 至 1 之间，即可建立模糊矩阵

$$r_{11} = 0.5 + \frac{1}{2} = 1, \quad r_{12} = 0.5 + \frac{-0.68}{2} = 0.16, \cdots$$

$$R = \begin{bmatrix} 1 & 0.16 & 0.92 & 0.64 & 0.13 & 0.48 & 0.53 \\ & 1 & 0.22 & 0.12 & 0.99 & 0.42 & 0.20 \\ & & 1 & 0.60 & 0.20 & 0.22 & 0.03 \\ & & & 1 & 0.12 & 0.65 & 0.62 \\ & & & & 1 & 0.40 & 0.20 \\ & & & & & 1 & 0.43 \\ & & & & & & 1 \end{bmatrix}$$

（3）建立模糊等价矩阵，用式（7.4.10）计算 R^*。

$$r_{ij} = (r_{i1} \wedge r_{1j}) \vee (r_{i2} \wedge r_{2j}) \vee \cdots \vee (r_{im} \wedge r_{mj})$$

$$r_{12} = (1 \wedge 0.16) \vee (0.16 \wedge 1) \vee (0.92 \wedge 0.22) \vee (0.64 \wedge 0.12)$$
$$\vee (0.13 \wedge 0.99) \vee (0.48 \wedge 0.42) \vee (0.53 \wedge 0.20)$$
$$= 0.16 \vee 0.16 \vee 0.22 \vee 0.12 \vee 0.13 \vee 0.42 \vee 0.20$$

$$=0.42$$

这样就得到 R^*、R^4、R^8，并且有 $R^8=R^4=R^*$，进而就得到了模糊等价矩阵。

$$R^8=R^4=R^*=\begin{bmatrix} 1 & 0.42 & 0.92 & 0.64 & 0.42 & 0.64 & 0.63 \\ & 1 & 0.42 & 0.42 & 0.99 & 0.42 & 0.42 \\ & & 1 & 0.64 & 0.42 & 0.64 & 0.63 \\ & & & 1 & 0.42 & 0.65 & 0.63 \\ & & & & 1 & 0.42 & 0.42 \\ & & & & & 1 & 0.63 \\ & & & & & & 1 \end{bmatrix}$$

（4）聚类，将 r_{ij} 按大小排列。

$$0.99>0.92>0.65>0.64>0.63>0.42$$

当 $\lambda=0.99$ 时，有

$$R_\lambda^*=\begin{bmatrix} 1 & 0 & 0 & 0 & 0 & 0 & 0 \\ & 1 & 0 & 0 & 1 & 0 & 0 \\ & & 1 & 0 & 0 & 0 & 0 \\ & & & 1 & 0 & 0 & 0 \\ & & & & 1 & 0 & 0 \\ & & & & & 1 & 0 \\ & & & & & & 0 \end{bmatrix}$$

即样本 2 与 5 合并为一类。

当 $\lambda=0.92$ 时，有

$$R_\lambda^*=\begin{bmatrix} 1 & 0 & 1 & 0 & 0 & 0 & 0 \\ & 1 & 0 & 0 & 1 & 0 & 0 \\ & & 1 & 0 & 0 & 0 & 0 \\ & & & 1 & 0 & 0 & 0 \\ & & & & 1 & 0 & 0 \\ & & & & & 1 & 0 \\ & & & & & & 1 \end{bmatrix}$$

即除样本 2 与 5 合并为一类外，还将样本 1 与 3 合并为一类。

当 $\lambda=0.65$ 时，有

$$R_\lambda^*=\begin{bmatrix} 1 & 0 & 1 & 0 & 0 & 0 & 0 \\ & 1 & 0 & 0 & 1 & 0 & 0 \\ & & 1 & 0 & 0 & 0 & 0 \\ & & & 1 & 0 & 1 & 0 \\ & & & & 1 & 0 & 0 \\ & & & & & 1 & 0 \\ & & & & & & 1 \end{bmatrix}$$

这次又将样本 4 与 6 合并为一类。

再取 $\lambda=0.64$，有

$$R_\lambda^* = \begin{bmatrix} 1 & 0 & 1 & 1 & 0 & 1 & 0 \\ & 1 & 0 & 0 & 1 & 0 & 0 \\ & & 1 & 1 & 0 & 1 & 0 \\ & & & 1 & 0 & 1 & 0 \\ & & & & 1 & 0 & 0 \\ & & & & & 1 & 0 \\ & & & & & & 1 \end{bmatrix}$$

这次将样本 1 与 3 和样本 4 与 6 再合并为一类,这样可分为三类{1,3,4,6}{2,5}{7}。

再取 $\lambda = 0.63$,有

$$R_\lambda^* = \begin{bmatrix} 1 & 0 & 1 & 1 & 0 & 1 & 1 \\ & 1 & 0 & 0 & 1 & 0 & 0 \\ & & 1 & 1 & 0 & 1 & 1 \\ & & & 1 & 0 & 1 & 1 \\ & & & & 1 & 0 & 0 \\ & & & & & 1 & 1 \\ & & & & & & 1 \end{bmatrix}$$

这次将样本 7 与{1,3,4,6}合并为一类。这样只有两类{1,3,4,6,7}{2,5}。

再取 $\lambda = 0.42$,有

$$R_\lambda^* = \begin{bmatrix} 1 & 1 & 1 & 1 & 1 & 1 & 1 \\ & 1 & 1 & 1 & 1 & 1 & 1 \\ & & 1 & 1 & 1 & 1 & 1 \\ & & & 1 & 1 & 1 & 1 \\ & & & & 1 & 1 & 1 \\ & & & & & 1 & 1 \\ & & & & & & 1 \end{bmatrix}$$

到此 7 个样本全部划为一类。聚类图如图 7.4.1 所示。

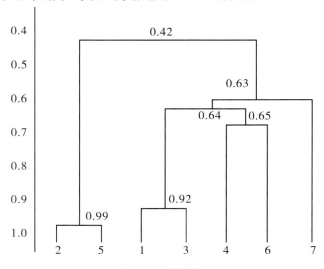

图 7.4.1 聚类图

二、模糊聚类在资源与环境方面的应用

(一)在环境质量分类中的应用

[例 7.4.2] 某单位取样进行环境污染监测,取 5 个环境单元,每个单元包括大气、水、土壤、植物等 4 个要素。环境单元的污染状况由污染物在 4 个要素中含量的超限度来描述。其污染数据列于表 7.4.1。试进行模糊聚类。

表 7.4.1 5 个环境单元的污染状况表

单元	要素			
	大气	水	土壤	植物
1	5	5	3	2
2	2	3	4	5
3	5	5	2	3
4	1	5	3	1
5	2	4	5	1

(1)建立模糊矩阵:将表 7.4.1 数据转换为 0 至 1 之间,即成为模糊矩阵。转换方法采用绝对值减数方法,转换式为

$$r_{ij}=1-C\sum_{k=1}^{m}|x_{ik}-x_{jk}| \qquad (7.4.12)$$

式中,C 本例取 0.1,其目的是使 $0 \leqslant r_{ij} \leqslant 1$。于是可建立如下模糊矩阵 R

$$R=\begin{bmatrix} 1 & 0.1 & 0.8 & 0.5 & 0.3 \\ 0.1 & 1 & 0.1 & 0.2 & 0.4 \\ 0.8 & 0.1 & 1 & 0.3 & 0.1 \\ 0.5 & 0.2 & 0.3 & 1 & 0.6 \\ 0.3 & 0.4 & 0.1 & 0.6 & 1 \end{bmatrix}$$

(2)建立模糊等价矩阵:对模糊矩阵 R 进行褶积,即用式(7.4.10)计算 r_{ij} 得 R^*,其中的元素 r_{ij} 的计算为

$$r_{12}=(r_{11} \wedge r_{12}) \vee (r_{12} \wedge r_{22}) \vee (r_{13} \wedge r_{32}) \vee (r_{14} \wedge r_{42}) \vee (r_{15} \wedge r_{52})$$
$$=(1 \wedge 0.1) \vee (0.1 \wedge 1) \vee (0.8 \wedge 0.1) \vee (0.5 \wedge 0.2) \vee (0.3 \wedge 0.4)$$
$$=0.3$$

其余 r_{ij} 计算方法相同,这样就得到矩阵 R^2,继续进行褶积,得 $R^4, \cdots, R^m$。当 $R^m \cdot R^m = R^m$ 时,就得到模糊等价矩阵 $R^*(R^m)$。本例

$$R^4 \cdot R^4 = R^4 = R^* = \begin{bmatrix} 1 & 0.4 & 0.8 & 0.5 & 0.5 \\ 0.4 & 1 & 0.4 & 0.4 & 0.4 \\ 0.8 & 0.4 & 1 & 0.5 & 0.5 \\ 0.5 & 0.4 & 0.5 & 1 & 0.6 \\ 0.5 & 0.4 & 0.4 & 0.6 & 1 \end{bmatrix}$$

(3)聚类:r_{ij} 按大小排序有 $1 > 0.8 > 0.6 > 0.5 > 0.4$,于是可按式(7.4.11)进行并类。

当 $\lambda = 1$ 时,有

$$R_\lambda^* = \begin{bmatrix} 1 & & & & \\ & 1 & & 0 & \\ & & 1 & & \\ & 0 & & 1 & \\ & & & & 1 \end{bmatrix}$$

各样本自成一类。

当 $\lambda = 0.8$ 时,有

$$R_\lambda^* = \begin{bmatrix} 1 & 0 & 1 & 0 & 0 \\ 0 & 1 & 0 & 0 & 0 \\ 1 & 0 & 1 & 0 & 0 \\ 0 & 0 & 0 & 1 & 0 \\ 0 & 0 & 0 & 0 & 1 \end{bmatrix}$$

$r_{13} = r_{31} = 1$,则 1、3 单元并为一类,共分四类,即 $\{G_1, G_3\}\{G_2\}\{G_4\}\{G_5\}$。

当 $\lambda = 0.6$ 时,有

$$R_\lambda^* = \begin{bmatrix} 1 & 0 & 1 & 0 & 0 \\ 0 & 1 & 0 & 0 & 0 \\ 1 & 0 & 1 & 0 & 0 \\ 0 & 0 & 0 & 1 & 1 \\ 0 & 0 & 0 & 1 & 1 \end{bmatrix}$$

除 1、3 两单元并为一类外,4、5 单元也并为一类,共分为三类,即 $\{G_1, G_3\}\{G_2\}\{G_4, G_5\}$。

当 $\lambda = 0.5$ 时,有

$$R_\lambda^* = \begin{bmatrix} 1 & 0 & 1 & 1 & 1 \\ 0 & 1 & 0 & 0 & 0 \\ 1 & 0 & 1 & 1 & 1 \\ 0 & 0 & 1 & 1 & 1 \\ 0 & 0 & 1 & 1 & 1 \end{bmatrix}$$

到此 1、3、4、5 四个单元合并为一类,则分为二类,即 $\{G_1, G_3, G_4, G_5\}\{G_2\}$。

当 $\lambda = 0.4$ 时,有

$$R_\lambda^* = \begin{bmatrix} 1 & 1 & 1 & 1 & 1 \\ 1 & 1 & 1 & 1 & 1 \\ 1 & 1 & 1 & 1 & 1 \\ 1 & 1 & 1 & 1 & 1 \\ 1 & 1 & 1 & 1 & 1 \end{bmatrix}$$

至此各单元全部并为一类。聚类图如图 7.4.2 所示。

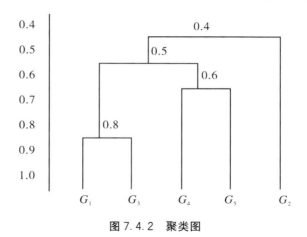

图7.4.2 聚类图

如果阈值取 0.55,则分为三类,即 $\{G_1,G_3\}\{G_4,G_5\}\{G_2\}$。

(二)在农业区划中的应用

[例7.4.3] 为了对新疆的阿勒泰、塔城、伊宁、昌吉、奇台、阿克苏、库车、喀什、和田、吐鲁番等地区进行农业区划,选取影响玉米生长的主要因子:大于或等于 10 ℃积温 x_1(全年不低于 10 ℃的月年均温度累加),无霜期天数 x_2,6—8 月年均温度 x_3,5—9 月降水量 x_4(mm),其观察结果列于表7.4.2。试采用模糊聚类进行区划。

表7.4.2 新疆各地区几种气象因子观察数据表

地区	因子			
	大于或等于 10 ℃积温	无霜期 天数	6～8 月 平均气温(℃)	5～9 月 降水量(mm)
	x_1	x_2	x_3	x_4
阿勒泰	2704.7	149	21.3	83.1
塔城	2886.2	146	20.9	119.0
伊宁	3412.1	175	21.8	139.2
昌吉	3400.2	169	23.3	98.0
奇台	3096.4	157	22.3	105.0
阿克苏	3798.2	207	22.6	42.4
库车	4283.6	227	25.3	31.2
喀什	4256.3	222	24.5	40.7
和田	4348.8	230	24.5	20.0
吐鲁番	5373.2	221	31.4	8.3
平均值 $\overline{x}_1$	3756.6	190.3	23.8	68.7
标准差(S_i)	778.1	32.6	2.9	45.7

由于因子 x_1,x_2,x_3,x_4 之间的量纲彼此不同,为了均衡它们对玉米种植的影响,需用

$$x'_{ij}=\frac{x_{ij}-\overline{x}_i}{S_i} \qquad (j=1,2,\cdots,10)$$

进行标准化，并得 x_{ij}'，仍记为 x_{ij} 得表 7.4.3。

表 7.4.3　表 7.4.2 资料标准化数据表

元素	x_1	x_2	x_3	x_4
1	−1.4	−1.3	−0.9	0.3
2	−1.1	−1.4	−1.0	1.2
3	−0.4	−0.5	−0.7	1.7
4	−0.5	−0.7	−0.2	0.6
5	−0.9	−1.0	−0.5	0.9
6	0.1	0.5	−0.4	−0.6
7	0.7	1.1	0.5	−0.9
8	0.6	1.0	0.2	−0.7
9	0.8	1.2	0.2	−1.1
10	2.1	0.9	2.6	−1.4

表 7.4.3 中的数值尚存在负号，为得到模糊相似矩阵，采用绝对差数计算各相似系数 r_{ij}，具体公式为

$$r_{ij}=\begin{cases}1 & \text{当 } i=j; i,j=1,2,\cdots,10 \\ 1-C\sum_{k=1}^{4}|x_{ik}-x_{jk}| & \text{当 } i\neq j\end{cases} \tag{7.4.13}$$

此处 C 为选取适当的常数，使 $0\leqslant r_{ij}\leqslant 1$，若选取 $C=0.08$，则得模糊相似矩阵为

$$R=\begin{bmatrix}1 & 0.888 & 0.728 & 0.800 & 0.856 & 0.624 & 0.432 & 0.486 & 0.424 & 0.128 \\ & 1 & 0.808 & 0.784 & 0.888 & 0.560 & 0.368 & 0.424 & 0.360 & 0.224 \\ & & 1 & 0.848 & 0.848 & 0.672 & 0.480 & 0.536 & 0.488 & 0.176 \\ & & & 1 & 0.896 & 0.744 & 0.584 & 0.640 & 0.576 & 0.280 \\ & & & & 1 & 0.672 & 0.480 & 0.536 & 0.472 & 0.176 \\ & & & & & 1 & 0.808 & 0.864 & 0.800 & 0.564 \\ & & & & & & 1 & 0.944 & 0.944 & 0.664 \\ & & & & & & & 1 & 0.936 & 0.442 \\ & & & & & & & & 1 & 0.656 \\ & & & & & & & & & 1\end{bmatrix}$$

$$\begin{aligned}r_{13}&=1-C\sum_{k=1}^{4}|x_{ik}-x_{jk}| \\ &=1-0.08\times(1+0.8+0.2+1.4) \\ &=1-0.08\times3.4 \\ &=0.728\end{aligned}$$

由相似矩阵 R，按 r_{ij}（列或行）从大（10 列或行）到小的顺序取最大值，依次画边，并标上边函数值，若在某一步出现回路，舍去那一边不画，直到所有的元素都连通为止，即得一颗最大树，如图 7.4.3(a)。

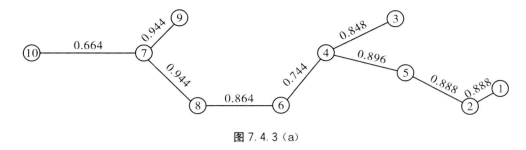

图 7.4.3（a）

下面可据此大树,选定 λ 值,确定聚类。

(1)若取 λ＝0.744,砍去图 7.4.3(a)中小于 0.744 的边,则得如图 7.4.3(b)的树形,即区域 X 被聚为{1,2,3,4,5,6,7,8,9}和{10}两类。

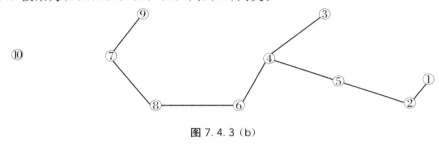

图 7.4.3（b）

(2)若取 λ＝0.848,得图 7.4.3(c),区域 X 被聚为{1,2,3,4,5}{6,7,8,9}{10}三类。

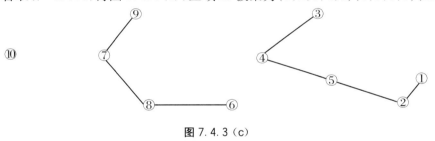

图 7.4.3（c）

(3)若取 λ＝0.864,得图 7.4.3(d),区域 X 被聚为{1,2,4,5}{6,7,8,9}{3}{10}四类。

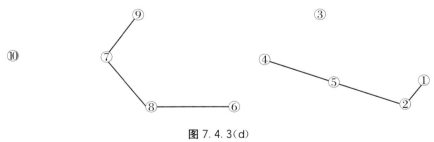

图 7.4.3（d）

(4)若取 λ＝0.888,得图 7.4.3(e),区域 X 被聚为{1,2,4,5}{7,8,9}{3}{6}{10}五类。

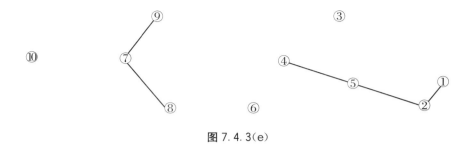

图 7.4.3(e)

(5)若取 λ=0.944 时,得图 7.4.3(f),区域 X 被聚为$\{7,8,9\}\{1\}\{2\}\{3\}\{4\}\{5\}\{6\}$ $\{10\}$八类。

图 7.4.3(f)

由以上分析,可得聚类图 7.4.4。

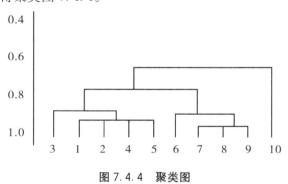

图 7.4.4 聚类图

由图 7.4.4 可知,当 λ=0.944 时,聚类过细,无实际意义;又因 0.888、0.864、 0.848 相差很小,为减少类别,便于集中管理,首先可考虑选取 λ=0.848,此时区域 X 被聚为三类,它们是$\{$阿勒泰、塔城、伊宁、昌吉、奇台$\}\{$阿克苏、库车、喀什、和田$\}\{$吐鲁 番$\}$。结果与实际系统分类完全一致。第一类为北疆地区,第二类为南疆地区,第三类 为吐鲁番地区。对各地区玉米种植规划可由各区农业气候特点而定,现分析如 表 7.4.4。

表 7.4.4 新疆农业区划聚类表

类别	类平均			
	x_1	x_2	x_3	x_4
第一类	3099.9	159.2	21.9	108.9
第二类	4171.7	221.5	24.2	33.6
第三类	5378.3	221.0	31.4	8.3

从表 7.4.4 可知,第一类地区,无霜期短,相对积温和 6—8 月平均气温偏低,降水量最大,宜春播早、中熟品种。第二类地区,相对积温高,无霜期长,6—8 月平均气温高,但降水量偏小,宜春播中、晚熟品种,夏播早熟品种,种植制度可为一年两熟或两年三熟。第三类地区,虽然热量资源丰富,但夏季温度过高,平均气温在 25 ℃ 以上,高于 30 ℃ 的天数平均在 70 天以上,局部地区温度高达 47.6 ℃,地面温度可达 80 ℃,在这样酷热的季节里,影响玉米传花授粉,果实不能饱满,不太适宜种植玉米。若再细分,取 $\lambda = 0.888$ 时,则将北疆类中的"伊宁"和南疆类中的"阿克苏"分离出来,另立一类,这样聚类比起传统按地区位置分为三类优越。

伊宁是北疆地区中积温最高、无霜期最长、降水量最多且年内分配均匀的特殊地区,气候温和湿润,水源充足,适宜发展园艺、畜牧、农业等多种经营,而农业中以种植小麦、水稻、油料、烟草为主。

阿克苏是南疆地区中积温最低、无霜期最短、降水量最多的特殊地区,以盛产大米驰名。阿克苏出产的大米,具有有机物绝对积累最高的特点,是我国优质大米之一。

吐鲁番四面环山,不受外界气候的影响,具有强烈大陆气候的特点,表现为干旱、酷热、日照长、积温高、无霜期长、热量资源丰富。吐鲁番盛产我国优质的长绒棉和驰名中外的"红星脆"哈密瓜、"无核白"葡萄等,是我国发展长绒棉种植产业的最好地区。

第五节　聚类法的讨论及注意点

本节对系统聚类法、模糊聚类法,及与模糊聚类法有关的问题略加分析,供应用时参考。

一、系统聚类法中最短距离法的使用价值

最短距离法,过去一般认为其聚类的灵敏度低于最长距离法,因而在过去的各种分类工作中最短距离法相对不如最长距离法使用得多(方开泰,1978)。后来,方开泰(1982)又指出两种方法各有优劣,并且对各种系统聚类法的比较"至今还没有提出一个很合适的标准"。聚类的概念只有用模糊数学的语言才最为自然,因为模糊聚类不但考虑了两个元素间的直接相似关系,而且考虑了这两个元素通过所有可能的其他元素造成的间接相似关系,但系统聚类方法则只是着眼于两个元素间直接相似关系进行分类,所得分类结果只是模糊聚类的近似结果。由此认为,最短距离法的聚类结果较靠近模糊聚类结果,因此可能比最长距离法更为合理。

二、隶属函数的计算与模糊聚类分析的关系

模糊数学为打破普通集合论中元素对集合的绝对隶属关系,在绝对的"属于"和"不属于"之间,考虑其中间的状况,提出了隶属程度的思想,这正是模糊数学研究的出发点。扎德(Zadeh)正是把 $U_A(x)$ 的取值范围扩展成闭区间 $[0,1]$,用无限多值性的连续逻辑代替了二值的布尔逻辑,从而能有效地表现一些原来数学难以精确表现的事物或概念。因此,隶属函数的建立是否比较准确地反映了模糊概念的客观性,是模糊数学运用效果好坏的关键。但正是这个问题,由于研究对象的千差万别和模糊数学的发展还没有达到完善的地步,迄今为止,还没有一个统一的完满的解决途径。在任平(1984)的文章中,把这

一问题列为模糊数学发展中存在的第一个问题,正反映了这样的客观情况。这就是我们在运用模糊数学的各种分析方法特别是引进植物育种领域时格外小心,不能简单照搬的重要原因之一。

三、模糊聚类分析与主成分遗传聚类的关系

遗传聚类在植物育种中应用已有 30 多年了,其客观性在实践中已初步得到检验和承认,但随着模糊数学的问世,特别是模糊数学在从自然科学到社会科学的众多领域中的应用所取得的成就,吸引着一些研究工作者将其中一些分析手段,如模糊聚类分析引入作物遗传育种领域,并试图借此重新审查以前使用较多的遗传聚类方法。但是,在将模糊聚类应用于植物材料分类工作的初期,由于对新引进学科的认识不够深入,有全然照搬数学新方法而忽视专业学科特点的倾向,因而难以得到符合实际的结论。如在本章第四节中所述,在对隶属函数的意义和计算作分析之前,照搬现成的模糊聚类分析方法,得出模糊聚类与遗传聚类分析不一致的结论,并据此以前者否认后者。当比较了两种方法的异同,按新的方案进行模糊聚类分析后,得到的结果没有否定一直学用的遗传聚类分析,而是对后者在聚类方法上的一个补充。

杨义群(1986 年)指出,模糊聚类与图论法中的最大树或最小树法以及系统聚类法中的最短距离法都是等价的。并提出在进行聚类时,不仅应根据聚类的目的,选择合适的因子,而且应根据各因子对于该目的的重要性确定相应的权重,但在实际应用中这些权重的确定比较困难。

练习题

1. 聚类分析时,为何要进行数据转换? 转换方法有哪些?

2. 什么是聚类统计量? 聚类统计量有哪些?

3. 什么是距离? 其特性有哪些? 常用的距离有哪些?

4. 什么是相似系数? 其特性有哪些? 常用的相似系数有哪些?

5. 什么是系统聚类? 最短距离法与最长距离法有哪些异同?

6. 什么是模糊聚类?

7. 有 6 个样本,它们的值分别为 2、3、4、6、9、10,请用欧氏距离计算聚类统计量,采用系统聚类的最短距离法和最长距离法进行聚类。

8. 为了研究土壤污染状况,采集 6 个土样测定其中 2 个污染物含量,以超标描述,结果如下表。试采用系统聚类的最长距离法和最短距离法进行聚类。

土壤污染物测定结果表

x_i	1	2	3	4	5	6
x_1	−1	6	−3	7	4	3
x_2	5	9	5	10	2	1

9. 某作物有 5 个亲本(品种),根据对亲本 7 个性状指标的基因型值进行分析,得出 3 个主成分值如下表。请采用系统聚类的最短距离法和类平均法对亲本进行分类。

供试亲本的 3 个主成分值

亲本号	1	2	3	4	5
产量因子	0.51	0.30	−0.50	1.30	0.94
高矮因子	0.35	0.42	0.08	−0.70	0.50
早晚熟因子	0.84	0.64	0.40	−0.32	−0.24

10. 测定某市郊 5 个土样的重金属含量,其含量以超标限度来描述,它们的污染数据如下表。请采用模糊聚类法对 5 个土壤的污染程度进行分类。

5 个土壤金属污染数据

土壤号	1	2	3	4	5
Cu	3	4	2	2	1
Hg	6	3	6	1	2
Pb	6	2	6	5	4
Cd	2	5	3	1	1

第八章　环境数据的判别分析

判别分析是根据观测到的一些数量特征,客观地判断事物属于何种类型的一种分析方法,又称为统计分辨法。在环境研究、环境管理中判别分析应用相当广泛。例如,在环境预测中,可根据前期环境要素变化特征判断后期出现何种环境现象;在环境分析中,可根据一些环境指标的表征对环境作客观分析,判断某地区属于何种类型;在环境管理中,可根据地区的水质、空气等等级的不同进行环境等级评比;等等。

判别分析方法很多,内容十分丰富。但总的来说,如果判别对象只有两种可能的结局,则称为二级判别;若判别对象有两种以上的结局,则称为多级判别。对于二级判别可以采用 Fisher 二类判别法;对于多级判别则宜采用距离判别法、贝叶斯(Bayes)判别法、逐步判别法等。本章只介绍一些常用的判别分析方法。

第一节　Fisher 二类判别分析

一、Fisher 二类判别分析的原理

Fisher 准则的思想是:要使得总体 μ_1 与 μ_2 间距离(即两个总体变量的平均值之差)尽可能地大,而同时使各总体内方差 σ_1^2 与 σ_2^2 尽可能地小,即在

$$I = \frac{\mu_1 - \mu_2}{\sigma_1^2 - \sigma_2^2} \tag{8.1.1}$$

为极大的条件下,求得判别函数 $H(x)$。这是判别分析历史中最老的准则。

如果选择两个因子预报某交通点 NO_x 浓度超标与否,那么超标时出现的 x_1、x_2 是一种数值范围,超标前 x_1、x_2 数值就必然出现在另一范围内。预报因子越可靠,其超标与不超标的出现范围就越明显。为了考虑 x_1、x_2 两者的综合影响,可用一种简单线性组合形式将 x_1、x_2 组合起来,即

$$y = c_1 x_1 + c_2 x_2 \tag{8.1.2}$$

如果将历史资料代入式(8.1.2),则超标时得到一系列 $y_i^{(A)}$,不超标时得到一系列 $y_i^{(B)}$,$y_i^{(A)}$ 与 $y_i^{(B)}$ 之间存在着一个界限 y_c,当 $y > y_c$ 时不超标,$y \leqslant y_c$ 时超标(或者反之)。y_c 称为判别指标,y 称为判别函数,c_1,c_2 称为判别系数,式(8.1.2)则称为判别方程。

推而广之,若多个因子 $x_1, x_2, \cdots, x_p$,也可以构造一个判别函数

$$y = c_1 x_1 + c_2 x_2 + \cdots + c_p x_p \tag{8.1.3}$$

找出一个 y_c 来区分超标与不超标(两种类型),于是,$c_1, c_2, \cdots, c_p$ 的确定是解决这个方程的关键问题了,决定 $c_1, c_2, \cdots, c_p$ 的原则就是要使超标的 $y_i^{(A)}$ 与不超标的 $y_i^{(B)}$ 的平均值相差越大越好,而 $y_i^{(A)}$ 与 $y_i^{(B)}$ 对其本类中的离散程度(σ_1^2、σ_2^2)越小越好。

二、Fisher 二类判别分析的步骤

设某一环境系统是由 p 个因子(变量)促成,现有两类样本,属于第一类的有 n 个,属于第二类的有 m 个,它们可以写成如下数据矩阵

$$X^{(1)} = (X_{ij}^{(1)})_{n \times p} \tag{8.1.4}$$

$$X^{(2)} = (X_{ij}^{(2)})_{m \times p} \tag{8.1.5}$$

现有某一未知样本 $x^{(0)} = (x_{01}, x_{02}, \cdots, x_{0p})$,其属于 $X^{(1)}$ 还是 $X^{(2)}$,判别分析与方法如下。

1. 分别计算各因子的平均值及均值差

第 j 因子的平均值分别为

$$\overline{x}_j^{(1)} = \frac{1}{n} \sum_{i=1}^{n} x_{ij}^{(1)} \tag{8.1.6}$$

$$\overline{x}_j^{(2)} = \frac{1}{m} \sum_{i=1}^{m} x_{ij}^{(2)} \tag{8.1.7}$$

第 j 因子的均值差为

$$d_j = \overline{x}_j^{(1)} - \overline{x}_j^{(2)} \tag{8.1.8}$$

2. 计算"泛协方差阵"

将二类样本[共 $(n+m)$ 个]的变量协方差阵记为"泛协方差阵 V",有

$$V = (v_{ij})_{p \times p} \tag{8.1.9}$$

式中,元素 v_{ij} 定义为变量 i 与 j 的泛协方差系数,有

$$v_{ij} = \frac{1}{n} \sum_{k=1}^{n} \left[(x_{ki}^{(1)} - \overline{x}_i^{(1)})(x_{kj}^{(1)} - \overline{x}_j^{(1)}) \right] + \frac{1}{m} \sum_{k=1}^{m} \left[(x_{ki}^{(2)} - \overline{x}_i^{(2)})(x_{kj}^{(2)} - \overline{x}_j^{(2)}) \right]$$

$$\tag{8.1.10}$$

3. 计算判别系数,确定判别方程

令

$$C = (c_1, c_2, \cdots, c_p)' \tag{8.1.11}$$

$$D = (d_1, d_2, \cdots, d_p)' \tag{8.1.12}$$

式中,c_j 为第 j 个变量的判别系数,d_j 为第 j 个变量的均值差,有

$$VC = D \tag{8.1.13}$$

所以判别系数为

$$C = V^{-1} D \tag{8.1.14}$$

则判别方程为

$$y = c_1 x_1 + c_2 x_2 + \cdots + c_p x_p \tag{8.1.15}$$

4. 计算判别函数界限值 y^*

分别计算两类平均函数值,即

$$y^{(1)} = c_1 x_1^{(1)} + c_2 x_2^{(1)} + \cdots + c_p x_p^{(1)} \tag{8.1.16}$$

$$y^{(2)} = c_1 x_1^{(2)} + c_2 x_2^{(2)} + \cdots + c_p x_p^{(2)} \tag{8.1.17}$$

则判别函数界限值可用其加权平均值来表示,即

$$y^* = \frac{n y^{(1)} + m y^{(2)}}{n + m} \tag{8.1.18}$$

5. 未知样本的判别

先计算未知样本的判别函数值 y_0，即

$$y_0 = c_1 x_{01} + c_2 x_{02} + \cdots + c_p x_{0p} \qquad (8.1.19)$$

然后对照表 8.1.1 确定未知样本的归属。

表 8.1.1 Fisher 二类判别分析

	$y_0 > y^*$	$y_0 \leqslant y^*$
$y^{(1)} > y^{(2)}$	$X^{(0)} \in X^{(1)}$	$X^{(0)} \in X^{(2)}$
$y^{(1)} < y^{(2)}$	$X^{(0)} \in X^{(2)}$	$X^{(0)} \in X^{(1)}$

三、Fisher 二类判别分析应用实例

[例 8.1.1] 为了解某河流 As、Pb 污染状况，分别在甲、乙两地监测，采样分析得水中的 As、Pb 浓度与底泥中的 As、Pb 浓度。现有两个未知样品 A、B，相应的监测数据一并列入表 8.1.2。试判断两个未知样品是从甲、乙两区域中的哪一个采得的。

表 8.1.2 河流 As、Pb 污染监测值

地区	样本序号	水中 As 浓度/(mg/L)	泥中 As 浓度/(mg/kg)	水中 Pb 浓度/(mg/L)	泥中 Pb 浓度/(mg/kg)
甲地	1	2.79	13.85	7.80	49.60
	2	4.67	22.31	12.31	47.80
	3	4.63	28.82	16.18	62.55
	4	3.54	15.29	7.58	43.20
	5	4.90	28.29	16.12	58.70
乙地	1	1.06	2.18	1.22	20.60
	2	0.80	3.85	4.06	47.10
	3	0	11.40	3.50	0
	4	2.42	3.66	2.14	15.00
样品 A		2.40	7.90	4.30	33.20
样品 B		5.10	12.40	4.43	24.60

设甲地为第一类，记为 $X^{(1)}$；乙地为第二类，记为 $X^{(2)}$；水中 As、泥中 As、水中 Pb、泥中 Pb 分别为 x_1, x_2, x_3, x_4；则甲地样本数为 $n=5$，乙地样本数 $m=4$；变量数 $p=4$。

(1)计算各因子的平均值及均值差。

按式(8.1.6)、式(8.1.7)、式(8.1.8)，有

P	1	2	3	4
平均值 $\overline{x}_j^{(1)}$	4.1060	21.7120	11.9980	52.3700
平均值 $\overline{x}_j^{(2)}$	1.0700	5.2725	2.7300	20.6750
均值差 d	3.0360	16.4395	9.2680	31.6150

(2)计算变量的泛协方差阵V。

按式(8.1.10),有

$$V = \begin{bmatrix} 1.4152 & 2.5736 & 2.2430 & 5.1135 \\ 2.5736 & 52.3743 & 25.7926 & -0.9053 \\ 2.2430 & 25.7926 & 15.5914 & 29.2133 \\ 5.1135 & -0.9053 & 29.2133 & 339.1500 \end{bmatrix}$$

(3)计算判断系数C及确定判别方程。

记$C = (c_1, c_2, c_3, c_4)'$,因

$$D = (3.0360, 16.4395, 9.2680, 31.6150)$$

则判别系数为

$$C = V^{-1}D = (16.4879, 16.6503, -34.7347, 2.8789)'$$

判别方程为

$$y = 16.4879x_1 + 16.6503x_2 - 34.7347x_3 + 2.8789x_4$$

(4)计算判别函数界限值。

分别将$\overline{x}_j^{(1)}$、$\overline{x}_j^{(2)}$代入上述判别方程,得

$$y^{(1)} = 163.2317, \quad y^{(2)} = 70.1263$$

则判别函数的界限值y^*为

$$y^* = \frac{5 \times 163.2317 + 4 \times 70.1263}{5 + 4} = 121.8515$$

(5)未知样品的判别。

分别将样品 A、B 的监测值代入判别方程,求得判别函数值为

$$y_A = 117.3286, \qquad y_B = 207.4982$$

由于$y^{(1)} > y^{(2)}$,且$y_A < y^*$,$y_B > y^*$,故

$$X^{(A)} \in X^{(2)}, X^{(B)} \in X^{(1)}$$

即样品 A 很可能来自乙地,样品 B 很可能来自甲地。

第二节　贝叶斯(Bayes)判别分析

应用贝叶斯准则进行多级判别,它的原理与前述判别方法不同,它是用后验概率大小进行判别,即以划归某类概率最大或错分损失最小的原则进行判别。

一、贝叶斯准则

设有两类总体 A 和 B,若从它们有关的变量$\{X\}$中随机地抽取一个体 X,它来自 A 的可能性为$q_1 = p_A$,来自 B 的可能性为$q_1 = p_B$,这些概率称为先验概率。同样,我们把在已知总体 A、B 条件下观测到个体 X 的概率称为条件概率$P(X/A)$或$P(X/B)$,把已知个体出现的条件并知它来自总体 A 或 B 时的概率称为后验概率:$P(A/X)$或$P(B/X)$。

此时贝叶斯公式为

$$P(A/X) = \frac{P_A \cdot P(X/A)}{P_A \cdot P(X/A) + P_B \cdot P(X/B)}$$

$$P(B/X) = \frac{P_B \cdot P(X/B)}{P_A \cdot P(X/A) + P_B \cdot P(X/B)} \tag{8.2.1}$$

对任一个体 X，若 $P(A/X) \geqslant P(B/X)$，则个体 X 属于总体 A；反之，若 $P(A/X) <$ $P(B/X)$，则个体 X 属于总体 B。

如设 A 类与 B 类的分布密度为 $f_A(x)$ 和 $f_B(x)$，当总体 A、B 为多元正态时，上式中 $P(X/A)$、$P(X/B)$ 可用概率密度 $f_A(x)$ 和 $f_B(x)$ 代替，即

$$P(A/X) = \frac{P_A \cdot f_A(x)}{P_A \cdot f_A(x) + P_B \cdot f_B(x)}$$

$$P(B/X) = \frac{P_B \cdot f_B(x)}{P_A \cdot f_A(x) + P_B \cdot f_B(x)} \tag{8.2.2}$$

当 $P(A/X) \geqslant P(B/X)$，有 $\dfrac{P_A \cdot f_A(x)}{P_B \cdot f_B(x)} \geqslant 1$，个体 X 划归 A 总体；反之，$\dfrac{P_A \cdot f_A(x)}{P_B \cdot f_B(x)} < 1$，个体 X 划归 B 总体。

当然，若要判明个体来自哪个总体，在判别过程中总不免要产生错误，而我们希望判错的机会最小。

X 实属于 A 而错判为 B 的概率为

$$P(B/A) = \int_{R_B} f_A(x)\mathrm{d}x \tag{8.2.3}$$

同理 X 实属于 B 而错判为 A 的概率为

$$P(A/B) = \int_{R_B} f_B(x)\mathrm{d}x \tag{8.2.4}$$

显然发生错判的全部可能性为

$$P_A \cdot P(B/A) + P_B \cdot P(A/B) \tag{8.2.5}$$

希望能判错的机会为最小，实际上就是希望上式达到最小值。

同样，对于 M 类总体 $B_1, B_2, \cdots, B_M$，每个总体均是 P 维，且具有分布 $f_1(x)$，$f_2(x), \cdots, f_M(x)$。任取一个体（样品）X，它属于 B_k 的先验概率为 $P_k(k=1,2,\cdots,M)$。其实属于 B_k 类而错分为 B_h 类的概率为

$$P(h/k) = \int_{R_k} f_h(x)\mathrm{d}x \qquad (h,k=1,2,\cdots,M) \tag{8.2.6}$$

则总的错分率为

$$\sum_{k=1}^{m} P_k \sum_{\substack{k=1 \\ h \neq k}}^{m} P(h/k) \tag{8.2.7}$$

所谓贝叶斯准则，就是使式（8.2.7）有最小值。而满足上述准则的解就称为贝叶斯的解。若令函数

$$E_k(x) = \sum_{\substack{k=1 \\ h \neq k}}^{m} P_h f_k(x) \qquad (k=1,2,\cdots,M) \tag{8.2.8}$$

则 $\qquad E_k^*(x) = \min_{1 \leqslant k \leqslant M}\{E_k(x)\} \tag{8.2.9}$

就是满足贝叶斯准则的一个解，由于式（8.2.8）中 $E_k(x)$ 表示将 X 归入 B_k 类分错的可能性大小，因此，当找到某一 k^* 使式（8.2.9）成立时，我们就可将 X 归入分错可能性最小的 B_k 类。

由式（8.2.8），可得

$$E_k(x) = \sum_{\substack{k=1 \\ h \neq k}}^{m} P_h f_k(x) = \sum_{\substack{k=1 \\ h \neq k}}^{m} [P_h f_h(x) - P_k f_k(x)]$$

$$= 1 - P_k f_k(x) \tag{8.2.10}$$

若 $E_k(x)$ 极小,则要求 $P_k f_k(x)$ 极大。

可以证明,当总体是 P 维正态分布时,第 k 个总体分布密度函数为

$$f_k(x) = \frac{|\sum^{-1}|^{\frac{1}{2}}}{(2\pi)^{\frac{n}{2}}} \exp\left[-\frac{1}{2}(x-\mu_k)'\sum^{-1}(X-\mu_k)\right] \qquad (8.2.11)$$

式中,$\sum$ 是总体协方差矩阵,$\sum^{-1}$ 是它的逆矩阵,μ_k 是第 k 个总体均值向量,X 为样品(如前述个体)向量。当先验概率 P_k、μ_k、$\sum$ 均已知时,可建立判别函数

$$y_k(x) = c_{0k} + c_{1k}x_1 + c_{2k}x_2 + \cdots + c_{pk}x_p + \ln P_k$$
$$(k=1,2,\cdots,M) \qquad (8.2.12)$$

式中,$c_{ik}(i=1,2,\cdots,p)$ 称为判别系数,c_{0k} 为常数项。这样可得如下样品归属判断准则:

设 $B_k \sim N(\mu_k, \sum)$,把样品观测值代入式(8.2.12)得到 p 个 $y_k(x)$ 值。若是最大者为 $y_k(x)$,则样品归属于 B_k 类。类似于二级判别,利用后验概率公式,有

$$P_k(B_k/x) = \frac{P_k e^{y_k(x)}}{\sum\limits_{j=1}^{M} P_j e_j^{y(x)}} \qquad (k=1,2,\cdots,M) \qquad (8.2.13)$$

当取 $P_k(k=1,2,\cdots,M)$ 相等时,有

$$P_k(B_k/x) = \frac{e^{y_k(x)}}{\sum\limits_{j=1}^{M} e_j^{y(x)}} \qquad (k=1,2,\cdots,M) \qquad (8.2.14)$$

对于 k 个 P_k 值,若最大者为 P_k,则样品归属于 B_k 类。

在实际问题中,μ_k 和 $\sum$ 往往是未知的,多以样本均值 $\overline{x}_k$ 和样本协方差矩阵 L 作为 μ_k、$\sum$ 的估计值,并常令 $P_1 = P_2 = \cdots = P_k = 1$,所以判别函数为

$$y_k(x) = c_{0k} + c_{1k}x_1 + \cdots + c_{pk}x_p \qquad (k=1,2,\cdots,M) \qquad (8.2.15)$$

二、贝叶斯判别分析的步骤

为了求判别函数式(8.2.15),必须事先知道各类总体的分布密度 $f_k(x)(k=1, 2,\cdots,M)$,以及来自各类总体的先验概率 $p_k(k=1,2,\cdots,M)$。当样品足够多时,各类总体均将渐趋于正态分布,而 p_k 则认为等概率。

(一)求类内变量均值、协方差矩阵

现有样本

$$x_k = \begin{bmatrix} x_{1k1} & x_{2k1} & \cdots & x_{nk1} \\ x_{1k2} & x_{2k2} & \cdots & x_{nk2} \\ \vdots & \vdots & \ddots & \vdots \\ x_{1kp} & x_{2kp} & \cdots & x_{nkp} \end{bmatrix} \qquad (8.2.16)$$
$$(k=1,2,\cdots,M)$$
$$(n_1 + n_2 + \cdots + n_M = n)$$

式中,k 为分类序号,n_k 为第 k 类样本容量,n 为总样本容量,p 为判别因子数,相应的样本均值向量为

$$\overline{x}_k = \begin{bmatrix} \overline{x}_1^{(k)} \\ \overline{x}_2^{(k)} \\ \vdots \\ \overline{x}_p^{(k)} \end{bmatrix} \qquad (k=1,2,\cdots,M) \tag{8.2.17}$$

其中 $\overline{x}_i^{(k)} = \dfrac{1}{n_k} \sum\limits_{h=1}^{n_k} x_{hi}^{(k)}$ $\qquad (i=1,2,\cdots,p)$

样本协方差矩阵为

$$L = (l_{ij}) = \begin{bmatrix} l_{11} & l_{12} & \cdots & l_{1p} \\ l_{21} & l_{22} & \cdots & l_{2p} \\ \vdots & \vdots & \ddots & \vdots \\ l_{p1} & l_{p2} & \cdots & l_{pp} \end{bmatrix} \tag{8.2.18}$$

其中矩阵元素

$$l_{ij} = \frac{1}{n-k} \sum_{k=1}^{M} \sum_{h=1}^{n_k} (x_{hi}^{(k)} - x_i^{(k)})(x_{hj}^{(k)} - x_j^{(k)})$$
$$(i,j=1,2,\cdots,p)$$

此时,样本协方差阵的逆矩阵 L^{-1},可写为

$$L^{-1} = (l_{ij}^{-1}) = \begin{bmatrix} l_{11} & l_{12} & \cdots & l_{1p} \\ l_{21} & l_{22} & \cdots & l_{2p} \\ \vdots & \vdots & \ddots & \vdots \\ l_{p1} & l_{p2} & \cdots & l_{pp} \end{bmatrix} \tag{8.2.19}$$

(二)求判别系数 c_{ik} 和常数项 c_{0k}

由式(8.2.19)有

$$c_{ik} = \sum_{j=1}^{p} l_{ij} \overline{x}_{jk} \qquad (i=1,2,\cdots,p) \tag{8.2.20}$$
$$(k=1,2,\cdots,M)$$

$$c_{0k} = \frac{1}{2} \sum_{j=1}^{p} c_{jk} \overline{x}_{jk} \qquad (k=1,2,\cdots,M) \tag{8.2.21}$$

(三)判别分析

把上两式求得的判别系数 c_{ik} 和常数项 c_{0k} 代入式(8.2.12),得到判别函数 $y_k(k=1,2,\cdots,M)$。此时将未分类的一组 x 值代入式(8.2.12),可求得 $y_k(k=1,2,\cdots,M)$,并利用后验概率式(8.2.14)判定它属于哪类总体。

通常在求 $y_k(x)(k=1,2,\cdots,M)$ 时,式中 P_k 多以 k 类样品所占百分比多少取值或予以等值。

为考察所采用的 p 个判别变量是否确能用以区别这 k 类样品,采用广义的马哈拉诺比斯统计量 D^2 来检验。

$$D^2 = \sum_{i=1}^{p} \sum_{e=1}^{p} \sum_{j=1}^{M} n_j l_{ie}^{-1} (\overline{x}_{ij} - \overline{x}_i)(\overline{x}_{ej} - \overline{x}_e) \tag{8.2.22}$$

式中,$\overline{x}_i$ 为第 i 个变量的总均值,$\overline{x}_{ij}$ 为第 i 个变量第 j 个总体样本均值,l_{ie}^{-1} 是样本协方差阵的逆矩阵 L^{-1} 中的元素,n_j 是第 j 个总体的样品数。

统计量 D^2 遵从自由度为 $p(M-1)$ 的 x^2 分布,当计算得出的 D^2 大于查表得出的临界值时,这 p 个变量能用以鉴别这类样品,否则应另换判别变量。

三、贝叶斯判别效果的检验

多级判别效果检验多采用威尔克斯(Wilks)准则。利用统计量 F 来检验各类间均值是否相等。为此可建立原假设 $H_0：u_1=u_2=\cdots=u_M$。由方差分析原理,我们首先计算组内离差矩阵 $W=(\omega_{ij})$ 和组间离差矩阵 $Q=(q_{ij})$,其中

$$\left.\begin{aligned} w_{ij}&=\sum_{k=1}^{M}\sum_{h=1}^{n_k}\left[(x_{hi}^{(k)}-\overline{x}_i^{(k)})(x_{kj}^{(k)}-\overline{x}_j^{(k)})\right]\\ q_{ij}&=\sum_{k=1}^{M}n_k\left[(\overline{x}_i^{(k)}-\overline{x}_i)(\overline{x}_j^{(k)}-\overline{x}_j)\right] \end{aligned}\right\} \tag{8.2.23}$$

$$(i,j=1,2,\cdots,M)$$

而 $\overline{x}_i=\dfrac{1}{n}\sum_{k=1}^{M}\sum_{h=1}^{n_k}x_{hi}^{(k)}=\dfrac{1}{n}\sum_{k=1}^{M}\left[n_k \cdot \overline{x}_i^{(k)}\right]$ \hfill (8.2.24)

$$\overline{x}_i^{(k)}=\frac{1}{n_k}\sum_{k=1}^{nk}x_{hi}^k \qquad (i=1,2,\cdots,M)$$

由方差分析知,总离差矩阵为

$$T=W+Q \tag{8.2.25}$$

引进统计量

$$U=\frac{|W|}{|T|}=\frac{|W|}{|W+Q|} \tag{8.2.26}$$

其中 $|W|$ 与 $|T|$ 分别为相应的行列式,当足够大时,有近似式

$$-\left[(n-1)-\frac{1}{2}(p+k)\right]\ln U\sim x^2\left[p(k+1)\right] \tag{8.2.27}$$

显而易见,U 值越小,M 类总体之间的差异越大,则有利于分类,但由于 U 统计量计算复杂,在实际应用中,常用罗提出的近似式作检验,它服从自由度为 $P(M-1)$ 和 H 的 F 分布。

$$F=\frac{(1-U^{1/b})/p(M-1)}{U^{1/b}/H} \tag{8.2.28}$$

式中 $$H=lb-\frac{p(M-1)}{2}+1$$

$$l=n-1-\frac{p+M}{2}$$

$$b\begin{cases} \sqrt{\dfrac{[p(M-1)]^2-4}{p^2+(M-1)^2-5}} & [当\ p^2+(M-1)^2-5\neq 0]\\ 1 & [当\ p^2+(M-1)^2-5=0] \end{cases}$$

由式(8.2.28)可见,若

F 实$>F$ 临,拒绝 H_0,说明分类效果好;

F 实$<F$ 临,接受 H_0,说明分类效果差。

在此,需指出一点:统计量 U 称为 wilks 量,式(8.2.26)就称为 wilks 准则。

四、贝叶斯判别分析应用实例

贝叶斯进行多级判别可以用于环境区域的划分、技术人员技术等级的区别。为此，我们举出一例，以做贝叶斯多级判别分析的过程说明。

[例 8.2.1] 为了解耕地土壤的污染状况与水平，我们从 3 块由不同水质灌溉的农田里各取 12 个样品，每个样品均作土壤中铜、镉、砷、氟、锌、汞、硫化物等 7 个变量的浓度分析。

原始数据见表 8.2.1，试应用贝叶斯多级判别法对这 3 组已知样品根据污染水平重新分组，并确定 3 个待判样品所属组别。

表 8.2.1　原始数据

组号	序号	x_1	x_2	x_3	x_4	x_5	x_6	x_7
第1组	1	11.853	0.480	14.360	25.210	25.210	0.810	0.980
	2	45.596	0.526	13.850	24.040	26.010	0.910	0.960
	3	3.525	0.086	24.400	49.300	11.300	6.820	0.850
	4	3.681	0.327	13.570	25.120	26.000	0.820	1.010
	5	48.287	0.386	14.500	25.900	23.320	2.180	0.930
	6	254.643	0.430	14.500	24.700	25.410	0.410	0.960
	7	17.956	0.280	9.750	17.050	37.200	0.464	0.980
	8	7.370	0.506	13.600	34.210	10.690	8.800	0.560
	9	310.748	0.493	10.940	18.310	33.680	0.667	0.940
	10	314.152	0.191	14.650	24.500	24.720	0.672	0.930
	11	183.010	0.296	8.750	14.920	42.250	0.274	0.970
	12	6.742	0.190	5.930	12.010	57.950	0.990	1.070
第2组	1	4.741	0.140	6.900	15.700	39.200	3.240	0.950
	2	4.223	0.340	3.800	7.100	88.200	1.110	0.970
	3	6.442	0.190	4.700	9.100	23.200	0.740	1.080
	4	16.234	0.390	3.400	5.400	121.500	0.420	1.000
	5	10.585	0.420	2.400	4.700	135.600	0.870	0.980
	6	39.416	0.320	2.800	5.100	129.300	0.450	1.010
	7	37.228	0.260	3.000	5.600	115.600	0.900	1.000
	8	23.535	0.230	2.600	4.600	141.800	0.310	1.020
	9	5.398	0.120	2.800	6.200	111.200	1.140	1.070
	10	92.589	0.260	2.700	4.800	135.600	0.260	1.000
	11	145.228	0.300	2.700	4.700	135.400	0.240	0.990
	12	43.865	0.200	2.300	4.000	161.600	0.270	1.010

续表

组号	序号	x_1	x_2	x_3	x_4	x_5	x_6	x_7
	1	48.621	0.082	2.057	3.847	170.150	0.940	1.000
	2	288.140	0.148	1.763	2.968	215.860	0.140	0.980
	3	316.604	0.317	1.453	2.432	263.410	0.249	0.980
	4	307.310	0.173	1.627	2.729	235.700	0.214	0.990
	5	82.170	0.105	1.217	2.188	297.790	0.330	1.000
第3组	6	322.515	0.312	1.382	2.320	282.210	0.024	1.000
	7	31.409	0.145	0.859	1.567	407.340	0.726	0.980
	8	78.938	0.033	0.970	1.687	382.500	0.244	0.990
	9	106.281	0.053	0.941	1.658	391.050	0270	1.000
	10	256.580	0.297	0.899	1.476	410.300	0.239	0.930
	11	304.092	0.283	0.789	1.357	483.360	0.193	1.010
	12	240.446	0.042	0.741	1.266	5.008	0.290	0.990
待判样品	1	3.777	0.870	15.400	28.200	7.600	0.400	0.770
	2	62.856	0.340	5.200	9.000	72.200	0.500	0.990
	3	3.299	0.180	3.000	5.200	103.500	2.670	0.820

（1）首先根据式（8.2.17）、式（8.2.18）、式（8.2.19），分别求得每一组内的变量的均值（见表8.2.2），样本总的协方差矩阵 L（表8.2.3）和总的协方差矩阵的逆矩阵（表8.2.4）。

（2）根据式（8.2.20）、式（8.2.21）求各组的常数项 c_{0k} 和判别系数 c_{ik}（表8.2.5）。

表8.2.2　每一组内的变量的均值

组号	$\overline{x}_1$	$\overline{x}_2$	$\overline{x}_3$	$\overline{x}_4$	$\overline{x}_5$	$\overline{x}_6$	$\overline{x}_7$
第1组	100.630	0.349	13.237	24.606	28.645	1.985	0.928
第2组	35.790	0.264	3.342	6.417	111.517	0.829	1.007
第3组	198.593	0.166	1.225	2.125	295.390	0.322	0.987
总均值	111.671	0.260	5.933	11.049	145.184	1.045	0.974

表8.2.3　总的协方差矩阵

序号	1	2	3	4	5	6	7
1	10590.074	3.629	−27.831	−132.935	−410.657	−60.021	0.435
2	3.629	0.014	−0.058	−0.134	1.971	−0.022	−0.002
3	−27.831	−0.058	7.377	15.359	−39.859	2.555	−0.073
4	−132.935	−0.134	15.359	35.621	−88.210	7.920	−0.253
5	−410.657	1.971	−39.859	−88.210	6361.007	−16.805	0.207

续表

序号	1	2	3	4	5	6	7
6	−60.021	−0.022	2.555	7.920	−16.805	2.855	−0.108
7	0.435	−0.002	−0.073	−0.253	0.207	−0.108	

表 8.2.4　总的协方差矩阵的逆矩阵

序号	1	2	3	4	5	6	7
1	0.000	−0.006	−0.001	−0.000	0.000	0.010	0.153
2	−0.006	119.257	2.382	−1.528	−0.023	10.027	191.664
3	−0.001	2.382	15.121	−9.289	0.000	13.808	41.611
4	−0.000	−1.528	−9.289	5.793	0.000	−8.850	−28.528
5	0.000	−0.023	0.000	0.000	0.001	0.001	0.018
6	0.010	10.027	13.808	−8.850	0.001	6.286	90.881
7	0.153	191.664	41.611	−28.528	0.018	90.881	1167.742

表 8.2.5　各组的判别系数

系数	第 1 组	第 2 组	第 3 组
c_{0k}	−635.495	−689.836	−669.037
c_{1k}	0.158	0.165	0.188
c_{2k}	232.162	228.107	203.907
c_{3k}	38.291	44.877	44.560
c_{4k}	−24.988	−30.322	−30.333
c_{5k}	0.025	0.035	0.070
c_{6k}	86.243	97.524	97.238
c_{7k}	1196.012	1264.970	1240.191

（3）将上面求得的各组的判别系数 c_{0k}、c_{ik} 代入式（8.2.12），得到下列各组的判别函数，其中第一项为各组先验概率的对数值。

第 1 组：

$y_1 = 1.099 - 635.495 + 0.158x_1 + 232.162x_2 + 38.291x_3 - 24.988x_4 + 0.025x_5 +$
$86.243x_6 + 1196.012x_7$

第 2 组：

$y_2 = -1.099 - 689.836 + 0.165x_1 + 228.107x_2 + 44.877x_3 - 30.322x_4 + 0.035x_5$
$+ 97.524x_6 + 1264.970x_7$

第 3 组：

$y_3 = -1.099 - 669.037 + 0.188x_1 + 203.907x_2 + 44.560x_3 - 30.333x_4 + 0.070x_5$
$+ 97.238x_6 + 1240.191x_7$

并根据式（8.2.22），求得广义马哈拉诺比斯距离为 $D^2 = 354.228$。

（4）根据式（8.2.13）、式（8.2.14）、式（8.2.28）对各组样品计算后验概率，并作 F 检验,对各组样品回判、分组(表 8.2.6)。

(5)对待判样品进行属于某组的概率计算,并判断样品属于哪一个组(表 8.2.6)。

表 8.2.6 各组样品回判结果及待判样品判别结果

样品序号	原组号	新组号	后验概率
1	1	1	1.000000
2	1	1	1.000000
3	1	1	1.000000
4	1	1	1.000000
5	1	1	0.999907
6	1	1	1.000000
7	1	1	0.999866
8	1	1	0.999987
9	1	1	0.999166
10	1	1	1.000000
11	1	1	1.000000
12	1	2	0.995630
1	2	2	0.999531
2	2	2	0.999937
3	2	2	0.999958
4	2	2	0.999948
5	2	2	0.999931
6	2	2	0.999430
7	2	2	0.998531
8	2	2	0.995356
9	2	2	0.996938
10	2	2	0.985470
11	2	2	0.975911
12	2	2	0.956663
1	3	3	0.577871
2	3	3	0.998896
3	3	3	0.994310
4	3	3	0.999208
5	3	3	0.996236
6	3	3	0.996630
7	3	3	0.999609
8	3	3	0.999976
9	3	3	0.999981
10	3	3	0.999982

续表

样品序号	原组号	新组号	后验概率
11	3	3	9.999998
12	3	3	0.678470
1	待判样品	1	1.000000
2		2	0.996135
3		2	0.865159

第三节　逐步判别分析

在 p 个变量中,哪一些变量对区分这类总体起的作用显著,哪一些变量不显著,弄清了这个问题,我们就可像逐步回归那样,逐个检验并引入对区分这类总体作用显著的变量,以找出"最优"判别函数。

逐步判别的基本思路与逐步回归一样,每一步选入一个判别能力最显著的自变量进入判别函数,而且在每次选入变量之前对已进入的各变量逐个检验其显著性,当发现有某个变量由于新变量的引入而变得不"显著"时,就加以剔除,直到判别函数中只剩下判别能力显著的变量。也就是直到在所有可供选择的变量中再无显著变量可引进,在判别函数中也没有变量因其作用下不显著而被剔除为止。最终选出"最优"判别函数,它有利于判别结果的稳定性和提高判别能力。

一、逐步判别分析的步骤

逐步判别的步骤完全类似于第四章中的逐步回归,其主要步骤如下:

设有形如式(8.2.16)所示的观测数据 x_{ikj},由式(8.2.16)、式(8.2.17)、式(8.2.18)、式(8.2.23)、式(8.2.24)、式(8.2.25)求得 n、$\bar{x}_i^{(k)}$、$\bar{x}_i$、l_{ij}、w_{ij}、q_{ij}、t_{ij}。

(一)检验变量判别能力

统计量：
$$F = \frac{(t_{rr}^{(l)} - w_{rr}^{(l)})/(M-1)}{w_{rr}^{(l)}/(n-M-l)}$$
$$= \frac{(1-U_r^{(l)})/(M-1)}{U_r^{(l)}/(n-M-1)} \tag{8.3.1}$$

用来检验 x_r 的判别显著性。式中 l 表示已引入 l 个变量,$w_{rr}^{(l)}$、$t_{rr}^{(l)}$ 分别是相应矩阵作了 l 次消去变换后矩阵 $w^{(l)}$ 和 $T^{(l)}$ 中的元素。F 服从自由度为 $(M-1, n-M-l)$ 的 F 分布。当 $F_r > F_{临}$ 时,认为 x_r 的判别能力显著,反之则作用不大。由式(8.2.26)、式(8.2.27),我们知道,若 U 值越小,则判断能力越强,反之,判断能力越弱。因此,我们可根据各变量的统计量 U 值的大小来进行变量的选入与剔除。

(1)选入变量:设已引入 l 个变量,则从剩下的 $(p-l)$ 个变量中挑选进入判别函数的变量时,先计算出 $(p-l)$ 个变量的 $U^{(l)} = \dfrac{w_{jj}^{(l)}}{t_{jj}^{(l)}}$,从中选取最小值,假设变量 r 的 U 值最小,记为 $U_r^{(l)}$,计算 $F_1=\dfrac{(1-U_r^{(l)})/(M-1)}{U_r^{(l)}/(n-M-l)}$ 值,当 $F_1>F_{入临}$ 时,x_r 入选到判别函数中,否则就没有可入选的变量。

（2）剔除变量:在已引入的 l 个变量中,计算它的 $U_h^{(l-1)}=\dfrac{w_{hh}^{(l-1)}}{t_{hh}^{(l-1)}}=\dfrac{1/w_{hh}^{(l)}}{1/t_{hh}^{(l)}}=\dfrac{t_{hh}^{(l)}}{w_{hh}^{(l)}}$ 值,

取其最大的值,假设为 $U_a^{(l-1)}$,计算 $F_2=\dfrac{(1-U_a^{(l-1)})/(M-1)}{U_a^{(l-1)}/(n-M-l+1)}$ 值,若 $F_2>F_{出临}$,则说明变量 x_a 显著,不可剔除,进行入选变量工作;反之,若 $F_2\leqslant F_{出临}$,则说明变量 x_a 不显著,剔除变量 x_a,并继续剔除步骤。

这样的工作,如此反复进行,直到没有可入选的变量或剔除的变量。

在实际计算过程中,同逐步回归一样,由于 $n\geqslant M$,故可将 $(n-M-l)$ 与 $(n-M-l+1)$ 看作近似相当,即有 $F_{入临}=F_{出临}=F_{临}$。 当然,在计算前,应在预先估计可能进入变量数 l 的基础之上,结合实际问题,给出 $F_{临}$ 值。

（二）矩阵 W 和 T 的变换

在选入或剔除一个变量后,都需同时对矩阵 W、T 施行式（8.3.2）变换。

$$w_{ij}^{(l+1)}=\begin{cases}\dfrac{1}{w_{rr}^{(l)}} & i=j=r\\[2mm]\dfrac{w_{rj}^{(l)}}{w_{rr}^{(l)}} & i=r,j\neq r\\[2mm]\dfrac{-w_{ir}^{(l)}}{w_{rr}^{(l)}} & i\neq r,j=r\\[2mm]\dfrac{(w_{ij}^{(l)}-w_{ir}^{(l)}\cdot w_{rj}^{(l)})}{w_{rr}^{l}} & i\neq r,j\neq r\end{cases}$$

$$t_{ij}^{(l+1)}=\begin{cases}\dfrac{1}{t_{rr}^{(l)}} & i=j=r\\[2mm]\dfrac{t_{rj}^{(l)}}{t_{rr}^{(l)}} & i=r,j\neq r\\[2mm]-\dfrac{t_{ir}^{(l)}}{t_{ir}^{(l)}} & i\neq r,j=r\\[2mm]\dfrac{t_{ij}^{(l)}-t_{ir}^{(l)}\cdot t_{rj}^{(l)}}{t_{rr}^{(l)}} & i\neq r,j\neq r\end{cases}$$

（8.3.2）

这里 r 是入选或剔除变量的序号,$(l+1)$ 表示进行到第 $(l+1)$ 步。

（三）计算各类判别系数

在筛选工作结束之后,我们假设有 $l(l\leqslant p)$ 个变量被引入判别函数,则有第 k 类判别函数为

$$y_k(x_1,x_2,\cdots,x_l)=\ln p_k+c_{0k}+\sum c_{ik}\cdot x_k \tag{8.3.3}$$

式中,$c_{ik}=(n-M)\sum\limits_{g\in l}w_{ig}^{(l)}\overline{x}_{ig}$;

$$c_{0k} = -\frac{1}{2} \sum_{i \in l} c_k \cdot \overline{x}_{ij};$$

p_k 为先验概率；

$i, g \in l$ 表示入选变量组合。

（四）判别分类

把样品观测值代入式(8.3.3)计算出 $y_k (k=1,2,\cdots,M)$ 后，根据式(8.2.13)、式(8.2.14)进行计算、分类、列表。

二、逐步判别分析应用实例

下面，我们以一个例子说明逐步判别的具体步骤。

［例8.3.1］ 为了判别两个大气污染源，利用以下四个变量作为参加筛选的判别因子(资料表略)。

x_1：二氧化硫的浓度

x_2：二氧化碳的浓度

x_3：总碳氢的浓度

x_4：氧气的浓度

$n_A = 7, n_B = 16$

通过逐步判别建立判别函数。

（一）计算各类的样本均值和协方差矩阵

本例 $M=2$，把两个污染源分别记为 A 和 B，由已知条件，经计算得

$$\overline{x}_A = \begin{bmatrix} \overline{x}_1^{(A)} \\ \overline{x}_2^{(A)} \\ \overline{x}_3^{(A)} \\ \overline{x}_4^{(A)} \end{bmatrix} = \begin{bmatrix} 9.3 \\ 93.5 \\ 26.8 \\ 1.7 \end{bmatrix}$$

$$\overline{x}_B = \begin{bmatrix} \overline{x}_1^{(B)} \\ \overline{x}_2^{(B)} \\ \overline{x}_3^{(B)} \\ \overline{x}_4^{(B)} \end{bmatrix} = \begin{bmatrix} 12.6 \\ 88.3 \\ 23.6 \\ 7.6 \end{bmatrix}$$

协方差矩阵包括组内协方差和组间协方差两部分，实际计算中只要计算组内离差阵 W 和总离差阵 T，根据式(8.2.23)、式(8.2.24)、式(8.2.25)求得

$$W^{(0)} = \begin{bmatrix} 177.39 & -361.52 & 5.00 & 21.70 \\ -361.52 & 26455.10 & -1257.52 & -416.78 \\ 5.00 & -1257.52 & 212.34 & 51.55 \\ 21.70 & -416.78 & 51.55 & 127.40 \end{bmatrix}$$

$$T^{(0)} = \begin{bmatrix} 229.65 & -445.47 & -45.88 & 21.07 \\ -445.47 & 26589.91 & -1174.66 & 204.76 \\ -45.88 & -1174.66 & 263.20 & -35.06 \\ -21.07 & 204.76 & -35.06 & 127.71 \end{bmatrix}$$

（二）逐步筛选判别因子

1. 根据 $W^{(0)}$、$T^{(0)}$ 计算引进统计量 $U_{进}$（以 U_+ 表示）引入第一个变量

类似于逐步回归分析，当全部因子尚未引进时，不考虑剔除变量的问题，所以

（1）计算各变量的 U_+ 值，即

$$U_{1(+)} = \frac{w_{11}^{(0)}}{t_{11}^{(0)}} = \frac{177.39}{229.65} = 0.7724$$

$$U_{2(+)} = \frac{w_{22}^{(0)}}{t_{22}^{(0)}} = \frac{26455.10}{26589.91} = 0.9949$$

$$U_{3(+)} = 0.8068$$

$$U_{4(+)} = 0.9976$$

选 $U_{(+)}$ 值最小值 $U_{1(+)}$。

（2）计算统计量 F，检验因子判别能力，即

（本例设 $F_{临} = 2.5$）

$$F_{1(+)} = \frac{[1 - U_{1(+)}]/(M-1)}{U_{1(+)}/(n-M-l)}$$

$$= \frac{0.2276 \times (23 - 2 - 0)}{0.7724} = 6.1879$$

因 $F_{1(+)} > F_{临}$，故 X_1 的判别能力是显著的，应引进判别函数。

（3）为检验 x_1 引入判别函数带来的影响，对 $W^{(0)}$、$T^{(0)}$ 依式（8.3.2）进行变换，得 $W^{(1)}$、$T^{(1)}$ 如下：

$$W^{(1)} = \begin{bmatrix} 0.0056 & -2.0380 & 0.0282 & 0.1223 \\ -2.0380 & 25718.3239 & -1247.3300 & -372.5600 \\ 0.0282 & -1247.3300 & 212.1991 & 50.9384 \\ 0.1223 & -372.5600 & 50.9384 & 124.7455 \end{bmatrix}$$

$$T^{(1)} = \begin{bmatrix} 0.0044 & -1.9398 & -0.1998 & 0.0917 \\ 1.9398 & 25725.7971 & -1263.6570 & 163.8889 \\ 0.1938 & -1263.6570 & 254.0300 & -30.8506 \\ -0.0917 & 163.8889 & -30.8506 & 125.7769 \end{bmatrix}$$

2. 引入第 2 个新变量

（1）根据 $W^{(1)}$、$T^{(1)}$ 计算除 x_1 以外的其他变量的引进统计量 $U_{(+)}$，即

$$U_{2(+)} = \frac{w_{22}^{(1)}}{t_{22}^{(1)}} = \frac{25718.3239}{25725.7971} = 0.9997$$

$$U_{3(+)} = \frac{w_{33}^{(1)}}{t_{33}^{(1)}} = \frac{212.1991}{254.0300} = 0.8353$$

$$U_{4(+)} = 0.9918$$

取 $U_{(+)}$ 值最小的 $U_{3(+)}$。

（2）计算统计量 F，检验因子 x_3 的判别能力，即

$$F_{3(+)} = \frac{[1 - U_{3(+)}]/(M-1)}{U_{3(+)}/(n-M-l)}$$

$$=\frac{0.1647\times(23-2-1)}{0.8353}=3.9435$$

因 $F_{3(+)}>F_{临}$，故引进变量 x_3。

(3)对 $W^{(1)}$、$T^{(1)}$ 作引进 x_3 后的变换，得

$$W^{(2)}=\begin{bmatrix} 0.0056 & -1.8722 & -0.0001 & 0.1155 \\ 1.8722 & 18386.3800 & 5.8781 & -73.1384 \\ -0.0001 & -5.8781 & 0.0047 & 0.2401 \\ -0.1155 & -73.1384 & -0.2401 & 112.5177 \end{bmatrix}$$

$$T^{(2)}=\begin{bmatrix} 0.0046 & -2.9337 & 0.0008 & 0.0674 \\ -2.9337 & 19439.8110 & 4.9744 & 10.4244 \\ 0.0008 & -4.9744 & 0.0039 & -0.1214 \\ 0.0674 & 10.4244 & 0.1214 & 122.0306 \end{bmatrix}$$

3. 考虑在已引进判别函数的变量 x_1 和 x_3 中是否剔除

(1)根据 $W^{(2)}$、$T^{(2)}$ 计算剔除统计量 U（以 U_- 表示），则有

$$U_{1(-)}=\frac{t_{11}^{(2)}}{w_{11}^{(2)}}=\frac{0.0046}{0.0056}=0.8214$$

$$U_{3(-)}=\frac{t_{33}^{(2)}}{w_{33}^{(2)}}=\frac{0.0039}{0.0047}=0.8298$$

选 $U_{(-)}$ 值最大的 $U_{3(-)}$。

(2)计算 F 值，检验因子 x_3 判别能力是否仍然显著。

$$F_{3(-)}=\frac{(1-U_{3(1)})/(M-1)}{U_{3(-1)}/(n-M-l+1)}$$

$$=\frac{0.1702\times(23-2-2+1)}{0.8298}=4.1022$$

因 $F_{3(-)}>F_{临}$，故不能剔除 x_3。

4. 继续引入新变量

(1)根据 $W^{(2)}$、$T^{(2)}$，计算除 x_1、x_3 外的其他变量的引进统计量 $U_{(+)}$，其中

$$U_{2(+)}=\frac{w_{22}^{(2)}}{t_{22}^{(2)}}=\frac{18386.38}{19439.81}=0.9458$$

$$U_{4(+)}=0.9220$$

取 $U_{(+)}$ 值最小的 $U_{4(+)}$。

(2)计算 F 值，检验因子判别能力，即

$$F_{4(+)}=\frac{(1-U_{4(+)})/(M-1)}{U_{4(+)}/(n-M-l)}$$

$$=\frac{0.0780\times(23-2-2)}{0.9220}=1.6074$$

因 $F_{4(+)}<F_{临}$，故 X_4 不能引进，至此筛选结束。

(三)计算引入变量的各类判别系数 c_{ik}

在 $W^{(2)}$ 中，由于元素 w_{ij} 是按(8.2.23)式计算的，对照式(8.2.20)可见，w_{ij} 与 c_{ij} 之

间只相差一个常数,即

$$c_{ij} = \frac{1}{n-M} w_{ij}$$

于是矩阵:

$$C = \frac{1}{n-M} W$$

而

$$S^{-1} = (n-M)W^{-1}$$

因为常数因子对判别结果并无影响,因此,在计算多级判别函数时,通常用 W 阵代替 C 阵。

在本例中,$W^{(2)}$ 中相应行、列的子阵

$$\begin{bmatrix} w_{11}^{(2)} & w_{13}^{(2)} \\ w_{31}^{(2)} & w_{33}^{(2)} \end{bmatrix}$$

正是原矩阵 $W^{(0)}$ 相应子阵的逆矩阵。

所以由 $W^{(2)}$,再结合式(8.3.3),得 A、B 两类的判别函数:

$$y_A^{(x)} = -1.9051 + 0.0494 x_1 + 0.1250 x_3$$
$$y_B^{(x)} = -1.7236 + 0.0682 x_1 + 0.1097 x_3$$

逐步判别分析全过程至此结束,我们建立起了"最优"判别函数。

在环境问题中,需要判别分类的例子很多,如环境污染类型的区域划分、环境管理、决策等。由于供选择的因子较多,需要用逐步筛选有判别意义的因子组成判别函数,因此,这种方法在环境科学上是很有用的。

第四节　距离判别分析

距离判别分析是定义一个样本到某一个总体的"距离",然后根据样本到各个总体的距离的远近来判断该样本的归属。由于欧氏距离存在其大小明显受量纲单位的影响等缺点,因此判别分析常采用马氏距离。

一、距离判别分析的原理

设有 t 个总体 $G_1, G_2, \cdots, G_t$,其均值向量和协方差阵分别为 $\mu_1, \mu_2, \cdots, \mu_t$;$V_1, V_2, \cdots, V_t$。若给出某个个体

$$X_0 = (X_{01}, X_{02}, \cdots, x_{0p})$$

则该个体到各总体的马氏距离为

$$d^2(x_0, G_i) = (x_0 - \mu_1) V_i^{-1} (x_0 - \mu_i) \tag{8.4.1}$$

如果 $d^2(x_0, G_k)$ 最小,则 $X_0 \in G_k$。

二、距离判别的步骤

设有 t 个类别 $G_1, G_2, \cdots, G_t$,每个类别样本量分别为 $n_1, n_2, \cdots, n_t$,且所有类别均考察 p 个变量 $x_1, x_2, \cdots, x_p$,它们可写成数据矩阵

$$X^{(k)} = (x_{aj})_{nk \times p} \qquad (k=1,2,\cdots,t) \qquad \begin{matrix} (\alpha=1,2,\cdots,n_k) \\ (j=1,2,\cdots,p) \end{matrix} \qquad (8.4.2)$$

有某一未知样本

$$X_0 = (X_{01}, X_{02}, \cdots, X_{0p})$$

现用马氏距离判别其归属,其步骤表述如下。

(一)建立各个类别的变量协方差阵 V_k,并求其逆矩阵 V_k^{-1}

$$V_k = (V_{ij}^{(k)})_{p \times p} \qquad (k=1,2,\cdots,t)$$

其中协方差系数 $V_{ij}^{(k)} = \dfrac{1}{n_k-1} \sum\limits_{\alpha=1}^{n_k} (x_{ai} - \overline{x}_i^{(k)})(x_{ai} - \overline{x}_j^{(k)})$

(二)建立未知样本与各已知类别的离差向量 D_k

$$D_k = (d_1^{(k)}, d_2^{(k)}, \cdots, d_p^{(k)}) \qquad (k=1,2,\cdots,t)$$

其中离差 $d_j^{(k)} = x_{0j} - \overline{x}_j^{(k)}, (j=1,2,\cdots,p)$;$\overline{x}_j^{(k)}$ 为第 k 类别中第 j 变量的均值。

(三)计算未知样本到各已知类别的马氏距离

$$d^2(X^{(0)}, X^k) = D_k' V^{(-1)} D_k \qquad (8.4.3)$$

(四)按距离最小原则确定未知样本的归属

三、距离判别分析应用实例

[例 8.4.1] 根据植物的症状与受害程度来确定污染类型。假设根据叶色指数 x_1 与植株生长指数 x_2 来区分植物遭受 HF、SO_2、HCl 等大气污染物的影响,有关训练样本(即已知类别的样本)见表 8.4.1。现在该地测得植物的叶色指数与生长指数分别为 9.2 和 19.0,试判断这种植物可能遭受了哪种污染。

表 8.4.1 三种大气污染物下的植物反应

HF 污染型		SO_2 污染型		HCl 污染型	
x_1	x_2	x_1	x_2	x_1	x_2
4.3	15.7	9.6	19.6	10.2	30.3
5.6	17.8	9.3	19.9	11.3	28.7
4.7	16.9	8.7	18.6	9.8	25.6
4.8	16.3	8.8	18.9	7.2	27.6
5.3	17.2	8.5	19.6	8.5	29.0
4.1	16.0			9.6	30.0
4.0	15.8				
4.6	16.2				

解:设 HF、SO_2、HCl 污染型分别为第 1、第 2、第 3 类,记为 $X^{(1)}$、$X^{(2)}$、$X^{(3)}$,其样本数分别为 $n_1=8, n_2=5, n_3=6$。变量数 $p=2$,未知样本为

$$X^{(0)} = (9.2, 19.0) \qquad X^{(1)} = (x_{aj})_{8 \times 2} \qquad X^{(2)} = (x_{aj})_{5 \times 2} \qquad X^{(3)} = (x_{aj})_{6 \times 2}$$

各类别的平均值向量 $\overline{X}^{(k)}$ 及其与未知样本的离差向量 D_k 分别为

$$\overline{X}^{(1)} = (4.6750, 16.4875) \qquad D_1 = (4.5250, 2.5125)$$

$$\overline{X}^{(2)} = (9.1800, 19.3200) \qquad D_2 = (0.0200, -0.3200)$$

$$\overline{X}^{(3)} = (9.4333, 28.5333) \qquad D_3 = (-2.4333, -9.5333)$$

各类别各变量的协方差矩阵 V_k 及其逆矩阵 V_k^{-1} 分别为

$$V_1 = \begin{bmatrix} 0.3136 & 0.3868 \\ 0.3868 & 0.5498 \end{bmatrix} \qquad V_1^{-1} = \begin{bmatrix} 24.1140 & -16.9649 \\ -16.9649 & 13.7544 \end{bmatrix}$$

$$V_2 = \begin{bmatrix} 0.1670 & 0.1955 \\ 0.1955 & 0.2970 \end{bmatrix} \qquad V_2^{-1} = \begin{bmatrix} 26.0526 & -17.1491 \\ -17.1491 & 14.6491 \end{bmatrix}$$

$$V_3 = \begin{bmatrix} 2.0187 & 0.4967 \\ 0.4967 & 2.9987 \end{bmatrix} \qquad V_3^{-1} = \begin{bmatrix} 0.5164 & -0.0855 \\ -0.0855 & 0.3476 \end{bmatrix}$$

未知样本与各类别之间的马氏距离按式(8.4.3)计算,分别为

$$d^2(X^{(0)}, X^{(1)}) = 194.83$$

$$d^2(X^{(0)}, X^{(2)}) = 1.73$$

$$d^2(X^{(0)}, X^{(3)}) = 30.68$$

按距离最小原则,$X^{(0)} \in X^{(2)}$,因此,可以判定该植物很可能遭受了大气中 SO_2 的污染。

练习题

1. 什么是判别分析? 目前常用的判别分析有哪几种?

2. 设甲、乙两地大气中监测得铁浓度和飘尘浓度数据如下表。依据监测数据建立判别函数 y,试确定如下两组数据是从哪个区域大气中采集得到的。两组数据分别为 $x_1 = 5.2, x_2 = 16.2; x_1 = 8.8, x_2 = 18.7$ (mg/L)。

甲、乙两地大气中铁浓度及飘尘浓度表　　　　　　　　单位:mg/L

甲		乙	
x_1	x_2	x_1	x_2
4.3	15.7	9.6	19.6
5.6	17.8	9.3	19.9
4.7	16.9	8.7	18.6
4.8	16.3	8.8	18.9
5.3	17.2	9.5	19.6
4.1	16.0	9.2	19.0
4.0	15.8	8.5	18.5
4.6	16.2	9.1	19.3

3. 经多年的经验和观测,对某省 6—9 月降水量选择了三个预报因子,即 x_1 为前一年 1 月 50 mb Ⅲ 区的高度,x_2 为前一年 12 月 50 mb Ⅱ 区的高度;x_3 为前一年 12 月 50 mb Ⅰ 区的高度。以该省 1952—1971 年 6—9 月降水量进行分类,这 20 年平均为 474 mm,大于 474 mm 为第一类(多雨),小于 474 mm 为第二类(少雨),资料列于下表,请用二级判别进行判别分析。

1952—1971 年 6—9 月降水量观察数据

年	x_1	x_2	x_3	年	x_1	x_2	x_3
1953	2	20	3	1952	0	−6	2
1954	−1	19	4	1955	−5	−16	−2
1956	6	5	1	1958	−10	−10	−2
1957	3	−20	−2	1962	3	−32	3
1959	6	13	2	1965	−9	−4	2
1960	5	29	2	1967	−3	4	−6
1961	−2	6	5	1968	0	−53	−5
1963	1	11	−5	1969	4	4	−5
1964	7	11	4	1970	−9	8	−7
1971	−5	29	2				
$\sum$	24	126	16	$\sum$	−29	−105	−20
$\overline{x}$	2.18	11.45	1.45	$\overline{x}$	−3.22	−11.67	−2.22

1972 年观测：$x_1 = -6$ $x_2 = 6$ $x_3 = 3$

1973 年观测：$x_1 = -10$ $x_2 = 4$ $x_3 = 8$

请根据以上数据对 1972 年、1973 年降水量做出预报。1972 年实际降水量为 374 mm，1973 年实际降水量为 344 mm，请判别预报是否正确。

第九章　环境数据的主成分分析与因子分析

环境学是多学科、多门类综合性很强的横向学科,涉及面广,覆盖面大。许多环境问题是由多个因素综合作用而成,有偶然因素也有必然因素,有物理、化学因素也有生物因素。正确认识和处理这些环境影响因素间的关系,有利于对诸多环境问题进行治理或预测、预报。随着计算技术和电子计算机的发展,主成分分析和因子分析,在处理环境问题诸多影响因素的关系方面日益得到广泛应用。下面分别进行介绍。

第一节　主成分分析

主成分分析又称主分量分析或主元分析。这种分析方法在识别环境污染源及判断造成空气、土壤污染的主要因素方面得到广泛应用。主成分分析是在一组变量中寻找它的方差——协方差矩阵的特征向量,然后由原变量线性组成新变量。这一变换过程不会损失原数据的主要信息。相反,新变量往往更能集中、更典型地显示出研究对象的特征。

一、主成分分析的方法原理

主成分分析的方法原理主要是把原有一组环境问题的 m 维随机变量,通过数学方法将其线性组合成 m 个互不相关的新变量。其主要方法原理如下。

(一)建立样本协方差矩阵和相关矩阵

设取得 n 个样本,每个样本具有 p 个变量值,则数据矩阵 X 为

$$X = \begin{bmatrix} x_{11} & x_{12} & \cdots & x_{1p} \\ x_{21} & x_{22} & \cdots & x_{2p} \\ \vdots & \vdots & \vdots & \vdots \\ x_{n1} & x_{n2} & \cdots & x_{np} \end{bmatrix}$$

各变量的方差定义为

$$S_n = \frac{1}{n-1} \sum_{i=1}^{n} (x_{ij} - \bar{x}_j)^2 \qquad j = 1, 2, \cdots, p \tag{9.1.1}$$

第 i 变量与第 j 变量的协方差定义为

$$S_{ij} = \frac{1}{n-1} \sum_{k=1}^{n} (x_{ki} - \bar{x}_i)(x_{kj} - \bar{x}_j) \qquad i, j = 1, 2, \cdots, p \tag{9.1.2}$$

由此得样本协方差矩阵

$$S = \begin{bmatrix} s_{11} & s_{12} & \cdots & s_{1p} \\ s_{21} & s_{22} & \cdots & s_{2p} \\ \vdots & \vdots & \vdots & \vdots \\ s_{p1} & s_{p2} & \cdots & s_{pp} \end{bmatrix}$$

由协方差定义式知，$S_{ij}=S_{ji}$，所以 S 是实对称矩阵。

第 i 变量与第 j 变量之间的直线相关系数定义为

$$r_{ij}=\frac{S_{ij}}{\sqrt{S_{ii}}\cdot\sqrt{S_{jj}}}=\frac{\sum\limits_{k=1}^{n}(x_{ki}-\bar{x}_i)(x_{kj}-\bar{x}_j)}{\sqrt{\sum\limits_{k=1}^{n}(x_{ki}-x_i)^2\cdot\sum\limits_{k=1}^{n}(x_{kj}-\bar{x}_j)^2}} \tag{9.1.3}$$

$i,j=1,2,\cdots,p$

由此得到样本相关矩阵

$$R=\begin{bmatrix} 1 & r_{12} & \cdots & r_{1p} \\ r_{21} & 1 & \cdots & r_{2p} \\ \vdots & \vdots & \vdots & \vdots \\ r_{p1} & x_{p2} & \cdots & 1 \end{bmatrix}$$

样本相关矩阵为实对称矩阵，实际上是变量标准化以后的协方差矩阵。

（二）特征值与特征向量

1. 特征值

在线性代数中，实对称矩阵都可以由正交相似变换而得到对角矩阵，对角矩阵是除主对角线元素外其余元素均为零的矩阵，例如上述的样本协方差阵或相关矩阵 R，可以找到一个 L 矩阵，使

$$L'RL=D \tag{9.1.4}$$

D 为对角矩阵，即

$$\begin{bmatrix} l_{11} & l_{12} & \cdots & l_{1p} \\ l_{21} & l_{22} & \cdots & l_{2p} \\ \vdots & \vdots & \vdots & \vdots \\ l_{p1} & l_{p2} & \cdots & l_{pp} \end{bmatrix}\begin{bmatrix} r_{11} & r_{12} & \cdots & l_{1p} \\ r_{21} & r_{22} & \cdots & r_{2p} \\ \vdots & \vdots & \vdots & \vdots \\ r_{p1} & r_{p2} & \cdots & r_{pp} \end{bmatrix}\begin{bmatrix} l_{11} & l_{12} & \cdots & l_{1p} \\ l_{21} & l_{22} & \cdots & l_{2p} \\ \vdots & \vdots & \vdots & \vdots \\ l_{p1} & l_{p2} & \cdots & l_{pp} \end{bmatrix}$$

$$=\begin{bmatrix} \lambda_1 & & & 0 \\ & \lambda_2 & & \\ & & \ddots & \\ 0 & & & \lambda_p \end{bmatrix}\xlongequal{\Delta}\Lambda \tag{9.1.5}$$

称其中的 $\lambda_1,\cdots\cdots,\lambda_p$ 为矩阵 R 的特征值，L 的各个列向量是相应的特征向量。

通过正交相似变换，非主对角线元素皆为零，这使得新变量间线性无关，而主对角线上元素值恰好为相应变量异变度的度量，可以证明特征值 λ_j 即为相应变量 Y_j（见下述）的方差。

$\sum\limits_{i=1}^{n}\lambda_i$ 为各变量方差之和，即总方差（矩阵的"迹"），$\lambda_i l\sum\limits_{i=1}^{n}\lambda_i$ 为第 i 个新变量对总变异提供的贡献大小的度量，某个新变量对总变异贡献越大则 λ 值也越大。

由 λ_j 对应的正交矩阵中相应的特征向量的分量可写成

$$Y_j=\sum_{i=1}^{k}l_{ij}x_i\,(j=1,2,\cdots,p)$$

$Y_1,Y_2,\cdots,Y_p$ 即为 p 个主成分

$$\left.\begin{array}{l} Y_1 = l_{11}x_1 + l_{21}x_2 + \cdots + l_{p1}x_p \\ Y_2 = l_{12}x_1 + l_{22}x_2 + \cdots + l_{p2}x_p \\ \cdots \\ Y_p = l_{1p}x_1 + l_{2p}x_2 + \cdots + l_{pp}x_p \end{array}\right\}$$

若按 λ 值的大小选取一个或少数几个特征向量 l_i 使得相应的几个 Y_i 的方差最大，从而可用以解释 X 的最大部分，这样所有的 X 的信息可以近似地表示在这几个 Y_i 的线性组合之内。原则上只需按 λ 值的大小选取前 p' 个主成分，使

$$\frac{\sum\limits_{i=1}^{p'}\lambda_i}{\sum\limits_{i=1}^{p}\lambda_i} \geqslant 0.80（或 0.90）$$

即可，例如

$$\frac{\lambda_1}{\sum\limits_{i=1}^{p}\lambda_i} + \frac{\lambda_2}{\sum\limits_{i=1}^{p}\lambda_i} \geqslant 0.80$$

则用前两个主成分即可获得大部分信息，其余的省去。

综上所述，主成分分析的重要环节是由样本协方差矩阵或样本相关矩阵的特征根和特征向量进行分析的，故有人又称之为特征根分析。

设 A 是一个 k 阶实对称矩阵，其特征根可由解行列式方程

$$|A - \lambda I| = 0$$

求得，此行列式方程可展开得到一个 λ 的 k 次多项式，称为特征多项式。

直接由特征多项式去求特征根和特征向量，对于高阶矩阵相当麻烦，这里介绍 Jacobi 法求特征根和特征向量。Jacobi 法是利用正交相似变换 $M'AM$ 逐次把一对非主对角线元素的平方和，加到主对角线元素的平方和上，以达到逐次降低所有非主对角线元素的平方和，最后使非主对角线元素的绝对值都充分地接近零，主对角线元素近似地等于实对称矩阵的特征根，再由每次变换所用的正交矩阵，就可以得出对应的特征向量。

设 A_{p+1} 是 A_p 进行一次旋转变换后所得矩阵，其变换关系式如下：

$$A_{p+1} = L'_p A_p L_p \tag{9.1.6}$$

其中 L_p 为正交旋转矩阵，其形式为

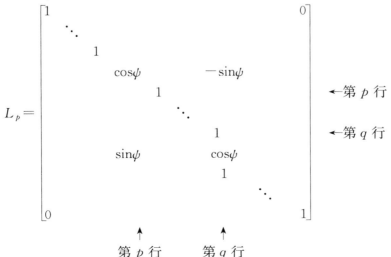

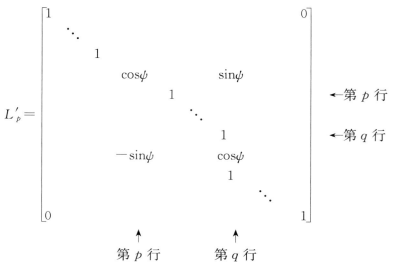

$$L'_p =$$ 第 p 行 第 q 行

第 p 行　　第 q 行

即 L_p 的元素组成是：

$$L_{pp} = L_{qq} = \cos\psi$$
$$L_{pq} = -\sin\psi$$
$$L_{qp} = -\sin\psi$$

除此之外，所有元素与 n 阶单位矩阵的元素相同，其中 p、$q=1,2,\cdots,n$，$p<q$。则有如下式

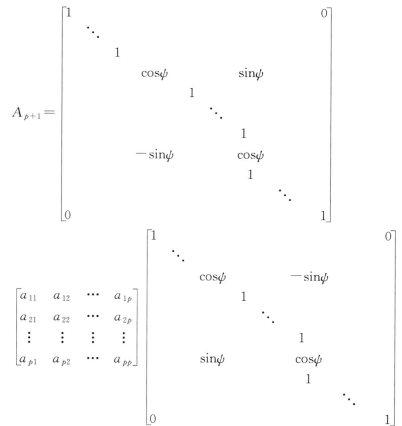

一直变换至

$$A_p = L'_{p-1} A_{p-1} L_{p-1} = D$$

D 为对角阵,其中主对角线元素 $\lambda_1, \lambda_2, \cdots, \lambda_p$ 为矩阵 R 的特征值。

2. 特征向量

利用上述变换的 L,用下式计算特征向量。

$$L = L_0 \cdot L_1 \cdot L_2 \cdot \cdots \cdot L_p = \begin{bmatrix} L_{11} & L_{12} & \cdots & L_{1p} \\ L_{21} & L_{22} & \cdots & L_{2p} \\ \vdots & \vdots & \vdots & \vdots \\ L_{p1} & L_{p2} & \cdots & L_{pp} \end{bmatrix} \tag{9.1.7}$$

(三)特征值与特征向量的计算方法

这里引用刘垂圩(1981)所举的一个例子,说明 Jacobi 法求特征根和特征向量的运算过程。

首先给出精度。例如 10^{-3},即当 $a_{ij} < 10^{-3}$ 时,就认为 $a_{ij} = 0$。

设

$$A_0 = \begin{bmatrix} 1 & 0.15 & -0.23 \\ 0.15 & 1 & 0.40 \\ -0.23 & 0.40 & 1 \end{bmatrix}$$

是一个实对称矩阵,求其特征根和特征向量。

找出 A 中非主对角线元素中绝对值最大者 $a_{23} = 0.40$,计算旋转角及其正弦、余弦值

$$\psi = \frac{1}{2} \arctan \frac{2a_{23}}{a_{22} - a_{23}} = \frac{1}{2} \arctan\infty = \frac{\pi}{4}$$

$$\cos\psi = \cos\frac{\pi}{4} = 0.707$$

$$\sin\psi = \sin\frac{\pi}{4} = 0.707$$

于是第一次相似变换所需要的正交矩阵 L_0 为

$$L_0 = \begin{bmatrix} 1 & 0 & 0 \\ 0 & 0.707 & -0.707 \\ 0 & 0.707 & 0.707 \end{bmatrix}$$

进行第一次相似变换

$A_1 = L'_0 A_0 L_0$

$$= \begin{bmatrix} 1 & 0 & 0 \\ 0 & 0.707 & 0.707 \\ 0 & -0.707 & 0.707 \end{bmatrix} \begin{bmatrix} 1 & 0.15 & -0.23 \\ 0.15 & 1 & 0.40 \\ -0.23 & 0.40 & 1 \end{bmatrix} \begin{bmatrix} 1 & 0 & 0 \\ 0 & 0.707 & -0.707 \\ 0 & 0.707 & 0.707 \end{bmatrix}$$

$$= \begin{bmatrix} 1 & -0.057 & -0.269 \\ -0.057 & 1.400 & 0 \\ -0.269 & 0 & 0.600 \end{bmatrix}$$

通过上述正交相似变换,我们可以观察出以下情况。

(1) A_0 的所有元素平方之和 3.4708 与 A_1 的所有元素的平方之和 3.4722,应是相等

的,差值是计算舍入误差。

(2)A_1 的主对角线元素的平方之和 3.32 比 A_0 的主对角线元素的平方之和 3 大了 0.32,所增加的 0.32 恰好是计算旋转角时选中的元素 $a_{23}=0.40$ 与其对称元素 $a_{32}=0.40$ 平方之和 $(0.40)^2+(0.40)^2=0.32$ 在 A_1 中对应于 a_{23} 和 a_{32} 的位置都是零。

(3)从 A_0 到 A_1,有 8 个元素受到变换的影响,这 8 个元素恰好分布在被旋转的两行与两列中。

(4)A_1 仍是实对称矩阵。

在以后的各次变换中,类似的性质都是成立的,不再重述。

对 A_1 选择非主对角线元素中绝对值最大者 $a_{13}^{(1)}=-0.269$,计算旋转角及其余弦、正弦值

$$\psi_1=\frac{1}{2}\arctan\frac{2a_{13}^{(1)}}{a_{11}^{(1)}-a_{23}^{(1)}}=-26.68°$$

$$\cos\psi_1=\cos(-26.68°)=0.893$$

$$\sin\psi_1=\sin(-26.68°)=-0.449$$

于是 所需要的正交矩阵 L_1 为

$$L_1=\begin{bmatrix} 0.893 & 0 & 0.449 \\ 0 & 1 & 0 \\ -0.449 & 0 & 0.893 \end{bmatrix}$$

进行相似变换

$$A_2=L_1'A_1L_1=\begin{bmatrix} 0.983 & -0.182 & 0 \\ -0.051 & 1.400 & -0.026 \\ 0 & -0.026 & 0.465 \end{bmatrix}$$

以后的变换为

$$L_2=\begin{bmatrix} 1.134 & -0.051 & 0 \\ 0.182 & 0.983 & 0 \\ 0 & 0 & 1 \end{bmatrix}$$

$$A_3=L_2'A_2L_2=\begin{bmatrix} 1.124 & 0 & -0.005 \\ 0 & 1.408 & -0.026 \\ -0.005 & -0.026 & 0.465 \end{bmatrix}$$

$$L_3=\begin{bmatrix} 1 & 0 & 0 \\ 0 & 1 & 0.028 \\ 0 & -0.028 & 1 \end{bmatrix}$$

$$A_4=L_3'A_3L_3=\begin{bmatrix} 1.124 & 0 & -0.005 \\ 0 & 1.410 & 0 \\ -0.005 & 0 & 0.464 \end{bmatrix}$$

$$L_4=\begin{bmatrix} 1 & 0 & 0.008 \\ 0 & 1 & 0 \\ -0.008 & 0 & 1 \end{bmatrix}$$

$$A_5=L_4'A_4L_4=\begin{bmatrix} 1.124 & 0 & 0 \\ 0 & 1.410 & 0 \\ 0 & 0 & 0.464 \end{bmatrix}$$

由此，A_0 的三个特征根按从大到小的顺序为 $\lambda_1=1.410,\lambda_2=1.124,\lambda_3=0.464$。相应的特征向量为

$$L=L_0L_1L_2L_3L_4=\begin{bmatrix} 0.874 & -0.176 & 0.451 \\ 0.445 & 0.655 & -0.609 \\ -0.188 & 0.735 & 0.650 \end{bmatrix}$$

由此得主成分分析计算结果，见表 9.1.1。

表 9.1.1　主成分分析计算结果表

主成分	特征根	特征向量（系数）			累积总变异/%
		X_1	X_2	X_3	
Y_1	1.410	-0.176	0.655	0.735	47
Y_2	1.124	0.874	0.445	-0.188	84
Y_3	0.464	0.451	-0.609	0.650	100

以上运算的工作量很大，对高阶矩阵的运算尤其困难，但应用电子计算机很容易求出结果。

二、主成分分析的方法步骤

主成分分析时可用样本相关矩阵 R，也可用样本协方差矩阵 S。资料单位不一致，原始数据的线性组合就无意义，这时需将变量标准化，相关矩阵 R 是标准化的方法之一，若单位一致也可用样本协方差矩阵 S，但大部分人仍乐于应用 R。

（一）数据收集

对考查的因素应力求全面，根据分析目的和要求确定田间试验设计和数据收集方法，如为野外考察，亦应拟定数据收集的实施方案，具体做法有两种。

（1）按单向分组资料收集数据：可用于野外考察、社会调查和完全随机设计试验。

收集数据时应注意，每个抽样单位均应收集记录每个变量的观察值，不得遗漏。例如，在考察玉米株型变异时，收集玉米的株高、穗位高、雄穗分枝数、穗位叶长、穗位叶宽 5 个性状（即 5 个变量）的观察值；以株为抽样单位，则每个样株应收集 5 个观察值；以小区为抽样单位者，则以每小区平均数记录这 5 个观察值。如果考察了 n 个抽样单位，则可得数据矩阵为

$$A=\begin{bmatrix} a_{11} & a_{12} & \cdots & a_{15} \\ a_{21} & a_{22} & \cdots & a_{25} \\ \vdots & \vdots & \vdots & \vdots \\ a_{n1} & a_{n2} & \cdots & a_{n5} \end{bmatrix}$$

应注意抽样单位数 n 应足够大，抽样方法是随机的，样本代表性应强。

此法的优点是简便易行，在 n 较大时，较为精确，应用较广泛。

（2）按两向分组资料收集数据：常用于遗传学研究或要求精确度较高的研究项目，一般采用随机区组设计法收集资料，将研究变量作为一个分组方向，将区组作为另一个方向，组内环境条件尽可能一致，以减少试验误差，收集的原始数据按两向表的格式进行整

理,要求数据不得有漏失。

此法的优点是可排除部分环境对研究变量的干扰,而提高精确度。在遗传学上,这样处理除了环境干扰而获得了所谓"遗传方差""遗传协方差""遗传相关",因此在遗传研究中常应用。

(二)原始资料的整理

原始资料整理有两种方法。

(1)单向分组资料的整理:按本节样本协方差矩阵和样本相关矩阵叙述的公式进行整理,以获得样本协方差矩阵和样本相关矩阵。

(2)两向分组资料的整理:按方差、协方差分析表整理资料,见表 9.1.2。

表 9.1.2 方差、协方差分析表(协方差只表明了变量 1 与 2 的情况)

变异来源	自由度	方差	期望方差	变量 1 与 2 的	
				协方差	期望协方差
总	$nK-1$				
区组	$n-1$				
变量(i 品种)	$K-1$	V_1	$\sigma_e^2+n\sigma_g^2$	coV_1	$coV_{e12}+ncoV_{g12}$
机误	$(n-1)(K-1)$	V_2	σ_e^2	coV_2	coV_{e12}
遗传的		S_{g11}	$(V_1-V_2)/n$	S_{gij}	$(coV_1-coV_2)/n$

由此可写出遗传协方差矩阵

$$S_g=\begin{bmatrix} S_{g11} & S_{g12} & \cdots & S_{g1p} \\ S_{g11} & S_{g22} & \cdots & S_{g2p} \\ \vdots & \vdots & \vdots & \vdots \\ S_{gp1} & S_{gp2} & \cdots & S_{gpp} \end{bmatrix}$$

遗传相关系数为

$$r_{g12}=\frac{S_{g12}}{\sqrt{S_{g11}} \cdot \sqrt{S_{g22}}}$$

由此可写出遗传相关矩阵

$$R_g=\begin{bmatrix} r_{g11} & r_{g12} & \cdots & r_{g1p} \\ r_{g21} & r_{g22} & \cdots & r_{g2p} \\ \vdots & \vdots & \vdots & \vdots \\ r_{gp1} & r_{gp2} & \cdots & r_{gpp} \end{bmatrix}$$

(三)计算

按 Jacobi 法计算样本协方差矩阵 S 或样本相关矩阵 R 的特征根 $\lambda_1,\lambda_2,\cdots,\lambda_p$ 及特征向量 $l_{11},l_{12},\cdots,l_{pp}$,结果列入表 9.1.3。

表 9.1.3 特征根、累计贡献率及特征向量

主成分	特征根	特征向量（系数） $X_1, X_2, \cdots, X_p$	累积总变异（%）
Y_1	λ_1	$l_{11}, l_{22}, \cdots, l_p$	
Y_2	λ_2	$l_{12}, l_{22}, \cdots, l_p$	
$\vdots$	$\vdots$	$\cdots$	
Y_p	λ_p	$l_{1p}, l_{2p}, \cdots, l_{pp}$	

（四）结果分析

（1）在 p 个特征根中，按其大小，选取 p' 个特征根，使累积总变异为

$$\frac{\sum\limits_{i=1}^{p'}\lambda_i}{\sum\limits_{i=1}^{p}\lambda_i} > 0.80（或 0.90）$$

式中 p' 个 λ 为对应于贡献最大的主成分，按其大小排列依次为第一主成分，第二主成分等。

（2）列出贡献最大的几个主成分：

第一主成分 $Y_1 = l_{11}x_1 + l_{21}x_2 + \cdots + l_{p1}x_p$

第二主成分 $Y_2 = l_{12}x_1 + l_{22}x_2 + \cdots + l_{p2}x_p$

……

由主成分与变量的函数关系，按研究对象的专业意义进行分析讨论。

三、主成分分析方法示例

[例 9.1.1] 按表 9.1.4 所列原始资料进行主成分分析运算。

表 9.1.4 原始观察值资料表（单向分组，$n=5$，$K=3$）

抽样单位号	变量 1 x_1	变量 2 x_2	变量 3 x_3
1	2	4	1
2	4	8	2
3	3	6	1
4	2	4	1
5	2	3	1
$\overline{x}$	2.6	5.0	1.2
S	0.8944	2.0000	2.0.4472

（一）建立样本协方差矩阵和样本相关矩阵

计算样本方差，即

$$S_{ii} = \frac{\sum x_i^2 - \dfrac{(\sum x_i)^2}{n}}{n-1}$$

算得　　$S_{11}=0.8$　　　$S_{22}=4$　　　$S_{33}=0.2$

计算样本协方差，即

$$S_{ij}=\frac{\sum\limits_{k=1}^{n}(x_{ki}-\bar{x}_i)(x_{kj}-\bar{x}_j)}{n-1}$$

算得　　$S_{12}=1.75$　　　$S_{13}=0.35$　　　$S_{23}=0.75$

于是得样本协方差矩阵 S 为

$$S=\begin{bmatrix} 0.80 & 1.75 & 0.35 \\ 1.75 & 4.00 & 0.75 \\ 0.35 & 0.75 & 0.20 \end{bmatrix}$$

如欲用样本相关矩阵进行主成分分析，则计算单相关系数，即

$$r_{ij}=\frac{S_{ij}}{\sqrt{S_{ii}}\cdot\sqrt{S_{jj}}}$$

算得　　$r_{12}=0.98$　　　$r_{13}=0.88$　　　$r_{23}=0.84$

于是得样本相关矩阵为

$$R=\begin{bmatrix} 1 & 0.98 & 0.88 \\ 0.98 & 1 & 0.84 \\ 0.88 & 0.84 & 1 \end{bmatrix}$$

（二）由样本相关矩阵用计算机算出特征根和特征向量

由样本相关矩阵用计算机算出特征根和特征向量见表 9.1.5。

9.1.5　特征根、累积贡献率及特征向量

主成分	特征根	特征向量（系数）			累积总变异/%
		X_1	X_2	X_3	
Y_1	2.796	0.590	0.582	0.559	93.2
Y_2	0.185	-0.301	-0.484	0.822	99.3
Y_3	0.019	0.749	-0.653	-0.110	100

（三）结果分析讨论

因为此例为假想的例子，不便追寻各主成分的意义，但结果表明，第一主成分 Y_1 已占总变异的 93.2%，基本可将原三个指标化为一个指标，其余两个主成分仅占总变异的 6.8%，可以忽略，这样描述样品的三个变量就可仅用一个变量（第一主成分）来作为指标。第一主成分的线性函数为

$$Y_1=0.590x_1+0.582x_2+0.559x_3$$

由第一主成分即可对样品进行分析研究。

第二节　主成分分析在环境科学中的应用

一、主成分分析在土壤重金属背景值研究中的应用

［例 9.2.1］　杨国治等（1991）利用湖南省土壤背景值部分资料，采用主成分分析法

探讨土壤中重金属背景值与成土母质的关系。

(一)建立相关矩阵

本例共 31 个土壤样本(n),11 个指标变量(p),包括 Cu、Pb、Zn、Cd、Co、Ni、Cr、Mn、Fe、Hg、As,其数据(简略)及有关统计量列于表 9.2.1。

表 9.2.1 土壤重金属元素含量　　　　　　　　　　　单位:mg/kg

土号	Cu (x_1)	Pb (x_2)	Zn (x_3)	Cd (x_4)	Hg (x_5)	As (x_6)	Cr (x_7)	Ni (x_8)	Co (x_9)	Mn (x_{10})	Fe (x_{11})
1	17.0	60	68	0.094	0.066	2.57	47	21	10	200	2.00
2	17.0	53	68	0.136	0.074	6.47	46	16	13	200	1.94
⋮	⋮	⋮	⋮	⋮	⋮	⋮	⋮	⋮	⋮	⋮	⋮
31	3.0	28	80	0.143	0.084	13.34	61	42	13	480	3.60
$\bar{x}_j$	28.9	35.6	99.9	0.080	0.126	13.70	79.7	41.5	16.4	334.5	3.9
S_j	17.4	15.0	29.3	0.065	0.121	6.90	87.0	37.0	12.7	260.9	1.7
CV_j	0.61	0.42	0.29	0.81	0.96	0.50	1.09	0.89	0.77	0.74	0.44

根据表 9.2.1 数据,用式(9.1.3)计算变量间的相关系数,于是可建立相关矩阵列于表 9.2.2。

表 9.2.2 土壤 11 个变量间的相关矩阵

变量	Cu	Pb	Zn	Cd	Hg	As	Cr	Ni	Co	Mn	Fe
Cu	1	−0.7889	0.4527	−0.0083	0.0611	0.0216	0.7703	0.9618	0.6623	0.4189	0.9213
Pb		1	−0.4898	−0.1581	0.0084	−0.1461	−0.4839	−0.7957	−0.6698	−0.5168	−0.7846
Zn			1	0.3698	0.2981	0.2591	0.1851	0.4049	0.4744	0.0133	0.5958
Cd				1	0.6377	0.2567	−0.0707	−0.0453	0.2565	0.5697	0.0313
Hg					1	0.3562	−0.0139	−0.1203	−0.0159	0.2660	−0.0412
As						1	0.2282	−0.0512	−0.1681	0.0749	0.0883
Cr							1	0.6486	0.2244	0.0688	0.6058
Ni								1	0.6697	0.4536	0.8984
Co									1	0.6721	0.7241
Mn										1	0.5018
Fe											1

(二)计算特征值和特征向量及确定主成分

(1)计算特征值,确定主成分:根据表 9.2.1 数据应用 Jacobi 法计算特征值及贡献率列于表 9.2.3。

表 9.2.3　特征值及贡献率

编号	1	2	3	4	5	6	7	8	9	10	11
特征值	5.299	2.281	1.327	0.651	0.464	0.319	0.239	0.217	0.129	0.057	0.012
贡献率	48.17	20.73	12.06	5.92	4.22	2.90	2.17	1.97	1.17	0.52	0.11
累积贡献率	48.17	68.90	80.96	86.88	91.10	94.00	96.17	98.14	99.31	99.83	99.94
主成分	y_1	y_2									

表 9.2.3 显示,前 2 个特征值累积贡献率已接近 70%,已能用它们来对所研究土壤样本的 11 个变量所提供的信息进行分类。但由于土壤样本受自然界多种因素的影响,所以前两个主成分只能代表 31 个土样 11 个变量(元素)测定值全部信息的 70%。

(2)计算特征向量:由式(9.1.7)计算两个主成分的特征向量列于表 9.2.4。

表 9.2.4　两个主成分的特征向量

主成分	Cu	Pb	Zn	Cd	Hg	As	Cr	Ni	Co	Mn	Fe
y_1	−0.4046	0.3784	−0.2845	−0.0989	−0.0329	−0.0502	−0.2682	−0.3952	−0.3462	−0.2894	−0.4090
y_2	−0.1852	0.0364	0.2831	0.5643	0.5289	0.2907	−0.2041	−0.2068	0.0226	0.3233	−0.1090

表 9.2.4 中各主成分的特征向量分别代表 11 个变量(元素)在该主成分中的权系数。对于第一主成分(y_1),Pb 是唯一的具有较强的正向负荷,与 Pb 相斥的 Cu、Fe、Co、Ni、Zn、Cr 则具有较强的逆向负荷,表明这两类元素在土壤中具有相反的富集趋势;对于第二主成分(y_2),Cd 与 Hg 具有较强的正向负荷,表明这两种元素(变量)有一定的内在联系。

(三)建立主成分方程

两个主分量分别为

$$
\begin{cases}
y_1 = -0.4046x_1' + 0.3784x_2' - 0.2845x_3' - 0.0989x_4' - 0.0329x_5' - 0.0502x_6' \\
\qquad - 0.2682x_7' - 0.3952x_8' - 0.3462x_9' - 0.2894x_{10}' - 0.4090x_{11}' \\
y_2 = -0.1852x_1' + 0.0364x_2' + 0.2831x_3' + 0.5643x_4' + 0.5289x_5' + 0.2907x_6' \\
\qquad - 0.2041x_7' - 0.2068x_8' + 0.0226x_9' + 0.3233x_{10}' - 0.1090x_{11}'
\end{cases}
$$

(9.2.1)

式中,x_j' 为变量 x_j 的标准化变量。

$$x_1' = \frac{x_1 - 28.9}{17.4}, x_2' = \frac{x_2 - 35.6}{15.0}, x_3' = \frac{x_3 - 99.9}{29.3}, x_4' = \frac{x_4 - 0.080}{0.065}, x_5' = \frac{x_5 - 0.126}{0.121},$$

$$x_6' = \frac{x_6 - 13.70}{6.90}, x_7' = \frac{x_7 - 79.7}{87.0}, x_8' = \frac{x_8 - 41.5}{37.0}, x_9' = \frac{x_9 - 16.4}{12.7}, x_{10}' = \frac{x_{10} - 334.5}{260.9},$$

$$x_{11}' = \frac{x_{11} - 3.9}{1.7}$$

将 x_j' 代入上式,并将 x_j 写成金属元素符号,则得主成分方程:

$$y_1 = 3.4642 - 0.0234\text{Cu} + 0.0252\text{Pb} - 0.0098\text{Zn} - 1.5942\text{Cd} - 0.0271\text{Hg} -$$
$$0.0072\text{As} - 0.0031\text{Cr} - 0.0107\text{Ni} - 0.0272\text{Co} - 0.0012\text{Mn} - 0.2393\text{Fe}$$
$$y_2 = -2.3704 - 0.0107\text{Cu} + 0.0024\text{Pb} + 0.0096\text{Zn} + 8.7002\text{Cd} + 4.3632\text{Hg}$$
$$+ 0.0417\text{As} - 0.0024\text{Cr} - 0.0056\text{Ni} + 0.0017\text{Co} + 0.0012\text{Mn} - 0.00638\text{Fe}$$

(9.2.2)

（四）绘制主成分示意图

（1）计算主成分值：将土样各变量（元素含量）代入所建立的主成分方程 y_1 和 y_2，分别计算 31 个土样的两个主成分值列于表 9.2.5。

表 9.2.5　各土样的主成分值

土号	y_1	y_2	土号	y_1	y_2	土号	y_1	y_2	土号	y_1	y_2
1	2.399	-0.625	9	3.085	-0.299	17	0.397	0.841	25	-5.285	-2.747
2	2.108	-0.042	10	1.555	-1.014	18	0.328	-0.039	26	-1.291	1.188
3	1.898	0.022	11	1.759	-0.102	19	0.673	0.720	27	-0.131	-0.163
4	2.709	-1.336	12	0.487	0.609	20	0.419	-0.337	28	-1.484	4.211
5	2.042	-1.144	13	0.539	0.637	21	-4.571	-1.302	29	-2.081	4.424
6	2.107	-1.193	14	0.780	0.209	22	-5.619	-0.887	30	-1.299	1.714
7	1.342	-0.471	15	0.142	1.219	23	-3.414	-0.869	31	-0.098	0.311
8	2.019	-0.899	16	0.491	-0.422	24	-2.021	-2.231	32		

（2）绘制主成分示意图：以 y_1 为横坐标，y_2 为纵坐标，用 31 个土样的主成分值作散布图，将相互靠近的点用实线圈出，得主成分示意图如图 9.2.1 所示。

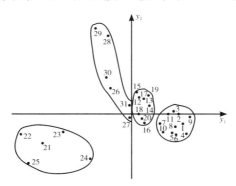

图 9.2.1　主成分示意图

从图 9.2.1 主成分元素图可以看出，根据土壤重金属背景值大致可将 31 个土样分为 4 个组，基本上以四个象限为单元。

第一组，1—11 号土样基本上在第Ⅳ象限内，仅一个样点稍跨入第Ⅰ象限。本组包括水稻土、红壤、黄壤，所有土样均为花岗岩母质。

第二组，12—20 号土样有 6 个样点在第Ⅰ象限，3 个样点稍跨第Ⅳ象限。本组包括水稻土和红壤，其土样全为第四纪土母质。

第三组，21—25 号土样全部在第Ⅲ象限，其土类属红壤，均为玄武岩母质。

第四组，26—31 号土样其中 5 个在第Ⅱ象限，1 个跨第Ⅲ象限，其土类属红壤和黄壤，均为石灰岩母质。

以上根据主成分分析得出的组，与成土母质的类型完全一致，而与土壤类型无关。由此可见其中若干重金属含量反映成土母质的特性。

二、主成分分析在水质评价中的应用

[例 9.2.2] 谢剑(1986)根据某河流污染系有机物污染的实际情况选择了 9 个断面对 BOD_5、COD、DO 等 3 个指标进行了多次监测,得到各指标的监测平均值如表 9.2.6,试对其进行主成分分析。

(一)建立变量相关矩阵

本例共 9 个样本(n),3 个变量(p),包括 BOD_5、COD 和 DO,其数据及有关统计量列于表 9.2.6。

表 9.2.6　某河流有机物污染监测结果　　　　　　　　　　单位:mg/L

断面	1#	2#	3#	4#	5#	6#	7#	8#	9#	$\bar{x}_i$	S_i
$BOD_5(x_1)$	1.59	3.03	6.15	18.99	3.32	3.65	2.75	3.59	5.99	5.451	5.284
$COD(x_2)$	2.46	4.62	8.55	18.97	6.11	6.89	3.46	4.60	8.79	7.161	4.925
$DO(x_3)$	7.86	7.68	7.06	4.32	6.65	7.76	7.60	7.33	7.06	7.036	1.093

根据表 9.2.6 数据,用式(9.1.3)计算两个变量间的单相关系数,于是可建立变量间相关矩阵 R。

$$R = \begin{bmatrix} 1.0000 & 0.9776 & -0.9534 \\ 0.9776 & 1.0000 & -0.9326 \\ -0.9534 & -0.9326 & 1.0000 \end{bmatrix}$$

(二)计算矩阵 R 的特征根与特征向量

表 9.2.7　特征根与特征向量

		特征向量			特征根	贡献率(%)	累积贡献率(%)
		BOD_5	COD	DO	(λ)	(信息量)	
主	y_1	0.5797	0.5797	-0.5726	2.9093	96.98	96.98
分	y_2	0.2242	0.5621	0.7960	0.0714	2.38	99.36
量	y_3	-0.7833	0.5899	-0.1959	0.0193	0.64	100.00

(三)建立主成分方程

三个主成分分别为

$$\begin{cases} Y_1 = 0.5797x_1' + 0.5797x_2' - 0.5726x_3' \\ Y_2 = 0.2242x_1' + 0.5621x_2' + 0.7960x_3' \\ Y_3 = -0.7833x_1' + 0.5899x_2' - 0.1959x_3' \end{cases} \tag{9.2.3}$$

式中 x_j' 为变量 x_j 的标准化变量。如果将

$$x_1' = \frac{x_1 - 5.451}{5.284}, x_2' = \frac{x_2 - 7.161}{4.925}, x_3' = \frac{x_3 - 7.036}{1.093}$$

代入式(9.2.3)得主成分方程:

$$\begin{cases} Y_1 = 2.2451 + 0.1097x_1 + 0.1177x_2 - 0.5239x_3 \\ Y_2 = 0.0424x_1 + 0.0.1141x_2 + 0.7283x_3 - 6.1727 \\ Y_3 = -0.1482x_1 + 0.1198x_2 - 0.1792x_3 + 1.2134 \end{cases} \qquad (9.2.4)$$

式中 x_1,x_2,x_3 为原始变量。实际上,式(9.2.3)与式(9.2.4)是等价的。

(四)分析与推断

1. 分析水质污染的理化过程

从主成分式(9.2.3)可以看出,第一主成分中各变量的系数绝对值大致相同,其中表示污染作用的指标系数为正数(BOD_5、COD),而表示自净能力的指标系数为负数,故第一主分量主要反映有机污染物的污染与水质自净作用的对比程度。该成分值越大,说明有机污染越严重;相反,主成分值越小,说明水质自净能力越强。第二主成分中 BOD_5 为一较小的正数,而 DO 为一较大的正数,COD 系数变化不大,表明第二主成分主要反映水环境单元的稳定条件下的 BOD_5 的浓度,随着这一过程的增加,DO 的含量相应地增加。而在第三主成分中,BOD_5 为较小的负数,DO 为一较大负数,而 COD 变化亦不大,所以第三主成分变化同第二主成分,进一步阐明 BOD_5 与 DO 的关系。

2. 评价水环境质量

由于第一主成分的贡献率已达 85% 以上,因此可采用第一主成分的新排序值来评价水环境质量。排序值越小,质量越高(因为该主成分中 BOD_5、COD 为正数,而 DO 为负数)。由此可以将 9 个断面的水质由好到坏排列为 1#、7#、2#、8#、6#、5#、3#、9#、4#。

3. 确定各变量的权重

(1)求负荷阵。

$$L = \begin{bmatrix} 0.5797\sqrt{\lambda_1} & 0.2242\sqrt{\lambda_2} & -0.7833\sqrt{\lambda_3} \\ 0.5797\sqrt{\lambda_1} & 0.5621\sqrt{\lambda_2} & 0.5899\sqrt{\lambda_3} \\ -0.5726\sqrt{\lambda_1} & 0.7960\sqrt{\lambda_2} & -0.1959\sqrt{\lambda_3} \end{bmatrix} = \begin{bmatrix} 0.9888 & 0.0599 & -0.1088 \\ 0.9888 & 0.1502 & 0.0819 \\ -0.9769 & 0.2127 & -0.0272 \end{bmatrix}$$

(2)确定各变量的权重。在负荷阵 L 中,令 $h_i^2 = \sum\limits_{j=1}^{2} l_{ij}^2$(可反映原信息量的 99.3%),有 $h_1^2 = 0.9813, h_2^2 = 1.0000, h_3^2 = 0.9992$,将 h_i^2 归一化,就得到 BOD_5、COD、DO 的权重分别为 0.329、0.336、0.335。

4. 监测优化布点

(1)求样本的主成分值。

将每个样本的原始数据代入式(9.2.4)得样本的主成分值(新排序值)于表 9.2.8。

表 9.2.8　样本主成分值

断面	1#	2#	3#	4#	5#	6#	7#	8#	9#
第一主分量 Y_1	−1.409	−0.902	0.227	4.298	−0.155	−0.609	−1.028	−0.660	0.238
第二主分量 Y_2	−0.100	0.076	0.205	−0.057	−0.492	0.420	−0.126	−0.157	0.226
第三主分量 Y_3	−0.136	−0.058	0.061	−0.102	0.262	0.107	−0.142	−0.081	0.113

(2)优化布点:优化布点需作点图分类。一般使用二维坐标体系,故选第一主成分 Y_1 为横轴,第二主成分 Y_2 为纵轴,将 Y_1、Y_2 的新排序值标在图中(图 9.2.2)。

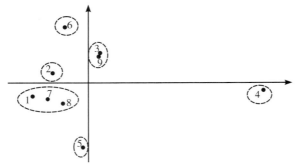

图 9.2.2　主成分示意图

从图 9.2.2 中可以看出，$1^\#$、$7^\#$、$8^\#$ 监测点为一类，3、9 号监测点为一类，$2^\#$、$4^\#$、$5^\#$、$6^\#$ 监测点各为一类。分在同一类的监测点具有相似性。在第一类监测点中，按照类间点位的主成分排序值相差最大的原则进一步优选点位。参考主成分排序值，显然最佳监测点位为 $1^\#$、$3^\#$、$4^\#$、$5^\#$、$6^\#$，这样既保证了监测质量，又节省了人力、财力和物力。

第三节　因子分析

因子分析是主成分分析的进一步发展，它是将原变量进行重新组合，利用数学工具将众多的原变量组成少数的独立的新变量，这种新变量称为因子。因子分析就是找出这些因子影响系统的最少独立变量的因子，用较少具有代表性的因子来概括多变量所提供的信息，找出影响观测数据的主要因素，反映环境间内在关系。例如在河流水质监测中，涉及 COD、DO、水温、pH 值环境变量，这些变量并非完全独立，而是存在某种内在关系，整个环境样品受几个主要因素影响。因子分析就是要找出这些潜在的主要因素。

因子分析一般分为两类，一类是研究变量（指标）之间相互关系的 R 型因子分析，另一类则是研究样品之间相互关系的 Q 型因子分析。前者出发点是实测指标间相关系数组成的矩阵，而后者则建立于样品间相似系数组成的矩阵。本节着重介绍 R 型因子分析。

一、因子分析的方法原理

假定有 p 个变量 $x_1, x_2, \cdots, x_p$，在 n 个样品中对 p 个变量观测的结果组成了原始数据矩阵：

$$X = \begin{bmatrix} x_{11} & x_{12} & \cdots & x_{1p} \\ x_{21} & x_{22} & \cdots & x_{2p} \\ \vdots & \vdots & \vdots & \vdots \\ x_{n1} & x_{n2} & \cdots & x_{np} \end{bmatrix}$$

通常，为了消除变量之间在数量级上或量纲上的不同，在进行因子分析之前都对变量先进行标准化，以使每个变量的数学期望为零，方差为 1。

假定标准化以后的变量是 $z_1, z_2, \cdots, z_p$，标准化数据矩阵为

$$Z = \begin{bmatrix} z_{11} & z_{12} & \cdots & z_{1p} \\ z_{21} & z_{22} & \cdots & z_{2p} \\ \vdots & \vdots & \vdots & \vdots \\ z_{n1} & z_{n2} & \cdots & z_{np} \end{bmatrix}$$

因子分析的基本假设是，p 个标准化变量 $z_1, z_2, \cdots, z_p$ 可由 p 个新的标准化变量——因子 $F_1, F_2, \cdots, F_p$ 线性表示如下：

$$\begin{cases} z_1 = a_{11}F_1 + a_{12}F_2 + \cdots + a_{1p}F_p \\ z_2 = a_{21}F_1 + a_{22}F_2 + \cdots + a_{2p}F_p \\ \cdots \\ z_p = a_{p1}F_1 + a_{p2}F_2 + \cdots + a_{pp}F_p \end{cases} \tag{9.3.1}$$

其中 $a_{ij}(i, j = 1, 2, \cdots, p)$ 是变量 z_1 在因子 F_1 前面的系数（或因子载荷）。

假定在式（9.3.1）中 p 个因子是按照它们的方差贡献由大到小排列的，而且真正有意义的只是前面 m 个方差贡献较大的因子（m 个因子的累积贡献率在 85% 以上），此时式（9.3.1）可以写成

$$\begin{cases} z_1 = a_{11}F_1 + a_{12}F_2 + \cdots + a_{1m}F_m + e_1 \\ z_2 = a_{21}F_1 + a_{22}F_2 + \cdots + a_{2m}F_m + e_2 \\ \cdots \\ z_p = a_{p1}F_1 + a_{p2}F_2 + \cdots + a_{pm}F_m + e_p \end{cases} \tag{9.3.2}$$

其中 $e_1, e_2, \cdots, e_p$ 是变量 $z_1, z_2, \cdots, z_P$ 用因子 $F_1, F_2, \cdots, F_m$ 表示时的误差项或剩余项。

式（9.3.2）也可写成

$$Z = AF + \varepsilon \tag{9.3.3}$$

由于 Z 为标准化变量，所以式（9.3.2）、式（9.3.3）具有

$m \leqslant p$

$\mathrm{coV}(F, \varepsilon) = 0$

$D(F) = 1$

$$D(\varepsilon) = \wedge = \begin{bmatrix} \sigma_1^2 & & & \\ & \sigma_2^2 & & \\ & & \ddots & \\ & & & \sigma_p^2 \end{bmatrix}$$

$E(Z) = 0, E(F) = 0, E(\varepsilon) = 0, D(Z) = 1$

则 $D(Z) = E(AF + \varepsilon)(AF + \varepsilon)' = AA' + D(\varepsilon)$ （9.3.4）

从式（9.3.3）、式（9.3.4）可得

$$z_i = \sum_{j=1}^{m} a_{ij} \cdot f_j + \varepsilon_1 \qquad (i = 1, 2, \cdots, p) \tag{9.3.5}$$

$$D(Z) = \sum_{j=1}^{m} a_{ij} + \sigma_i^2 \tag{9.3.6}$$

令 $h_1^2 = \sum_{j=1}^{m} a_{ij}$，则有

$$h_1^2 + \sigma_1^2 = 1$$

与因子的方差贡献相反，式（9.3.2）中各行因子载荷的平方和 h_1^2 表示 m 个不同因子对同一变量 z_i 的近似程度。在变量 z_i 中除了这一部分方差，剩余的方差 σ_i^2 由剩余项提供，σ_i^2 反映了特殊因子对应对 z_i 的影响，称为特殊因子的"强贡献"。

二、因子分析的方法步骤

设有 n 个样本$(i = 1, 2, \cdots, n)$，每个样本有 p 个变量$(j = 1, 2, \cdots, p)$，则原始数据矩

阵 X 为

$$X = \begin{bmatrix} x_{11} & x_{12} & \cdots & x_{1p} \\ x_{21} & x_{22} & \cdots & x_{2p} \\ \vdots & \vdots & \vdots & \vdots \\ x_{n1} & x_{n2} & \cdots & x_{np} \end{bmatrix} \qquad (9.3.7)$$

(一)求协方差矩阵

(1)将原始数据标准化,设 x_{ij} 为第 i 个样本第 j 个变量的原始观察值,Z_{ij} 为其相应的标准化值,则

$$Z_{ij} = \frac{(x_{ij} - \bar{x}_j)}{S_j} \qquad (9.3.8)$$

式中 $\bar{x}_j$、S_j 分别为第 j 个变量的均值和标准差。则可构成标准化矩阵 Z,即

$$Z = \begin{bmatrix} z_{11} & z_{12} & \cdots & z_{1p} \\ z_{21} & z_{22} & \cdots & z_{2p} \\ \vdots & \vdots & \vdots & \vdots \\ z_{n1} & z_{n2} & \cdots & z_{np} \end{bmatrix} \qquad (9.3.9)$$

(2)求矩阵 Z 的协方差阵(即矩阵 X 的相关系数矩阵)R。

$$R = \begin{bmatrix} 1 & r_{12} & \cdots & r_{1p} \\ r_{21} & 1 & \cdots & r_{2p} \\ \vdots & \vdots & \vdots & \vdots \\ r_{n1} & r_{n2} & \cdots & 1 \end{bmatrix} \qquad (9.3.10)$$

(二)对 R 进行主成分分析

用 Jacobi 法解出矩阵 R 的特征根及相应的特征向量。

特征根 $\quad \lambda_1 \geqslant \lambda_2 \geqslant \cdots \geqslant \lambda_p$

特征向量 $\quad u_i = (u_{1i}, u_{2i}, \cdots, u_{pi})'$ $\qquad (9.3.11)$

由主成分分析知

$$Y = U'Z \qquad (9.3.12)$$

式中 Y 为一组新的彼此之间互不相关,又是原始变量 $x_1, x_2, \cdots, x_p$ 的组合的新变量向量,Z 为标准化后的数据矩阵,式(9.3.11)经变换为

$$Z = UY \qquad (9.3.13)$$

因为 Y 为原始变量 X 的组合,故应将 Y 进行标准化处理,使之与 Z 匹配:

$$Y = \begin{bmatrix} y_1 \\ y_2 \\ \vdots \\ y_p \end{bmatrix} = \begin{bmatrix} \sqrt{\lambda_1} & & & \\ & \sqrt{\lambda_2} & & \\ & & \ddots & \\ & & & \sqrt{\lambda_p} \end{bmatrix} \begin{bmatrix} y_1/\sqrt{\lambda_1} \\ y_2/\sqrt{\lambda_2} \\ \vdots \\ y_p/\sqrt{\lambda_p} \end{bmatrix} \qquad (9.3.14)$$

令 $f_1 = y_1/\sqrt{\lambda_1}$,$f_2 = y_2/\sqrt{\lambda_2}$,$\cdots$,$f_p = y_p/\sqrt{\lambda_p}$

则有

$$Y = \begin{bmatrix} \sqrt{\lambda_1} & & & \\ & \sqrt{\lambda_2} & & \\ & & \ddots & \\ & & & \sqrt{\lambda_p} \end{bmatrix} \begin{Bmatrix} y_1 \\ y_2 \\ \vdots \\ y_p \end{Bmatrix} \tag{9.3.15}$$

所以

$$Z = UY = \begin{bmatrix} \sqrt{\lambda_1}\, u_{11} & \sqrt{\lambda_2}\, u_{12} & \cdots & \sqrt{\lambda_p}\, u_{1p} \\ \sqrt{\lambda_1}\, u_{21} & \sqrt{\lambda_2}\, u_{22} & \cdots & \sqrt{\lambda_p}\, u_{2p} \\ \vdots & \vdots & \vdots & \vdots \\ \sqrt{\lambda_1}\, u_{p1} & \sqrt{\lambda_2}\, u_{p2} & \cdots & \sqrt{\lambda_p}\, u_{pp} \end{bmatrix} \begin{Bmatrix} y_1 \\ y_2 \\ \vdots \\ y_p \end{Bmatrix} \tag{9.3.16}$$

(三)公共因子的导出

到此为止,对原始变量进行了处理得到了 p 个新因子 F。但我们的目的是对环境问题作出合理的解释与说明,从而进一步找出解决问题的有效方法,所以我们必须简化问题,找出在环境样品中的公共因子和特殊因子,保留较为重要的因子,删除不重要的因子。在此,可以从特征根方面来考虑。一般来说,当前 m 个特征根之和达到总特征根之和的 85% 左右时,可以考虑忽略其他特征根。由此有

$$Z = \begin{bmatrix} \sqrt{\lambda_1}\, u_{11} & \sqrt{\lambda_2}\, u_{12} & \cdots & \sqrt{\lambda_m}\, u_{1m} \\ \sqrt{\lambda_1}\, u_{21} & \sqrt{\lambda_2}\, u_{22} & \cdots & \sqrt{\lambda_m}\, u_{2m} \\ \vdots & \vdots & \vdots & \vdots \\ \sqrt{\lambda_1}\, u_{p1} & \sqrt{\lambda_2}\, u_{p2} & \cdots & \sqrt{\lambda_m}\, u_{pm} \end{bmatrix} \begin{Bmatrix} y_1 \\ y_2 \\ \vdots \\ f_m \end{Bmatrix} + \begin{bmatrix} \sqrt{\lambda_{m+1}}\, u_{1m+1} & \cdots & \sqrt{\lambda_p}\, u_{1p} \\ \sqrt{\lambda_{m+1}}\, u_{2m+1} & \cdots & \sqrt{\lambda_p}\, u_{2p} \\ \vdots & \vdots & \vdots \\ \sqrt{\lambda_{m+1}}\, u_{pm+1} & \cdots & \sqrt{\lambda_p}\, u_{pp} \end{bmatrix} \begin{Bmatrix} f_{m+1} \\ f_{m+2} \\ \vdots \\ f_p \end{Bmatrix}$$

令 $a_{ij} = \sqrt{\lambda_j}\, u_{ij}$　　　$(i=1,2,\cdots,p;j=1,2,\cdots,m)$

$A = (a_{ij})_p \times m$

$F = (f_1, f_2, \cdots, f_m)$

$$\varepsilon = \begin{Bmatrix} \varepsilon_1 \\ \varepsilon_2 \\ \vdots \\ \varepsilon_p \end{Bmatrix} = \begin{bmatrix} \sqrt{\lambda_{m+1}}\, u_{1m+1} & \cdots & \sqrt{\lambda_p}\, u_{1p} \\ \sqrt{\lambda_{m+1}}\, u_{2m+1} & \cdots & \sqrt{\lambda_p}\, u_{2p} \\ \vdots & \vdots & \vdots \\ \sqrt{\lambda_{m+1}}\, u_{pm+1} & \cdots & \sqrt{\lambda_p}\, u_{pp} \end{bmatrix} \begin{Bmatrix} f_{m+1} \\ f_{m+2} \\ \vdots \\ f_p \end{Bmatrix}$$

所以有

$$Z = AF + \varepsilon \tag{9.3.17}$$

AF 为 p 个主成分所能解释的部分,ε 为残余部分。A 为因子载荷系数矩阵,F 为公共因子矩阵,ε 是无法再分解的因子,且 ε_i 对应 X_i,称 ε 为特殊因子矩阵。

若式(9.3.17)能对问题作出合理的解释,解题则至此结束,否则还需对求得的因子载荷矩阵 A 加以调整。调整载荷的目的是使载荷矩阵结构简化,便于解释每个因子的物理意义。例如使每个因子对不同变量的影响程度更加清晰。由于因子分析模型所具有的特殊性质,载荷矩阵 A 的调整通常借助于旋转因子轴的方法。

(四)因子轴的旋转

根据式(9.3.17),若引入新的正交矩阵 T,并令

$$Y = T'F \tag{9.3.18}$$

则 $Z = ATy + \varepsilon \triangleq By + \varepsilon$ $\qquad$ (9.3.19)

显然有

$$\mathrm{Var}(z) = AT'TA'\mathrm{Var}(y) + \mathrm{Var}(\varepsilon) = AA' + \mathrm{Var}(\varepsilon) \tag{9.3.20}$$

式(9.3.19)表明,若 F 为公共因子,则对每一个正交矩阵 T 来说,$T'F$ 仍是公共因子,但是,对于新的公共因子 $T'F$ 来说,其载荷阵不再是 A 而是 AT 了。也就是说,对于任一正交矩阵 T,AT' 仍是因子的载荷阵。利用这个性质,可以对原载荷阵 A 施以适当的正交变换,使 AT 能按实际需要给出明显的物理意义。这种正交变换载荷矩阵的方法,从向量空间的观点来看,就是因子轴的旋转。

旋转变换方法很多,用得最多的是"方差极大"的正交旋转法。所谓"方差极大"正交旋转法,是指将每个因子轴进行适当的旋转使得每个变量在同一因子上载荷的方差和向最大与最小两个方面转化。为了叙述方便,假设先考虑两个因子的简单情形,其载荷阵与正交变换阵分别为

$$A = \begin{bmatrix} a_{11} & a_{12} \\ a_{21} & a_{22} \\ \vdots & \vdots \\ a_{p1} & a_{p2} \end{bmatrix} \qquad T = \begin{bmatrix} \cos\theta & -\sin\theta \\ \sin\theta & \cos\theta \end{bmatrix}$$

则旋转后得矩阵 B 为

$$B = AT = \begin{bmatrix} a_{11}\cos\theta + a_{12}\sin\theta & -a_{11}\sin\theta + a_{12}\cos\theta \\ a_{21}\cos\theta + a_{22}\sin\theta & -a_{21}\sin\theta + a_{22}\cos\theta \\ \vdots & \vdots \\ a_{p1}\cos\theta + a_{p2}\sin\theta & -a_{p1}\sin\theta + a_{p2}\cos\theta \end{bmatrix} = \begin{bmatrix} b_{11} & b_{12} \\ b_{21} & b_{22} \\ \vdots & \vdots \\ b_{p1} & b_{p2} \end{bmatrix} \tag{9.3.21}$$

旋转坐标轴的目的,是希望将变量分成两部分,使其中一部分与第一因子有关,另一部分与第二因子有关。也就是说,要求 $(b_{11}^2, b_{21}^2, \cdots, b_{p1}^2)$ 与 $(b_{12}^2, b_{22}^2, \cdots, b_{p2}^2)$ 这两组数据方差尽可能地大,其和取得最大值。为此,考虑各组相对方差

$$V_h = \frac{1}{p} \sum_{i=1}^{p} \left(\frac{b_{ih}^2}{d_i^2} \right)^2 - \left(\frac{1}{p} \sum_{i=1}^{p} \frac{b_{ih}^2}{d_i^2} \right)^2 \tag{9.3.22}$$

$$= \frac{1}{p^2} \left[p \sum_{i=1}^{p} \left(\frac{b_{ih}^2}{d_i^2} \right)^2 - \left(\sum_{i=1}^{p} \frac{b_{ih}^2}{d_i^2} \right)^2 \right] \qquad (h = 1, 2)$$

式中分母 d_i^2 是各个变量对公共因子的依赖程度。考虑相对方差,其目的在于式(9.3.22)中前一部分为了消去正负号影响,后一部分则是为了消除各个变量对公共因子作用不同的影响。两个因子的总方差为

$$V = V_1 + V_2$$

又因为 V 是 θ 的函数,要使总方差最大,则可令

$$\frac{dV}{d\theta} = 0$$

利用式(9.3.20)与式(9.3.21)经计算求得

$$\tan 4\theta = \frac{C - \dfrac{2ab}{p}}{h - \dfrac{a^2 - b^2}{p}} \tag{9.3.23}$$

其中，$a=\sum\limits_{i=1}^{p}u_i$，$u_i=\left(\dfrac{b_{i1}}{d_i}\right)^2-\left(\dfrac{b_{i2}}{d_i}\right)^2$

$b=\sum\limits_{i=1}^{p}v_i$，$v_i=\dfrac{2b_{i1}b_{i2}}{d_i^2}$

$h=\sum\limits_{i=1}^{p}(u_i^2-v_i^2)$，$C=2\sum\limits_{i=1}^{p}u_iv_i$

由式(9.3.22)可求出 θ 值。

推广到多个公共因子，可逐次对每两个因子的载荷系数作上述正交变换。一般对任意因子 f_i、f_j 的旋转变换，只需将式(9.3.23)中的下标设为 i、j 即可。旋转 m 个公共因子共需旋转 $m(m+1)/2$ 次变换。旋转完毕后，还可重新开始，以便使每次旋转后的总方差

$$V=V_1+V_2+\cdots+V_m \tag{9.3.24}$$

达到最大。显然第 i 次旋转有 $V^{(i)}$，而第$(i+1)$次旋转就有 $V^{(i+1)}$。当 $V^{(i)}$ 上升至某个 $V^{(i+1)}$ 时，总方差改变不大即可停止旋转，一般在实际计算中，可以拟定临界值 α（微量），使

$$|V^{(i+1)}-V^{(i)}|<\alpha \tag{9.3.25}$$

作为因子载荷阵的调整终点。至此，可得下列因子旋转矩阵

$$B=AT$$

这里，$A=(a_{ij})_p\times m$ 是初始因子载荷阵，$T=(t_{ij})_m\times m$ 为正交变换阵，$B=(b_{ij})_p\times m$ 为最终因子载荷。在 A 被 T 正交变换成 B 时，任何一个变量的公共因子方差不变。

$$\sum_{j=1}^{m}b_{ij}^2=\sum_{j=1}^{m}a_{ij}^2=d_i^2 \qquad (i=1,2,\cdots,p) \tag{9.3.26}$$

（五）因子得分的计算

在 R 型因子分析中，因子就是新的变量，它们是原来那些变量的线性组合，而且往往是与一定的环境成因概念有关的，通过它们可以从成因的角度对原来那些变量进行归纳。R 型的因子得分就是因子在各个样品中的取值，可以用它们来研究因子的空间变化规律。

因子得分运用在以下几个方面将会给多元分析带来方便。

(1)由于每个因子代表了一定的成因概念，因此可通过因子得分来描述这个环境成因在空间上的表现。

(2)因子的个数往往要比原来的研究对象（变量或样本）少得多。因此当用因子代替原来的研究对象，用因子得分代替原来的观测结果时，就可以使数据矩阵大大简化。

(3)在正交因子的情况下，因子是彼此无关的，因此在研究各个因子的得分时，彼此就没什么牵连。这一点对其他某些多元分析方法的综合应用尤为方便。

关于因子得分的计算方法有许多种，一般情况下，在环境因子分析时最常见的是回归估计法。现以 R 型因子分析为例说明因子得分的计算方法。

在许多场合下，忽略特殊因子的作用，要求将公共因子 $f_k(k=1,2,\cdots,p)$ 表示为变量 z_i 的组合，即

$$f_k=c_{k1}z_1+c_{k2}z_2+\cdots+c_{kp}z_p \qquad (k=1,2,\cdots,p) \tag{9.3.27}$$

由于因子数 $m\leqslant p$，因此，由多元回归方程理论可知，用估计量 f_k 对式(9.3.27)中的

f_k 进行估计,且欲求(9.3.27)式中的 c_{kj} ,应有正则方程:

$$\begin{cases} r_{11}c_{k1}+r_{12}c_{k2}+\cdots+r_{1p}c_{kp}=l_{1k} \\ r_{21}c_{k1}+r_{22}c_{k2}+\cdots+r_{2p}c_{kp}=l_{2k} \\ \cdots \\ r_{p1}c_{k1}+r_{p2}c_{k2}+\cdots+r_{pp}c_{kp}=l_{pk} \end{cases} \tag{9.3.28}$$

式中 $l_{ik}(i=1,2,\cdots,p;k=1,2,\cdots,m)$ 为变量 i 与公共因子 L_k 的相关系数,因为诸因子相互无关,所以实际上 $l_{ik}=a_{ik}$,即 f_{ik} 是对应因子载荷矩阵 A 中 a_{ik} 元素。而 $r_{ij}(i,j=1,2,\cdots,p)$ 是变量间的相关矩阵 R 中的元素,故方程式(9.3.28)解为

$$\begin{bmatrix} c_{k1} \\ c_{k2} \\ \vdots \\ c_{kp} \end{bmatrix} = \begin{bmatrix} r_{11} & r_{12} & \cdots & r_{1p} \\ r_{21} & r_{22} & \cdots & r_{2p} \\ \vdots & \vdots & \vdots & \vdots \\ r_{p1} & r_{p2} & \cdots & r_{pp} \end{bmatrix} \begin{bmatrix} a_{1k} \\ a_{2k} \\ \vdots \\ a_{pk} \end{bmatrix}$$

故式(9.3.27)解为

$$\hat{F}=A'R^{-1}Z \tag{9.3.29}$$

这就是计算各个公共因子互不相关时的因子得分公式。式中 A' 为初始载荷阵的转置矩阵,R^{-1} 是变量相关矩阵的逆矩阵,Z 为原始数据的标准化矩阵。

三、因子分析与主成分分析的比较

因子分析和主成分分析都是从相关矩阵(协方差矩阵)出发,找出解决问题的方法。因子分析中,是利用主成分分析法从相关矩阵中提取公共因子,它提出的公共因子个数 m 小于变量数 p ,这 m 个不同因子对同一变量 z_i 所提供的变量总方差可以说明。因子分析模型为

$$Z=AF+\varepsilon$$

主成分分析模型为

$$Y=AX \text{ 或 } X=A^{-1}Y$$

它是用 p 个主成分说明 p 个变量的总方差。其关系用图9.3.1可以说明。

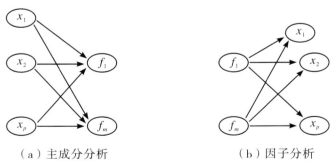

（a）主成分分析　　　　　　　　　（b）因子分析

图9.3.1　主成分分析与因子分析的关系

因子分析和主成分分析模型中矩阵 A 的元素是不相同的。在因子分析中,因子载荷(即矩阵 A 的列向量)平方和等于对应因子的特征根。

主成分分析法是将相关矩阵(或协方差矩阵)"分解"为相互正交、彼此无关的主成分,而因子分析除可分解为正交的、独立的之外,还可"分解"为斜交的、相关的因子。

四、因子分析应用实例

[例 9.3.1]　戴昭华(1987)利用因子分析对某城市大气颗粒物样品作数学分析。16个样本颗粒中物质含量见表 9.3.1。

根据表 9.3.1 所给数据,计算出各变量间的相关系数(表 9.3.2)。依照相关矩阵,由特征方程解出特征根及其相应的特征向量(表 9.3.3)。由表 9.3.3 不难看出,前三个因子特征根贡献率之和几乎等于 90%,因此公共因子选 3 个,计算出初始因子载荷阵(表 9.3.4)。并根据方差最大旋转方法得到最终因子载荷阵(表 9.3.5)和因子得分(表 9.3.6)。

表 9.3.1　大气颗粒物分析结果　　　　　　　　　　　　　　单位:mg/kg

样号	Br	K	Ba	Rb	Sc	Fe	Zn	Ni	V	W	As
1	180	11000	820	58	18.0	22000	950	110	274	5.9	60
2	97	7800	650	39	9.6	16000	930	44	100	6.3	100
3	120	8600	490	45	8.2	14000	820	45	107	3.3	72
4	200	7400	390	31	9.5	13000	1500	55	183	10.0	75
5	29	5400	250	33	5.6	10000	170	30	88	3.2	25
6	42	9100	490	43	6.1	14000	370	17	93	2.5	39
7	60	12000	520	54	10.0	21000	780	45	129	4.3	49
8	38	8700	430	41	8.2	16000	680	37	96	4.9	56
9	110	5400	250	30	4.6	7300	860	39	1	2.7	53
10	38	4900	174	20	3.5	6700	480	36	50	3.1	39
11	100	7100	360	29	5.5	11000	960	22	28	5.3	25
12	60	4200	130	15	2.1	4400	840	17	24	3.9	25
13	15	5800	240	27	5.5	11000	650	25	49	4.9	40
14	17	8000	260	35	5.1	12000	370	20	48	3.5	30
15	19	870	290	38	5.8	14000	800	26	40	6.1	25
16	13	46000	20	20	3.7	7200	370	14	44	3.7	25

表 9.3.2　颗粒物中物质含量(变量)相关系数

元素	Br	K	Ba	Rb	Sc	Fe	Zn	Ni	V	W	As
Br	1.0000	0.2974	0.5842	0.2981	0.6495	0.3481	0.8096	0.7438	0.6557	0.5715	0.6815
K		1.0000	0.8295	0.9550	0.7620	0.9524	0.2384	0.5314	0.6445	0.2331	0.3598
Ba			1.0000	0.8468	0.9353	0.8991	0.3483	0.7770	0.8267	0.3053	0.6305
Rb				1.0000	0.7920	0.9442	0.1408	0.5957	0.6632	0.1041	0.3812
Sc					1.0000	0.8790	0.4283	0.9131	0.9238	0.4622	0.5832
Fe						1.0000	0.2655	0.6523	0.7566	0.3488	0.4780
Zn							1.0000	0.4751	0.3807	0.7917	0.6239
Ni								1.0000	0.8680	0.4034	0.5373
V									1.0000	0.4964	0.4883
W										1.0000	0.4312
As											1.0000

表 9.3.3　特征根及对应特征向量

项目	1	2	3	4	5	6	7	8	9	10	11
特征值	7.0837	2.0900	0.6925	0.5675	0.3144	0.1228	0.0731	0.0328	0.0178	0.0044	0.0010
百分率%	64.40	19.00	6.29	5.16	2.86	1.11	0.66	0.30	0.16	0.04	0.01
累积百分率%	64.40	83.40	89.69	94.85	97.71	98.82	99.48	99.78	99.91	99.98	99.99
Br	−0.2744	−0.3021	−0.3516	−0.3022	−0.3642	−0.3328	−0.2154	−0.3261	−0.3365	−0.2048	−0.2591
K	−0.3867	0.3233	0.1563	0.3706	0.0702	0.2742	−0.5016	−0.0586	0.0193	−0.4295	−0.2252
Ba	−0.2792	−0.3758	0.0731	−0.1709	0.1756	−0.2702	−0.3078	0.5000	0.3067	−0.4400	−0.0378
Rb	−0.1400	0.0130	−0.1846	−0.1057	0.1278	0.0528	−0.0269	0.1400	0.3435	0.4937	−0.7006
Sc	0.4308	0.2801	−0.0799	0.2388	−0.1291	−0.1173	0.4546	0.0787	−0.2521	−0.4596	−0.4862
Fe	0.4320	0.1131	0.2640	−0.0624	−0.1907	−0.1363	−0.1965	−0.6391	0.4684	0.0029	−0.0748
Zn	0.0630	0.0866	−0.7245	0.4097	−0.2621	−0.0487	−0.0386	0.0349	0.3819	−0.0161	0.2524
Ni	0.4446	0.2932	−0.0735	0.3926	0.1934	0.0707	−0.4428	−0.0753	−0.4462	0.3260	−0.0767
V	−0.2078	−0.6429	0.0735	0.4175	0.1685	0.1066	0.3944	−0.2914	0.2140	−0.1684	−0.0969
W	−0.1450	−0.1106	0.4477	0.3477	−0.6344	−0.2869	−0.0394	0.3079	0.0096	0.2505	−0.0350
As	−0.1984	0.2291	0.0158	0.2298	0.4732	−0.7775	0.0162	−0.1120	−0.0204	0.0963	0.0649

特征向量 (label spanning Br–As rows)

表 9.3.4　初始因子载荷阵

元素	F_1	F_2	F_3
Br	−0.7303	−0.5591	0.2323
K	−0.8041	0.4674	−0.3127
Ba	−0.9359	0.2259	0.0690
Rb	−0.8044	0.5357	−0.1423
Sc	−0.9694	0.1015	0.1494
Fe	−0.8858	0.3938	−0.2248
Zn	−0.5732	−0.7252	−0.2561
Ni	−0.8679	−0.0846	0.4168
V	−0.8956	0.0279	0.2552
W	−0.5451	−0.6209	−0.3661
As	−0.6987	−0.3689	−0.0731

表 9.3.5 最终因子载荷阵

元素	F_1	F_2	F_3	公因子方差
Br	0.0739	−0.6585	0.6788	0.8999
K	−0.9622	−0.1337	0.1385	0.9628
Ba	−0.7630	−0.2154	0.5495	0.9306
Rb	−0.9394	−0.0053	0.2679	0.9542
Sc	−0.6762	−0.2881	0.6574	0.9723
Fe	−0.9401	−0.1887	0.2663	0.9902
Zn	−0.0493	−0.9334	0.2155	0.9201
Ni	−0.3900	−0.2693	0.8423	0.9341
V	−0.5397	0.2656	0.7115	0.8681
W	−0.1356	−0.8883	0.0960	0.8167
As	−0.2787	−0.6274	0.3819	0.6171
方差贡献率(%)	39	26	25	

表 9.3.6 因子得分

样号	F_1	F_2	F_3
1	−1.1854	0.1366	2.9956
2	−0.4371	−1.1912	3.0364
3	−0.3125	0.0085	0.9396
4	0.5507	−2.7506	0.5090
5	0.4858	1.4587	0.4731
6	−0.8259	1.0627	−0.3476
7	−2.1076	0.1313	−0.6387
8	−0.7698	−0.3770	−0.4347
9	1.1185	−0.5890	0.4581
10	1.2515	0.7788	0.4519
11	0.2774	−0.7859	−0.6845
12	1.6056	−0.0573	−0.2495
13	0.3486	0.0145	−0.6211
14	−0.2889	0.8017	−0.7716
15	−0.6713	0.4382	−1.5563
16	−0.9605	0.8091	−0.2596

由计算结果不难看出,当地大气颗粒来源主要有三个因素,其方差贡献率占全部的89.69%。在最终因子载荷中,计算得 F_1、F_2、F_3,方差贡献率分别为 39%、26%、25%。而由各因素中载荷可以看到,第一因子主要是 K、Pb、Fe、Ba、Sc、V 等构成,它反映了风沙尘土的作用。第二因子集中反映了元素 Zn、W、As、Br 等作用,它反映了燃煤效应。而第三因子则反映了 Ni、V、Br、Sc、Ba、As 等影响,它主要是燃油的结果。因此用因子分析方法,可以较好地找出当地大气粉尘污染的主要污染源,从而针对现实,科学决策。

练习题

1. 什么是主成分分析和因子分析?

2. 什么是协方差矩阵? 什么是特征值和特征向量?

3. 现有一对称矩阵如下,试求出其特征值和特征向量。

$$A = \begin{bmatrix} 1 & 0.15 & -0.80 \\ 0.15 & 1 & 0.45 \\ -0.80 & 0.45 & 1 \end{bmatrix}$$

4. 研究某省境内几种土类和母质对土壤中 Cu、Ni、Co、As 四种元素含量(背景值)的影响程度,以不同土壤类型、不同土壤母质的土壤样本为观察单元,以元素含量为指标变量,测定数据如下表,请采用主成分分析法,判断土壤类型、土壤母质哪个是主要影响因素。

土壤 Cu、Ni、Co 和 As 的背景值　　　　　　　　　　　　　　　　单位:mg/kg

土号	土类	土壤母质	Cu	Ni	Co	As
1	红壤	花岗岩	15	19	6	6
2	红壤	第四纪红土	33	32	6	22
3	红壤	第四纪红土	32	26	11	19
4	红壤	第四纪红土	30	36	19	15
5	红壤	第四纪红土	24	32	11	16
6	红壤	石灰岩	40	57	21	35
7	红壤	石灰岩	37	49	29	35
8	红壤	石灰岩	37	66	27	24
9	红壤	花岗岩	15	8	6	7
10	红壤	花岗岩	20	12	7	8
11	红壤	花岗岩	22	25	9	11
12	红壤	花岗岩	17	17	7	8

参考文献

[1]胡孝绳.统计学[M].Log Cabin:Log Cabin Society,1976.

[2]杨自强.判别分析与逐步判别[J].计算机应用与应用数学,1976(10):1—29.

[3]刘来福.作物数量性状的遗传距离及其测定[J].遗传学报,1979,6(3):349—355.

[4]孙尚拱,方开泰.多元分析的附加信息检验法[J].应用数学学报,1977(3):81—89.

[5]李麦村,姚棣荣,杨自强.筛选因子的多级逐步判别方法[J].应用数学学报,1977(4):58—73.

[6]曾如阜,黄秉聪.最优回归设计[J].华南师院学报,1978:74—92.

[7]方积乾.序贯判别分析[J].应用数学学报,1979,2(3):287—293.

[8]茆诗松,丁元,周纪芗,等.回归分析及其试验设计[M].上海:华东师范大学出版社,1981.

[9]丁士晟.多元分析方法及其应用[M].长春:吉林人民出版社,1981.

[10]朱伟勇.最优理论设计与应用[M].沈阳:辽宁人民出版社,1981.

[11]方开泰,潘恩沛.聚类分析[M].北京:地质出版社,1982.

[12]方开泰,孙尚拱.定离判别[J].应用数学学报,1982(2).

[13]张尧庭,方开泰.多元统计分析引论[M].北京:科学出版社,1982.

[14]P.A.拉亨布鲁克.判别分析[M].李从珠,译.北京:群众出版社,1988.

[15]罗嵩澍.Fuzzy图论在农业区划中的应用[J].模糊数学,1983,2:19—22.

[16]李世贤.西安等市大气污染与肺癌的关系[J].环境科学,1983,4(5):58—60.

[17]张全德,胡秉民.农业试验统计模型和BASIC程序[M].杭州:浙江科学技术出版社,1985.

[18]胡秉民,王振宙.聚类分析及其在农业研究中的应用[J].浙江农业大学学报(农业与生命科学版),1984(4).

[19]郑一鸣,潘蕙琦.多元回归中选择最优或较优方程的一种新方法:F阈值浮动法[J].数学的实践与认识,1985(2).

[20]马育华.试验统计[M].北京:农业出版社,1982.

[21]杨义群.模糊综合评判与聚类分析的等价关系[J].自然杂志,1985,8(12):918—919.

[22]唐守正.多元统计分析方法[M].北京:中国林业出版社,1986.

[23]杨国治,潘佑民.土壤中重金属元素的主成分分析[J].土壤通报,1986(4).

[24]丁希泉.农业应用回归设计[M].长春:吉林科学技术出版社,1986.

[25]潘蕙琦,史秉璋.用最优回归方法评价一种选择回归子集的新方法[J].数学的实践与认识,1987(2).

[26]陈淑君.陡河水污染研究:聚类分析　最短距离法在水污染研究中的应用[J].环境科学丛刊,1984(8).

[27]孙洪元,张其吉.判别分析在心脏功能分级中的应用[J].数学的实践与认识,1988(1).

[28]徐中儒.农业试验最优回归设计[M].哈尔滨:黑龙江科学技术出版社,1988.

[29]李永孝.农业应用生物统计[M].济南:山东科学技术出版社,1989.

[30]丁希泉,郑秀梅.农业实用回归分析[M].长春:吉林科学技术出版社,1989.

[31]刘福仍.菠萝植株性状相关的通径分析[J].热带作物学报,1989,10(2):113—118.

[32]杨义群.回归设计及多元分析:在农业中的应用[M].咸阳:天则出版社,1990.

[33]吴聿明.环境统计学[M].北京:中国环境科学出版社,1991.

[34]朱明哲.田间试验及统计分析[M].北京:中国农业出版社,1992.

[35]莫惠栋.农业试验设计:第二版[M].上海:上海科学技术出版社,1992.

[36]陶勤南.肥料试验与统计分析[M].北京:中国农业出版社,1997.

[37]毛达如.植物营养研究方法[M].北京:北京农业大学出版社,1994.

[38]马育华.田间试验和统计方法[M].北京:农业出版社,1979.

[39]白厚义,肖俊璋.试验研究及统计分析[M].西安:世界图书出版公司,1998.

[40]洪楠,侯军.SAS for Windows 统计分析系统教程[M].北京:电子工业出版社,2001.

[41]邱振崑.Excel 在经济统计中的应用[M].北京:中国青年出版社,2002.

[42]白厚义.回归设计及多元统计分析[M].南宁:广西科学技术出版社,2003.

[43]白厚义.试验方法及统计分析[M].北京:中国林业出版社,2005.

附图　一些常见的可直线化的曲线函数图形

（一）双曲线函数

1. 普通双曲线函数

$$y = \frac{x}{a+bx}$$

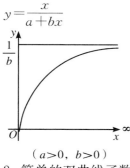

（$a>0$，$b>0$）

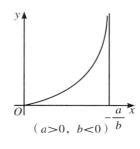

（$a>0$，$b<0$）

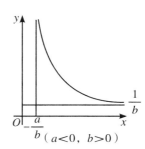

（$a<0$，$b>0$）

2. 简单的双曲线函数

①$y = \dfrac{1}{a+bx}$

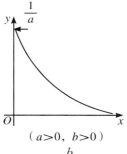

（$a>0$，$b>0$）

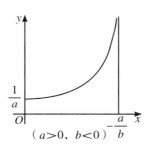

（$a>0$，$b<0$）

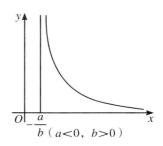

（$a<0$，$b>0$）

②$y = a + \dfrac{b}{x}$

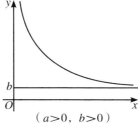

（$a>0$，$b>0$）

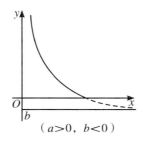

（$a>0$，$b<0$）

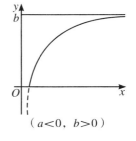

（$a<0$，$b>0$）

（二）幂函数 $y = ax^b$

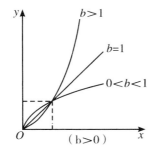

（$b>0$）

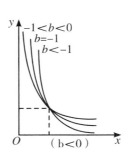

（$b<0$）

213

（三）指数函数

1. $y = a\,e^{bx}$

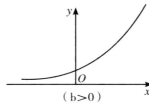 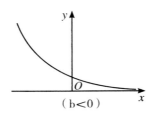

（b>0）　　　　　　　　　　　（b<0）

2. $y = a\,e^{\frac{b}{x}}$

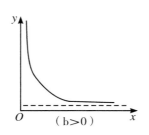 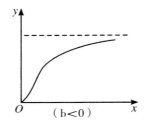

（b>0）　　　　　　　　　　　（b<0）

（四）对数函数 $y = a + b\log x$

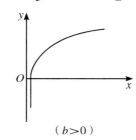 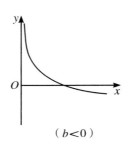

（b>0）　　　　　　　　　　　（b<0）

（五）生长曲线

1. $y = \dfrac{1}{a + b\,e^{-x}}$

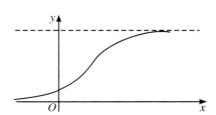

2. $y = \dfrac{k}{1 + a\,e^{-bx}}$

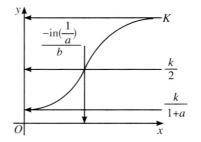

统计附表

附表 1　正态分布概率表

$$P = \int_0^a \frac{1}{\sqrt{2\pi}} e^{-\frac{1}{2}u^2} du$$

概率度 $\frac{x-\mu}{\sigma}$	0.00	0.01	0.02	0.03	0.04	0.05	0.06	0.07	0.08	0.09
0.0	0.0000	0040	0080	0120	0160	0199	0239	0279	0319	0359
0.1	0.0398	0438	0478	0517	0557	0596	0636	0675	0714	0753
0.2	0.0793	0832	0871	0910	0948	0987	1026	1064	1103	1141
0.3	0.1179	1217	1255	1293	1331	1368	1406	1443	1480	1517
0.4	0.1554	1591	1628	1664	1700	1736	1772	1808	1844	1879
0.5	0.1915	1950	1985	2019	2054	2088	2123	2157	2190	2234
0.6	0.2257	2291	2324	2357	2389	2422	2454	2486	2517	2549
0.7	0.2580	2611	2642	2673	2704	2734	2764	2794	2823	2852
0.8	0.2881	2910	2939	2967	2995	3023	3051	3078	3106	3133
0.9	0.3159	3186	3212	3238	3264	3289	3315	3340	3365	3383
1.0	0.3413	3438	3461	3485	3508	3531	3554	3577	3599	3621
1.1	0.3643	3665	3686	3708	3729	3749	3770	3790	3810	3830
1.2	0.3849	3869	3888	3907	3925	3944	3962	3980	3997	4015
1.3	0.4032	4049	4066	4082	4099	4115	4131	4147	4162	4177
1.4	0.4192	4207	4222	4236	4251	4265	4279	4262	4306	4319
1.5	0.4332	4345	4357	4370	4382	4394	4406	4418	4429	4441
1.6	0.4452	4463	4474	4484	4495	4505	4515	4525	4535	4545
1.7	0.4554	4564	4573	4582	4591	4599	4608	4616	4625	4633
1.8	0.4641	4649	4656	4664	4671	4678	4686	4693	4699	4706
1.9	0.4713	4719	4726	4732	4738	4744	4750	4756	4761	4767
2.0	0.4772	4778	4783	4788	4793	4798	4803	4808	4812	4817
2.1	0.4821	4826	4830	4834	4838	4842	4846	4850	4854	4857
2.2	0.4861	4864	4868	4871	4875	4878	4881	4884	4887	4890
2.3	0.4893	4896	4898	4901	4904	4906	4909	4911	4913	4916
2.4	0.4918	4920	4922	4925	4927	4929	4931	4932	4934	4936
2.5	0.4938	4940	4941	4943	4945	4946	4948	4949	4951	4952
2.6	0.4953	4955	4956	4957	4959	4960	4961	4962	4963	4964
2.7	0.4965	4966	4967	4968	4969	4970	4971	4972	4973	4974
2.8	0.4974	4975	4976	4977	4977	4978	4979	4979	4980	4981
2.9	0.4981	4982	4982	4983	4984	4984	4985	4985	4986	4986
3.0	0.4986	4987	4987	4988	4988	4989	4989	4989	4990	4990
3.1	0.4990	4991	4991	4991	4992	4992	4992	4992	4993	4993

附表 2　标准正态分布函数数值表

$$\varphi(u)=P(u)=\int_{-\infty}^{u}\frac{1}{\sqrt{2\pi}}e^{-\frac{1}{2}u^2}\,du \qquad \varphi(-u)=1-\varphi(u)$$

$\varphi(u)$	0.00	0.01	0.02	0.03	0.04	0.05	0.06	0.07	0.08	0.09
0.0	0.5000	0.5040	0.5080	0.5120	0.5160	0.5199	0.5239	0.5279	0.5319	0.5359
0.1	0.5398	0.5438	0.5478	0.5517	0.5557	0.5596	0.5636	0.5675	0.5714	0.5753
0.2	0.5793	0.5832	0.5871	0.5910	0.5948	0.5987	0.6026	0.6064	0.6103	0.6141
0.3	0.6179	0.6217	0.6255	0.6293	0.6331	0.6368	0.6406	0.6443	0.6480	0.6517
0.4	0.6554	0.6591	0.6628	0.6664	0.6700	0.6736	0.6772	0.6808	0.6844	0.6879
0.5	0.6915	0.6950	0.6985	0.7019	0.7054	0.7088	0.7123	0.7157	0.7190	0.7224
0.6	0.7257	0.7291	0.7324	0.7357	0.7389	0.7422	0.7454	0.7486	0.7517	0.7549
0.7	0.7580	0.7611	0.7642	0.7673	0.7703	0.7734	0.7764	0.7794	0.7823	0.7852
0.8	0.7881	0.7910	0.7939	0.7967	0.7995	0.8023	0.8051	0.8078	0.8106	0.8133
0.9	0.8159	0.8186	0.8212	0.8238	0.8264	0.8289	0.8315	0.8340	0.8365	0.8389
1.0	0.8413	0.8438	0.8461	0.8485	0.8508	0.8531	0.8554	0.8577	0.8599	0.8621
1.1	0.8643	0.8665	0.8686	0.8708	0.8729	0.8749	0.8770	0.8790	0.8810	0.8830
1.2	0.8849	0.8869	0.8888	0.8907	0.8925	0.8944	0.8962	0.8980	0.8997	0.9015
1.3	0.9032	0.9049	0.9066	0.9082	0.9099	0.9115	0.9131	0.9147	0.9162	0.9177
1.4	0.9192	0.9207	0.9222	0.9236	0.9251	0.9265	0.9278	0.9292	0.9306	0.9319
1.5	0.9332	0.9345	0.9357	0.9370	0.9382	0.9394	0.9406	0.9418	0.9430	0.9441
1.6	0.9452	0.9463	0.9474	0.9484	0.9495	0.9505	0.9515	0.9525	0.9535	0.9545
1.7	0.9554	0.9564	0.9573	0.9582	0.9591	0.9599	0.9608	0.9616	0.9625	0.9633
1.8	0.9641	0.9648	0.9656	0.9664	0.9671	0.9678	0.9686	0.9693	0.9700	0.9706
1.9	0.9713	0.9719	0.9726	0.9732	0.9738	0.9744	0.9750	0.9756	0.9762	0.9767
2.0	0.9772	0.9778	0.9783	0.9788	0.9793	0.9798	0.9803	0.9808	0.9812	0.9817
2.1	0.9821	0.9826	0.9830	0.9834	0.9838	0.9842	0.9846	0.9850	0.9854	0.9857
2.2	0.9861	0.9864	0.9868	0.9871	0.9874	0.9878	0.9881	0.9884	0.9887	0.9890
2.3	0.9893	0.9896	0.9898	0.9901	0.9904	0.9906	0.9909	0.9911	0.9913	0.9916
2.4	0.9918	0.9920	0.9922	0.9925	0.9927	0.9929	0.9931	0.9932	0.9934	0.9936
2.5	0.9938	0.9940	0.9941	0.9943	0.9945	0.9946	0.9948	0.9949	0.9951	0.9952
2.6	0.9953	0.9955	0.9956	0.9957	0.9959	0.9960	0.9961	0.9962	0.9963	0.9964
2.7	0.9965	0.9966	0.9967	0.9968	0.9969	0.9970	0.9971	0.9972	0.9973	0.9974
2.8	0.9974	0.9975	0.9976	0.9977	0.9977	0.9978	0.9979	0.9979	0.9980	0.9981
2.9	0.9981	0.9982	0.9982	0.9983	0.9984	0.9984	0.9985	0.9985	0.9986	0.9986
3.0	0.9987	0.9990	0.9993	0.9995	0.9997	0.9998	0.9998	0.9999	0.9999	1.0000

注：本表最后一行自左至右依次是 $\varphi(3.0)$、$\varphi(3.1)$、$\cdots$、$\varphi(3.9)$ 的值。

附表 3　正交表

1. $L_4(2^3)$

试验号	列号		
	1	2	3
1	1	1	1
2	1	2	2
3	2	1	2
4	2	2	1
组	1	2	

注:任意两列的交互作用为第三列。

$L_8(2^7)$

试验号	列号						
	1	2	3	4	5	6	7
1	1	1	1	1	1	1	1
2	1	1	1	2	2	2	2
3	1	2	2	1	1	2	2
4	1	2	2	2	2	1	1
5	2	1	2	1	2	1	2
6	2	1	2	2	1	2	1
7	2	2	1	1	2	2	1
8	2	2	1	2	1	1	2
组	1	2			3		

2. $L_8(2^7)$ 二列间的交互作用

列号	列号						
	1	2	3	4	5	6	7
	(1)	3	2	5	4	7	6
		(2)	1	6	7	4	5
			(3)	7	6	5	4
				(4)	1	2	3
					(5)	3	2
						(6)	1
							(7)

$L_8(2^7)$ 表头设计

因子数	列号						
	1	2	3	4	5	6	7
3	A	B	A×B	C	A×C	B×C	
4	A	B	A×B C×D	C	A×C B×D	B×C A×D	D
4	A	B C×D	A×B	C B×D	A×C	D B×C	A×D
5	A D×E	B C×D	A×B C×E	C B×D	A×C B×E	D A×E B×C	E A×D

3. $L_8(4 \times 2^4)$

试验号	列号				
	1	2	3	4	5
1	1	1	1	1	1
2	1	2	2	2	2
3	2	1	1	2	2
4	2	2	2	1	1
5	3	1	2	1	2
6	3	2	1	2	1
7	4	1	2	2	1
8	4	2	1	1	2

$L_8(4 \times 2^4)$ 表头设计

因子数	列号				
	1	2	3	4	5
2	A	B	$(A \times B)_1$	$(A \times B)_2$	$(A \times B)_3$
3	A	B	C		
4	A	B	C	D	
5	A	B	C	D	E

4. $L_{16}(2^{15})$

试验号	列号														
	1	2	3	4	5	6	7	8	9	10	11	12	13	14	15
1	1	1	1	1	1	1	1	1	1	1	1	1	1	1	1
2	1	1	1	1	1	1	1	2	2	2	2	2	2	2	2
3	1	1	1	2	2	2	2	1	1	1	1	2	2	2	2
4	1	1	1	2	2	2	2	2	2	2	2	1	1	1	1
5	1	2	2	1	1	2	2	1	1	2	2	1	1	2	2
6	1	2	2	1	1	2	2	2	2	1	1	2	2	1	1
7	1	2	2	2	2	1	1	1	1	2	2	2	2	1	1
8	1	2	2	2	2	1	1	2	2	1	1	1	1	2	2
9	2	1	2	1	2	1	2	1	2	1	2	1	2	1	2
10	2	1	2	1	2	1	2	2	1	2	1	2	1	2	1
11	2	1	2	2	1	2	1	1	2	1	2	2	1	2	1
12	2	1	2	2	1	2	1	2	1	2	1	1	2	1	2
13	2	2	1	1	2	2	1	1	2	2	1	1	2	2	1
14	2	2	1	1	2	2	1	2	1	1	2	2	1	1	2
15	2	2	1	2	1	1	2	1	2	2	1	2	1	1	2
16	2	2	1	2	1	1	2	2	1	1	2	1	2	2	1
组	1	2		3				4							

L₁₆(2¹⁵) 二列间的交互作用

列号	1	2	3	4	5	6	7	8	9	10	11	12	13	14	15
	(1)	3	2	5	4	7	6	9	8	11	10	13	12	15	14
		(2)	1	6	7	4	5	10	11	8	9	14	15	12	13
			(3)	7	6	5	4	11	10	9	8	15	14	13	12
				(4)	1	2	3	12	13	14	15	8	9	10	11
					(5)	3	2	13	12	15	14	9	8	11	10
						(6)	1	14	15	12	13	10	11	8	9
							(7)	15	14	13	12	11	10	9	8
								(8)	1	2	3	4	5	6	7
									(9)	3	2	5	4	7	6
										(10)	1	6	7	4	5
											(11)	7	6	5	4
												(12)	1	2	3
													(13)	3	2
														(14)	1

L₁₆(2¹⁵) 表头设计

因子数	1	2	3	4	5	6	7	8	9	10	11	12	13	14	15
4	A	B	A×B	C	A×C	B×C		D	A×D	B×D		C×D			
5	A	B	A×B	C	A×C	B×C	D×E	D	A×D	B×D	C×E	C×D	B×E	A×E	E
6	A	B	A×B D×E	C	A×C D×F	B×C E×F	D	A×D B×E C×F	B×D A×E		E	C×D A×F	F	G	C×E B×F
7	A	B	A×B D×E F×G	C	A×C D×F E×G	B×C E×F D×G	D	A×D B×E C×F	B×D A×E C×G		E	C×D A×F B×G	F	G	C×E B×F A×G
8	A	B	A×B D×E F×G C×H	C	A×C D×F E×G B×H	B×C E×F D×G A×H	H	D	B×E A×E C×F C×G G×H F×H		E	A×F B×G B×G E×H	F	G	B×F A×G D×H

5. L₉(3⁴)

试验号	列号			
	1	2	3	4
1	1	1	1	1
2	1	2	2	2
3	1	3	3	3
4	2	1	2	3
5	2	2	3	1
6	2	3	1	2
7	3	1	3	2
8	3	2	1	3
9	3	3	2	1
组	1	2		

注:任意两列间的交互作用为另外两列。

附表 4　学生氏 t 值表（两尾）

自由度	概率值（P）								
（df）	0.500	0.400	0.200	0.100	0.050	0.025	0.010	0.005	0.001
1	1.000	1.376	3.078	6.314	12.706	25.452	63.657		
2	0.816	1.061	1.886	2.920	4.303	6.205	9.925	14.089	31.598
3	0.765	0.978	1.638	2.353	3.182	4.176	5.841	7.453	12.941
4	0.741	0.941	1.533	2.132	2.776	3.495	4.604	5.598	8.610
5	0.727	0.920	1.476	2.015	2.571	3.163	4.032	4.773	6.859
6	0.718	0.906	1.440	1.943	2.447	2.969	3.707	4.317	5.959
7	0.711	0.896	1.415	1.895	2.365	2.841	3.499	4.029	5.405
8	0.708	0.889	1.397	1.860	2.306	2.752	3.355	3.832	5.041
9	0.703	0.883	1.383	1.833	2.262	2.685	3.250	3.690	4.781
10	0.700	0.879	1.372	1.812	2.228	2.634	3.169	3.581	4.687
11	0.697	0.876	1.363	1.796	2.201	3.593	3.106	3.497	4.437
12	0.695	0.873	1.356	1.782	2.179	2.560	3.055	3.428	4.318
13	0.694	0.870	1.350	1.771	2.160	2.533	3.012	3.372	4.221
14	0.692	0.868	1.345	1.761	2.145	2.510	2.977	3.326	4.140
15	0.691	0.866	1.341	1.753	2.131	2.490	2.947	3.286	4.073
16	0.690	0.865	1.337	1.746	2.120	2.473	2.921	3.252	4.015
17	0.689	0.863	1.333	1.740	2.110	2.458	2.898	3.222	3.965
18	0.688	0.862	1.330	1.734	2.101	2.445	2.878	3.197	3.922
19	0.688	0.861	1.328	1.729	2.093	2.433	2.861	3.174	3.883
20	0.687	0.860	1.325	1.725	2.086	2.423	2.845	3.153	3.850
21	0.686	0.859	1.323	1.721	2.080	2.414	2.831	3.135	3.819
22	0.686	0.858	1.321	1.717	2.074	2.406	2.819	3.119	3.792
23	0.685	0.858	1.319	1.714	2.069	2.398	2.807	3.104	3.767
24	0.685	0.857	1.318	1.711	2.064	2.391	2.797	3.090	3.745
25	0.684	0.856	1.316	1.708	2.060	2.385	2.787	3.078	3.725
26	0.684	0.856	1.315	1.706	2.056	2.379	2.779	3.067	3.707
27	0.684	0.855	1.314	1.703	2.052	2.373	2.771	3.056	3.690
28	0.683	0.855	1.313	1.701	2.048	2.368	2.763	3.047	3.674
29	0.683	0.854	1.311	1.699	2.045	2.364	2.756	3.038	3.659
30	0.683	0.854	1.310	1.697	2.042	2.360	2.750	3.030	3.646
35	0.682	0.852	1.306	1.690	2.030	2.342	2.724	2.996	3.591
40	0.681	0.851	1.303	1.684	2.021	2.329	2.704	2.971	3.551
45	0.680	0.850	1.301	1.680	2.014	2.319	2.690	2.952	3.520
50	0.680	0.849	1.299	1.676	2.008	2.310	2.678	2.937	3.496
55	0.679	0.849	1.297	1.673	2.004	2.304	2.669	2.925	3.476
60	0.679	0.848	1.295	1.671	2.000	2.299	2.660	2.915	3.460
70	0.678	0.847	1.294	1.667	1.994	2.290	2.648	2.899	3.435
80	0.678	0.847	1.293	1.665	1.989	2.284	2.638	2.887	3.416
90	0.678	0.846	1.291	1.662	1.986	2.279	2.631	2.878	3.402
100	0.677	0.846	1.290	1.661	1.982	2.276	2.625	2.871	3.390
120	0.677	0.845	1.289	1.658	1.980	2.270	2.617	2.860	3.373
∞	0.6745	0.8416	1.2816	1.6448	1.9000	2.2414	2.5758	2.8070	3.2905

附表 5　χ^2 值表（一尾）

自由度 (df)	概率值(P)												
	0.995	0.990	0.975	0.950	0.900	0.750	0.500	0.250	0.100	0.050	0.025	0.010	0.005
1					0.02	0.10	0.45	1.32	2.71	3.84	5.02	6.63	7.88
2	0.01	0.02	0.05	0.10	0.21	0.58	1.39	2.77	4.61	5.99	7.38	9.21	10.60
3	0.07	0.11	0.22	0.35	0.58	1.21	2.37	4.11	6.25	7.81	9.35	11.34	12.84
4	0.21	0.30	0.48	0.71	1.06	1.92	3.36	5.39	7.78	9.49	11.14	13.28	14.86
5	0.41	0.55	0.85	1.15	1.61	2.67	4.35	6.63	9.24	11.07	12.83	15.09	16.75
6	0.68	0.87	1.24	1.64	2.20	3.45	5.35	7.84	10.64	12.59	14.45	16.81	18.55
7	0.90	1.24	1.69	2.17	2.83	4.25	6.35	9.04	12.02	14.07	16.01	18.48	20.28
8	1.34	1.65	2.18	2.73	3.49	5.07	7.34	10.22	13.36	15.51	17.53	20.09	21.96
9	1.73	2.09	2.70	3.33	4.17	5.90	8.34	11.39	14.68	16.92	19.02	21.69	23.59
10	2.16	2.55	3.25	3.94	4.87	6.74	9.34	12.55	15.99	18.31	20.48	23.21	25.19
11	2.60	3.05	3.82	4.57	5.58	7.58	10.34	13.70	17.28	19.68	21.92	24.72	26.76
12	3.07	3.57	4.40	5.23	6.30	8.44	11.34	14.85	18.55	21.03	23.34	26.22	28.30
13	3.57	4.11	5.01	5.89	7.04	9.30	12.34	15.98	19.81	22.36	24.74	27.69	29.82
14	4.07	4.66	5.63	6.57	7.79	10.17	13.34	17.12	21.06	23.68	26.12	29.11	31.32
15	4.60	5.23	6.27	7.26	8.55	11.04	14.34	18.25	22.31	25.00	27.49	30.57	32.80
16	5.14	5.81	6.91	7.96	9.31	11.91	15.34	19.37	23.54	26.30	28.85	32.01	34.27
17	5.70	6.41	7.56	8.07	10.09	12.79	16.34	20.49	24.77	27.59	30.19	33.41	35.72
18	6.26	7.01	8.23	9.39	10.86	13.68	17.34	21.60	25.89	28.87	31.53	34.81	37.16
19	6.84	7.63	8.91	10.12	11.65	14.56	18.34	22.72	27.20	30.14	32.85	36.19	38.58
20	7.43	8.26	9.59	10.85	12.44	15.45	19.34	23.83	28.41	31.41	34.17	37.57	40.00
21	8.03	8.90	10.28	11.59	13.24	16.34	20.34	24.93	29.62	32.67	35.48	38.93	41.40
22	8.64	9.54	10.98	12.34	14.04	17.24	21.34	26.04	30.81	33.92	36.78	40.29	42.80
23	9.26	10.20	11.69	13.09	14.85	18.14	22.34	27.14	32.01	35.17	38.08	41.64	44.18
24	9.89	10.86	12.40	13.85	15.66	19.04	23.34	28.24	33.20	36.42	39.36	42.98	45.56
25	10.52	11.52	13.12	14.61	16.47	19.94	24.34	29.34	34.38	37.69	40.65	44.31	46.93
26	11.16	12.20	13.84	15.38	17.29	20.84	25.34	30.43	35.56	38.89	41.92	45.61	48.29
27	11.81	12.88	14.57	16.15	18.11	21.75	26.34	31.53	36.74	40.11	43.19	46.96	49.64
28	12.46	13.56	15.31	16.93	18.94	22.66	27.34	32.62	37.92	41.34	44.46	48.28	50.99
29	13.12	14.26	16.05	17.71	19.77	23.57	28.34	33.71	39.09	42.56	45.72	49.59	52.34
30	13.79	14.95	16.79	18.49	20.60	24.48	29.34	34.80	40.26	43.77	46.98	50.89	53.67
40	20.71	22.16	24.43	26.51	29.05	33.66	39.34	45.62	51.80	55.76	59.34	63.69	66.77
50	27.99	29.71	32.36	34.76	37.69	42.94	49.33	56.33	63.17	67.50	71.42	76.16	79.49
60	35.53	37.48	40.48	43.19	46.46	52.29	59.33	66.98	74.40	79.08	83.30	88.38	91.05
70	43.28	45.44	48.76	51.74	55.33	61.70	69.33	77.58	85.53	90.53	95.02	100.42	104.22
80	51.17	53.54	57.15	60.39	64.28	71.14	79.33	88.13	96.58	101.88	100.63	112.33	116.32
90	59.20	61.75	65.65	69.13	73.29	80.62	89.33	98.64	107.56	113.14	118.14	124.12	128.30
100	67.33	70.06	74.22	77.93	82.36	90.13	99.33	109.14	118.50	124.34	130.56	135.81	140.17

附表 6 柯尔莫哥洛夫检验临界值表

n 样本容量	置信度				
	0.20	0.15	0.10	0.05	0.01
4	0.300	0.319	0.352	0.381	0.417
5	0.285	0.299	0.315	0.337	0.405
6	0.265	0.277	0.294	0.319	0.364
7	0.247	0.258	0.276	0.300	0.348
8	0.233	0.244	0.261	0.285	0.331
9	0.223	0.233	0.249	0.271	0.311
10	0.215	0.224	0.239	0.258	0.294
11	0.206	0.217	0.230	0.249	0.284
12	0.199	0.212	0.223	0.242	0.275
13	0.190	0.202	0.214	0.234	0.268
14	0.183	0.194	0.207	0.227	0.261
15	0.177	0.187	0.201	0.220	0.257
16	0.173	0.182	0.195	0.213	0.250
17	0.169	0.177	0.189	0.206	0.245
18	0.166	0.173	0.184	0.200	0.239
19	0.163	0.169	0.179	0.195	0.235
20	0.160	0.166	0.174	0.190	0.231
25	0.142	0.147	0.158	0.173	0.231
30	0.131	0.136	0.144	0.161	0.187
> 30	$\dfrac{0.736}{\sqrt{n}}$	$\dfrac{0.768}{\sqrt{n}}$	$\dfrac{0.805}{\sqrt{n}}$	$\dfrac{0.886}{\sqrt{n}}$	$\dfrac{1.031}{\sqrt{n}}$

附表 7 正态性 W 检验的系数($a_i \cdot n$)

i	n												
	3	4	5	6	7	8	9	10	11	12	13	14	15
1	0.7071	0.6872	0.6646	0.6431	0.6233	0.6052	0.5888	0.5739	0.5601	0.5475	0.5359	0.5251	0.5150
2		0.1677	0.2413	0.2806	0.3031	0.3164	0.3244	0.3291	0.3315	0.3325	0.3325	0.3318	0.3306
3				0.0875	0.1401	0.1743	0.1976	0.2141	0.2260	0.2347	0.2412	0.2460	0.2495
4						0.0561	0.0947	0.1224	0.1429	0.1586	0.1707	0.1802	0.1878
5								0.0399	0.0695	0.0922	0.1099	0.1240	0.1353
6										0.0303	0.0539	0.0727	0.0880
7												0.0240	0.0433

续表

i	n												
	16	17	18	19	20	21	22	23	24	25	26	27	28
1	0.5056	0.4968	0.4386	0.4803	0.4734	0.4643	0.4500	0.4542	0.4493	0.4450	0.4407	0.4366	0.4328
2	0.3290	0.3273	0.3253	0.3232	0.3211	0.3185	0.3156	0.3126	0.3098	0.3069	0.3043	0.3018	0.2992
3	0.2521	0.2540	0.2553	0.2561	0.2565	0.2578	0.2571	0.2563	0.2554	0.2543	0.2533	0.2522	0.2510
4	0.1939	0.1988	0.2027	0.2059	0.2085	0.2119	0.2131	0.2139	0.2145	0.2148	0.2151	0.2152	0.2151
5	0.1447	0.1524	0.1587	0.1641	0.1686	0.1736	0.1764	0.1787	0.1807	0.1822	0.1336	0.1848	0.1857
6	0.1005	0.1109	0.1197	0.1271	0.1334	0.1399	0.1443	0.1480	0.1512	0.1539	0.1563	0.1584	0.1601
7	0.0593	0.0725	0.0837	0.0932	0.1013	0.1092	0.1150	0.1201	0.1245	0.1283	0.1316	0.1346	0.1372
8	0.0196	0.0359	0.0496	0.0612	0.0711	0.0804	0.0878	0.0941	0.0997	0.1046	0.1089	0.1128	0.1162
9			0.0163	0.0303	0.0422	0.0530	0.0618	0.0696	0.0764	0.0823	0.0876	0.0923	0.0965
10					0.0140	0.0263	0.0368	0.0459	0.0539	0.0610	0.0672	0.0728	0.0773
11							0.0122	0.0228	0.0321	0.0403	0.0476	0.0540	0.0598
12									0.0107	0.0200	0.0284	0.0358	0.0424
13											0.0094	0.0178	0.0253
14													0.0084

i	n										
	29	30	31	32	33	34	35	36	37	38	39
1	0.4291	0.4254	0.4220	0.4188	0.4156	0.4127	0.4096	0.4068	0.4040	0.4015	0.3989
2	0.2968	0.2944	0.2921	0.2898	0.2876	0.2854	0.2834	0.2813	0.2794	0.2774	0.2755
3	0.2499	0.2487	0.2475	0.2463	0.2451	0.2439	0.2427	0.2415	0.2403	0.2319	0.2380
4	0.2150	0.2148	0.2145	0.2141	0.2137	0.2132	0.2127	0.2121	0.2116	0.2110	0.2104
5	0.1854	0.1870	0.1874	0.1878	0.1880	0.1882	0.1883	0.1863	0.1883	0.1881	0.1880
6	0.1616	0.1630	0.1641	0.1651	0.1660	0.1667	0.1673	0.1678	0.1683	0.1686	0.1689
7	0.1395	0.1415	0.1433	0.1449	0.1463	0.1475	0.1487	0.1496	0.1505	0.1513	0.1520
8	0.1192	0.1219	0.1243	0.1265	0.1284	0.1301	0.1317	0.1331	0.1344	0.1356	0.1366
9	0.1002	0.1036	0.1066	0.1093	0.1118	0.1140	0.1160	0.1179	0.1196	0.1211	0.1225
10	0.0822	0.0862	0.0899	0.0931	0.0961	0.0988	0.1013	0.1036	0.1056	0.1075	0.1092
11	0.0651	0.0697	0.0739	0.0777	0.0812	0.0844	0.0873	0.0900	0.0924	0.0947	0.0967
12	0.0483	0.0537	0.0585	0.0629	0.0669	0.0706	0.0739	0.0770	0.0798	0.0824	0.0848
13	0.0320	0.0381	0.0435	0.0485	0.0530	0.0572	0.0610	0.0645	0.6777	0.0706	0.0733
14	0.0159	0.0227	0.0289	0.0344	0.0395	0.0441	0.0484	0.0523	0.0559	0.0592	0.0622
15		0.0076	0.0144	0.0206	0.0262	0.0314	0.0361	0.0404	0.0444	0.0481	0.0515
16				0.0068	0.0131	0.0187	0.0239	0.0287	0.0331	0.0372	0.0409
17						0.0062	0.0119	0.0172	0.0220	0.0264	0.0305
18								0.0057	0.0110	0.0158	0.0203
19										0.0053	0.0101
20											

续表

i	40	41	42	43	44	45	46	47	48	49	50
1	0.3964	0.3940	0.3917	0.3894	0.3872	0.3850	0.3830	0.3808	0.3789	0.3770	0.3751
2	0.2737	0.2719	0.2701	0.2684	0.2667	0.2651	0.2635	0.2620	0.2604	0.2589	0.2574
3	0.2368	0.2357	0.2345	0.2334	0.2323	0.2313	0.2302	0.2291	0.2281	0.2271	0.2260
4	0.2098	0.2091	0.2085	0.2078	0.2072	0.2065	0.2058	0.2052	0.2045	0.2038	0.2032
5	0.1878	0.1876	0.1874	0.1871	0.1868	0.1865	0.1862	0.1859	0.1855	0.1851	0.1847
6	0.1691	0.1693	0.1694	0.1695	0.1695	0.1695	0.1695	0.1695	0.1693	0.1692	0.1691
7	0.1526	0.1531	0.1535	0.1539	0.1542	0.1545	0.1548	0.1550	0.1551	0.1553	0.1554
8	0.1376	0.1384	0.1392	0.1398	0.1405	0.1410	0.1415	0.1420	0.1423	0.1427	0.1430
9	0.1237	0.1249	0.1259	0.1269	0.1278	0.1286	0.1290	0.1300	0.1306	0.1312	0.1317
10	0.1108	0.1123	0.1136	0.1149	0.1160	0.1170	0.1180	0.1189	0.1197	0.1205	0.1212
11	0.0986	0.1004	0.1020	0.1035	0.1049	0.1062	0.1073	0.1085	0.1095	0.1105	0.1113
12	0.0870	0.0891	0.0909	0.0927	0.9943	0.0959	0.0972	0.0986	0.0998	0.1010	0.1020
13	0.0759	0.0782	0.0803	0.0824	0.0842	0.0860	0.0876	0.0892	0.0906	0.0919	0.0932
14	0.0651	0.0677	0.0701	0.0724	0.0745	0.0765	0.0783	0.0801	0.0817	0.0832	0.0846
15	0.0546	0.0575	0.0602	0.0628	0.0651	0.0673	0.0694	0.0713	0.0713	0.0748	0.0764
16	0.0444	0.0476	0.0505	0.0534	0.0560	0.0584	0.0607	0.0628	0.0640	0.0667	0.0695
17	0.0345	0.0379	0.0411	0.0442	0.0471	0.0497	0.0522	0.0546	0.0568	0.0588	0.0608
18	0.0244	0.0283	0.0318	0.0352	0.0383	0.0412	0.0439	0.0465	0.0489	0.0511	0.0532
19	0.0146	0.0188	0.0226	0.0263	0.0286	0.0328	0.0357	0.0385	0.0411	0.0436	0.0459
20	0.0049	0.0094	0.0135	0.0175	0.0211	0.0245	0.0277	0.0307	0.0335	0.0361	0.0386
21			0.0045	0.0087	0.0126	0.0163	0.0197	0.0229	0.0259	0.0288	0.0314
22					0.0042	0.0081	0.0118	0.0153	0.0185	0.0215	0.0244
23							0.0039	0.0076	0.0111	0.0143	0.0174
24									0.0037	0.0071	0.0104
25											0.0035

附表 8 正态性 W 检验的临界值 (W_α) 表

n	α				
	0.01	0.02	0.05	0.10	0.50
3	0.753	0.756	0.767	0.789	0.959
4	0.687	0.707	0.748	0.792	0.935
5	0.686	0.715	0.762	0.806	0.927
6	0.713	0.743	0.788	0.826	0.927
7	0.730	0.760	0.803	0.838	0.928
8	0.749	0.778	0.818	0.851	0.932
9	0.764	0.791	0.829	0.859	0.935
10	0.781	0.806	0.842	0.869	0.938
11	0.792	0.817	0.850	0.876	0.940
12	0.805	0.828	0.859	0.883	0.943
13	0.814	0.837	0.866	0.889	0.945
14	0.825	0.846	0.874	0.895	0.947
15	0.835	0.855	0.881	0.901	0.950
16	0.844	0.863	0.887	0.906	0.952
17	0.851	0.869	0.892	0.910	0.954
18	0.858	0.874	0.897	0.914	0.956
19	0.863	0.879	0.901	0.917	0.957
20	0.868	0.884	0.905	0.920	0.959
21	0.873	0.888	0.908	0.923	0.960
22	0.878	0.892	0.911	0.926	0.961
23	0.881	0.895	0.914	0.928	0.962
24	0.884	0.898	0.916	0.930	0.963
25	0.888	0.901	0.918	0.931	0.964
26	0.891	0.904	0.920	0.933	0.965
27	0.894	0.906	0.923	0.935	0.965
28	0.896	0.908	0.924	0.936	0.966
29	0.898	0.910	0.926	0.937	0.966
30	0.900	0.912	0.927	0.939	0.967
31	0.902	0.914	0.929	0.940	0.967
32	0.904	0.915	0.930	0.941	0.968
33	0.906	0.917	0.931	0.942	0.968
34	0.908	0.919	0.933	0.943	0.969
35	0.910	0.920	0.934	0.944	0.969
36	0.912	0.922	0.935	0.945	0.970
37	0.914	0.924	0.936	0.946	0.970
38	0.916	0.925	0.938	0.947	0.971
39	0.917	0.927	0.939	0.948	0.971
40	0.919	0.928	0.940	0.949	0.972
41	0.920	0.929	0.941	0.950	0.972
42	0.922	0.930	0.942	0.951	0.972
43	0.923	0.932	0.943	0.951	0.973
44	0.924	0.933	0.944	0.952	0.973
45	0.926	0.934	0.945	0.953	0.973
46	0.927	0.935	0.945	0.953	0.974
47	0.928	0.936	0.946	0.954	0.974
48	0.929	0.937	0.947	0.954	0.974
49	0.929	0.937	0.947	0.955	0.974
50	0.930	0.938	0.947	0.955	0.974

附表9 偏度、峰度检验的分位数表

α	偏度		峰度			
			0.05		0.01	
N	0.05	0.01	下限	上限	下限	上限
8	0.99	1.42	2.30	3.70	1.47	4.53
9	0.97	1.41	2.14	3.86	1.18	4.82
10	0.95	1.39	2.05	3.95	1.00	5.00
12	0.91	1.34	1.95	4.05	0.80	5.20
15	0.85	1.20	1.87	4.13	0.68	5.32
20	0.77	1.15	1.83	4.17	0.64	5.36
25	0.71	1.06	1.84	4.16	0.70	5.30
30	0.66	0.98	1.89	4.11	0.79	5.21
35	0.62	0.92	1.90	4.10	0.87	5.13
40	0.59	0.87	1.94	4.06	0.96	5.04
45	0.56	0.82	2.00	4.00	1.06	4.94
50	0.53	0.79	2.01	3.99	1.12	4.88
60	0.49	0.72	2.06	3.94	1.22	4.78
70	0.46	0.67	2.11	3.89	1.32	4.68
80	0.43	0.63	2.15	3.85	1.42	4.58
90	0.41	0.60	2.19	3.81	1.52	4.48
100	0.39	0.57	2.23	3.77	1.61	4.39

附表 10　F 检验的临界值（F_α）表

$P(F>F_\alpha)=\alpha$

$\alpha=0.25$

df_2	df_1																		
	1	2	3	4	5	6	7	8	9	10	12	15	20	24	30	40	60	120	∞
1	5.83	7.50	8.20	8.58	8.82	8.98	9.10	9.19	9.26	9.32	9.41	9.49	9.58	9.63	9.67	9.71	9.76	9.80	9.85
2	2.57	3.00	3.15	3.23	3.28	3.31	3.34	3.35	3.37	3.38	3.39	3.41	3.43	3.43	3.44	3.45	3.46	3.47	3.48
3	2.02	2.28	2.36	2.39	2.41	2.42	2.43	2.44	2.44	2.44	2.45	2.46	2.46	2.46	2.47	2.47	2.47	2.47	2.47
4	1.81	2.00	2.05	2.06	2.07	2.08	2.08	2.08	2.08	2.08	2.08	2.08	2.08	2.08	2.08	2.08	2.08	2.08	2.08
5	1.69	1.85	1.88	1.89	1.89	1.89	1.89	1.89	1.89	1.89	1.89	1.89	1.88	1.88	1.88	1.88	1.87	1.87	1.87
6	1.62	1.76	1.78	1.79	1.79	1.78	1.78	1.78	1.77	1.77	1.77	1.76	1.76	1.75	1.75	1.75	1.74	1.74	1.74
7	1.57	1.70	1.72	1.72	1.71	1.71	1.70	1.70	1.69	1.69	1.68	1.68	1.67	1.67	1.66	1.66	1.65	1.65	1.65
8	1.54	1.66	1.67	1.66	1.66	1.65	1.64	1.64	1.63	1.63	1.62	1.62	1.61	1.60	1.60	1.59	1.59	1.58	1.58
9	1.51	1.62	1.63	1.63	1.62	1.61	1.60	1.60	1.59	1.59	1.58	1.57	1.56	1.56	1.55	1.54	1.54	1.53	1.53
10	1.49	1.60	1.60	1.59	1.59	1.58	1.57	1.56	1.56	1.55	1.54	1.53	1.52	1.52	1.51	1.51	1.50	1.49	1.48
11	1.47	1.58	1.58	1.57	1.56	1.55	1.54	1.53	1.53	1.52	1.51	1.50	1.49	1.49	1.48	1.47	1.47	1.46	1.45
12	1.46	1.56	1.56	1.55	1.54	1.53	1.52	1.51	1.51	1.50	1.49	1.48	1.47	1.46	1.45	1.45	1.44	1.43	1.42
13	1.45	1.55	1.55	1.53	1.52	1.51	1.50	1.49	1.49	1.48	1.47	1.46	1.45	1.44	1.43	1.42	1.42	1.41	1.40
14	1.44	1.53	1.53	1.52	1.51	1.50	1.49	1.48	1.47	1.46	1.45	1.44	1.43	1.42	1.41	1.41	1.40	1.39	1.38
15	1.43	1.52	1.52	1.51	1.49	1.48	1.47	1.46	1.46	1.45	1.44	1.43	1.41	1.41	1.40	1.39	1.38	1.37	1.36
16	1.42	1.51	1.51	1.50	1.48	1.47	1.46	1.45	1.44	1.44	1.43	1.41	1.40	1.39	1.38	1.37	1.36	1.35	1.34
17	1.42	1.51	1.50	1.49	1.47	1.46	1.45	1.44	1.43	1.43	1.41	1.40	1.39	1.38	1.37	1.36	1.35	1.34	1.33
18	1.41	1.50	1.49	1.48	1.47	1.45	1.44	1.43	1.42	1.42	1.40	1.39	1.38	1.37	1.36	1.35	1.34	1.33	1.32
19	1.41	1.49	1.49	1.47	1.46	1.44	1.43	1.42	1.41	1.41	1.40	1.38	1.37	1.36	1.35	1.34	1.33	1.32	1.30
20	1.40	1.49	1.48	1.47	1.45	1.44	1.43	1.42	1.41	1.40	1.39	1.37	1.36	1.35	1.34	1.33	1.32	1.31	1.29
21	1.40	1.48	1.48	1.46	1.44	1.43	1.42	1.41	1.40	1.39	1.38	1.37	1.35	1.34	1.33	1.32	1.31	1.30	1.28
22	1.40	1.48	1.47	1.45	1.44	1.42	1.41	1.40	1.39	1.39	1.37	1.36	1.34	1.33	1.32	1.31	1.30	1.29	1.28
23	1.39	1.47	1.47	1.45	1.43	1.42	1.41	1.40	1.39	1.38	1.37	1.35	1.34	1.33	1.32	1.31	1.30	1.28	1.27
24	1.39	1.47	1.46	1.44	1.43	1.41	1.40	1.39	1.38	1.38	1.36	1.35	1.33	1.32	1.31	1.30	1.29	1.28	1.26
25	1.39	1.47	1.46	1.44	1.42	1.41	1.40	1.39	1.38	1.37	1.36	1.34	1.33	1.32	1.31	1.29	1.28	1.27	1.25
26	1.38	1.46	1.45	1.44	1.42	1.40	1.39	1.38	1.37	1.37	1.35	1.34	1.32	1.31	1.30	1.29	1.28	1.26	1.25
27	1.38	1.46	1.45	1.43	1.42	1.40	1.39	1.38	1.37	1.36	1.35	1.33	1.32	1.31	1.30	1.28	1.27	1.26	1.24
28	1.38	1.46	1.45	1.43	1.41	1.40	1.39	1.38	1.37	1.36	1.34	1.33	1.31	1.30	1.29	1.28	1.27	1.25	1.24
29	1.38	1.45	1.45	1.43	1.41	1.40	1.38	1.37	1.36	1.35	1.34	1.32	1.31	1.30	1.29	1.27	1.26	1.25	1.23
30	1.38	1.45	1.44	1.42	1.41	1.39	1.38	1.37	1.36	1.35	1.34	1.32	1.30	1.29	1.28	1.27	1.26	1.24	1.23
40	1.36	1.44	1.42	1.40	1.39	1.37	1.36	1.35	1.34	1.33	1.31	1.30	1.28	1.26	1.25	1.24	1.22	1.21	1.19
60	1.35	1.42	1.41	1.38	1.37	1.35	1.33	1.32	1.31	1.30	1.29	1.27	1.25	1.24	1.22	1.21	1.19	1.17	1.15
120	1.34	1.40	1.39	1.37	1.35	1.33	1.31	1.30	1.29	1.28	1.26	1.24	1.22	1.21	1.19	1.18	1.16	1.13	1.10
∞	1.32	1.39	1.37	1.35	1.33	1.31	1.29	1.28	1.27	1.25	1.24	1.22	1.19	1.18	1.16	1.14	1.12	1.08	1.00

续表　　　　　　　　　　　　　　　　　　　　　　　　　　　　　　　　　　　　　$\alpha = 0.10$

df_2	df_1																	
	1	2	3	4	5	6	7	8	9	10	15	20	30	50	100	200	500	∞
1	39.9	49.5	53.6	55.8	57.2	58.2	58.9	59.4	59.9	60.2	61.2	61.7	62.3	62.7	63.0	63.2	63.3	63.3
2	8.58	9.00	9.16	9.24	9.29	9.38	9.35	9.37	9.38	9.39	9.42	9.44	9.46	9.47	9.48	9.49	9.49	9.49
3	5.54	5.46	5.39	5.34	5.31	5.28	5.27	5.25	5.24	5.23	5.20	5.18	5.17	5.15	5.14	5.14	5.14	5.13
4	4.54	4.32	4.19	4.11	4.05	4.01	3.98	3.95	3.94	3.92	3.87	3.84	3.82	3.80	3.78	3.77	3.76	3.76
5	4.06	3.78	3.52	3.52	3.45	3.40	3.37	3.34	3.32	3.30	3.24	3.21	3.17	3.15	3.13	3.12	3.11	3.10
6	3.78	3.46	3.29	3.18	3.11	3.05	3.01	2.98	2.96	2.94	2.87	2.84	2.80	2.77	2.75	2.73	2.73	2.72
7	3.59	3.26	3.07	2.96	2.88	2.83	2.78	2.75	2.72	2.70	2.63	2.59	2.56	2.52	2.50	2.48	2.48	2.47
8	3.46	3.11	2.92	2.81	2.73	2.67	2.62	2.59	2.56	2.54	2.46	2.42	2.38	2.35	2.32	2.31	2.30	2.29
9	3.36	3.01	2.81	2.69	2.61	2.55	2.51	2.47	2.44	2.42	2.34	2.30	2.25	2.22	2.19	2.17	2.17	2.16
10	3.28	2.29	2.73	2.61	2.52	2.46	2.41	2.38	2.35	2.32	2.24	2.20	2.16	2.12	2.09	2.07	2.06	2.06
11	3.23	2.86	2.66	2.54	2.45	2.39	2.34	2.30	2.27	2.25	2.17	2.12	2.08	2.04	2.00	1.99	1.98	1.97
12	3.18	2.81	2.61	2.48	2.39	2.33	2.28	2.24	2.21	2.19	2.10	2.06	2.01	1.97	1.94	1.92	1.91	1.90
13	3.14	2.76	2.56	2.43	2.35	2.28	2.23	2.20	2.16	2.14	2.05	2.01	1.96	1.92	1.88	1.86	1.85	1.85
14	3.10	2.73	2.52	2.39	2.31	2.24	2.19	2.15	2.12	2.10	2.01	1.96	1.91	1.87	1.83	1.82	1.80	1.80
15	3.07	2.70	2.49	2.36	2.27	2.21	2.16	2.12	2.09	2.06	1.97	1.92	1.87	1.83	1.79	1.77	1.76	1.76
16	3.05	2.67	2.46	2.33	2.24	2.18	2.13	2.09	2.06	2.03	1.94	1.89	1.84	1.79	1.76	1.74	1.73	1.72
17	3.03	2.64	2.44	2.31	2.22	2.15	2.10	2.06	2.03	2.00	1.91	1.86	1.81	1.76	1.73	1.71	1.69	1.69
18	3.01	2.62	2.42	2.29	2.20	2.13	2.08	2.04	2.00	1.98	1.89	1.84	1.78	1.74	1.70	1.68	1.67	1.66
19	2.99	2.61	2.40	2.27	2.18	2.11	2.06	2.02	1.98	1.96	1.86	1.81	1.76	1.71	1.67	1.65	1.64	1.63
20	2.97	2.59	2.38	2.25	2.16	2.09	2.04	2.00	1.96	1.94	1.84	1.79	1.74	1.69	1.65	1.63	1.62	1.61
22	2.95	2.56	2.35	2.22	2.13	2.06	2.01	1.97	1.93	1.90	1.81	1.76	1.70	1.65	1.61	1.59	1.58	1.57
24	2.93	2.54	2.33	2.19	2.10	2.04	1.98	1.94	1.91	1.88	1.78	1.73	1.67	1.62	1.58	1.56	1.54	1.53
26	2.91	2.52	2.31	2.17	2.08	2.01	1.96	1.92	1.88	1.86	1.76	1.71	1.65	1.59	1.55	1.53	1.51	1.50
28	2.89	2.50	2.29	2.16	2.06	2.00	1.94	1.90	1.87	1.84	1.74	1.69	1.63	1.57	1.53	1.50	1.49	1.48
30	2.88	2.49	2.28	2.14	2.05	1.98	1.93	1.88	1.85	1.82	1.72	1.67	1.61	1.55	1.51	1.48	1.47	1.46
40	2.84	2.44	2.23	2.09	2.00	1.93	1.87	1.83	1.79	1.76	1.66	1.61	1.54	1.48	1.43	1.41	1.39	1.38
50	2.81	2.41	2.20	2.06	1.97	1.90	1.84	1.80	1.76	1.73	1.63	1.57	1.50	1.44	1.39	1.36	1.34	1.33
60	2.79	2.39	2.18	2.04	1.95	1.87	1.82	1.77	1.74	1.71	1.60	1.54	1.48	1.41	1.36	1.33	1.31	1.29
80	2.77	2.37	2.15	2.02	1.92	1.85	1.79	1.75	1.71	1.68	1.57	1.51	1.44	1.38	1.32	1.28	1.26	1.24
100	2.76	2.36	2.14	2.00	1.91	1.83	1.78	1.73	1.70	1.66	1.56	1.49	1.42	1.35	1.29	1.26	1.23	1.21
200	2.73	2.33	2.11	1.97	1.88	1.80	1.75	1.70	1.66	1.63	1.52	1.46	1.38	1.31	1.24	1.20	1.17	1.14
500	2.72	2.31	2.10	1.96	1.86	1.79	1.73	1.68	1.64	1.61	1.50	1.44	1.36	1.28	1.21	1.16	1.12	1.09
∞	2.71	2.30	2.08	1.94	1.85	1.77	1.72	1.67	1.63	1.60	1.49	1.42	1.34	1.26	1.18	1.13	1.08	1.00

续表 $\alpha = 0.05$

df_2	df_1														
	1	2	3	4	5	6	7	8	9	10	12	14	16	18	20
1	161	200	216	225	230	234	237	239	241	242	244	245	246	247	248
2	18.5	19.0	19.2	19.2	19.3	19.3	19.4	19.4	19.4	19.4	19.4	19.4	19.4	19.4	19.4
3	10.1	9.55	9.28	9.12	9.01	8.94	8.89	8.85	8.81	8.79	8.74	8.71	8.69	8.67	8.66
4	7.71	6.94	6.59	6.39	6.26	6.16	6.09	6.04	6.00	5.96	5.91	5.87	5.84	5.82	5.80
5	6.61	5.79	5.41	5.19	5.05	4.95	4.88	4.82	4.77	4.74	4.68	4.64	4.60	4.58	4.56
6	5.99	5.14	4.76	4.53	4.39	4.28	4.21	4.15	4.10	4.06	4.00	3.96	3.92	3.90	3.87
7	5.59	4.74	4.35	4.12	3.97	3.87	3.79	3.73	3.68	3.64	3.57	3.53	3.49	3.47	3.44
8	5.32	4.46	4.07	3.84	3.69	3.58	3.50	3.44	3.39	3.35	3.28	3.24	3.20	3.17	3.15
9	5.12	4.26	3.86	3.63	3.48	3.37	3.29	3.23	3.18	3.14	3.07	3.03	2.99	2.96	2.94
10	4.96	4.10	3.71	3.48	3.33	3.22	3.14	3.07	3.02	2.98	2.91	2.86	2.83	2.80	2.77
11	4.84	3.98	3.59	3.36	3.20	3.09	3.01	2.95	2.90	2.85	2.79	2.74	2.70	2.67	2.65
12	4.75	3.89	3.49	3.26	3.11	3.00	2.91	2.85	2.80	2.75	2.69	2.64	2.60	2.57	2.54
13	4.67	3.91	3.41	3.18	3.03	2.92	2.83	2.77	2.71	2.67	2.60	2.55	2.51	2.48	2.46
14	4.60	3.74	3.34	3.11	2.96	2.85	2.76	2.70	2.65	2.60	2.53	2.48	2.44	2.41	2.39
15	4.54	3.68	3.29	3.06	2.90	2.79	2.71	2.64	2.59	2.54	2.48	2.42	2.38	2.35	2.33
16	4.49	3.63	3.24	3.01	2.85	2.74	2.66	2.59	2.54	2.49	2.42	2.37	2.33	2.30	2.28
17	4.45	3.59	3.20	2.96	2.81	2.70	2.61	2.55	2.49	2.45	2.38	2.33	2.29	2.26	2.23
18	4.41	3.55	3.16	2.93	2.77	2.66	2.58	2.51	2.46	2.41	2.34	2.29	2.25	2.22	2.19
19	4.38	3.52	3.13	2.90	2.74	2.63	2.54	2.48	2.42	2.38	2.31	2.26	2.21	2.18	2.16
20	4.35	3.49	3.10	2.87	2.71	2.60	2.51	2.45	2.39	2.35	2.28	2.22	2.18	2.15	2.12
21	4.32	3.47	3.07	2.84	2.68	2.57	2.49	2.42	2.37	2.32	2.25	2.20	2.16	2.12	2.10
22	4.30	3.44	3.05	2.82	2.66	2.55	2.46	2.40	2.34	2.30	2.23	2.17	2.13	2.10	2.07
23	4.28	3.42	3.03	2.80	2.64	2.53	2.44	2.37	2.32	2.27	2.20	2.15	2.11	2.07	2.05
24	4.26	3.40	3.01	2.78	2.62	2.51	2.42	2.36	2.30	2.25	2.18	2.13	2.09	2.05	2.03
25	4.24	3.39	2.99	2.76	2.60	2.49	2.40	2.34	2.28	2.24	2.16	2.11	2.07	2.04	2.01
26	4.23	3.37	2.98	2.74	2.59	2.47	2.39	2.32	2.27	2.22	2.15	2.09	2.05	2.02	1.99
27	4.21	3.35	2.96	2.73	2.57	2.46	2.37	2.31	2.25	2.20	2.13	2.08	2.04	2.00	1.97
28	4.20	3.34	2.95	2.71	2.56	2.45	2.36	2.29	2.24	2.19	2.12	2.06	2.02	1.99	1.96
29	4.18	3.33	2.93	2.70	2.55	2.43	2.35	2.28	2.22	2.18	2.10	2.05	2.01	1.97	1.94
30	4.17	3.32	2.92	2.69	2.53	2.42	2.33	2.27	2.21	2.16	2.09	2.04	1.99	1.96	1.93
32	4.15	3.29	2.90	2.67	2.51	2.40	2.31	2.24	2.19	2.14	2.07	2.01	1.97	1.94	1.91
34	4.13	3.28	2.88	2.65	2.49	2.38	2.29	2.23	2.17	2.12	2.05	1.99	1.95	1.92	1.89
36	4.11	3.26	2.87	2.63	2.48	2.36	2.28	2.21	2.15	2.11	2.03	1.98	1.93	1.90	1.87
38	4.10	3.24	2.85	2.62	2.46	2.35	2.26	2.19	2.14	2.09	2.02	1.96	1.92	1.88	1.85
40	4.08	3.23	2.84	2.61	2.45	2.34	2.25	2.18	2.12	2.08	2.00	1.95	1.90	1.87	1.84
42	4.07	3.22	2.83	2.59	2.44	2.32	2.24	2.17	2.11	2.06	1.99	1.93	1.89	1.86	1.83
44	4.06	3.21	2.82	2.58	2.43	2.31	2.23	2.16	2.10	2.05	1.98	1.92	1.88	1.84	1.81
46	4.05	3.20	2.81	2.57	2.42	2.30	2.22	2.15	2.09	2.04	1.97	1.91	1.87	1.83	1.80
48	4.04	3.19	2.80	2.57	2.41	2.29	2.21	2.14	2.08	2.03	1.96	1.90	1.86	1.82	1.79
50	4.03	3.18	2.79	2.56	2.40	2.29	2.20	2.13	2.07	2.03	1.95	1.89	1.85	1.81	1.78
60	4.00	3.15	2.76	2.53	2.37	2.25	2.17	2.10	2.04	1.99	1.92	1.86	1.82	1.78	1.75
80	3.96	3.11	2.72	2.49	2.33	2.21	2.13	2.06	2.00	1.95	1.88	1.82	1.77	1.73	1.70
100	3.94	3.09	2.70	2.46	2.31	2.19	2.10	2.03	1.97	1.93	1.85	1.79	1.75	1.71	1.68
125	3.92	3.07	2.68	2.44	2.29	2.17	2.08	2.01	1.96	1.91	1.83	1.77	1.72	1.69	1.65
150	3.90	3.06	2.66	2.43	2.27	2.16	2.07	2.00	1.94	1.89	1.82	1.76	1.71	1.67	1.64
200	3.89	3.04	2.65	2.42	2.26	2.14	2.06	1.98	1.93	1.88	1.80	1.74	1.69	1.66	1.62
300	3.87	3.03	2.63	2.40	2.24	2.13	2.04	1.97	1.91	1.86	1.78	1.72	1.68	1.64	1.61
500	3.86	3.01	2.62	2.39	2.23	2.12	2.03	1.96	1.90	1.85	1.77	1.71	1.66	1.62	1.59
1000	3.85	3.00	2.61	2.38	2.22	2.11	2.02	1.95	1.89	1.84	1.76	1.70	1.65	1.61	1.58
∞	3.84	3.00	2.60	2.37	2.21	2.10	2.01	1.94	1.88	1.83	1.75	1.69	1.64	1.60	1.57

续表 $\alpha=0.05$

df_2	df_1														
	22	24	26	28	30	35	40	45	50	60	80	100	200	500	∞
1	249	249	249	250	250	251	251	251	252	252	252	253	254	254	254
2	19.5	19.5	19.5	19.5	19.5	19.5	19.5	19.5	19.5	19.5	19.5	19.5	19.5	19.5	19.5
3	8.65	8.64	8.63	8.62	8.62	8.60	8.59	8.59	8.58	8.57	8.56	8.55	8.54	8.53	8.53
4	5.79	5.77	5.76	5.75	5.75	5.73	5.72	5.71	5.70	5.69	5.67	5.66	5.65	5.64	5.63
5	4.54	4.53	4.52	4.50	4.50	4.48	4.46	4.45	4.44	4.43	4.41	4.41	4.39	4.37	4.37
6	3.86	3.84	3.83	3.82	3.81	3.79	3.77	3.76	3.75	3.74	3.72	3.71	3.69	3.68	3.67
7	3.43	3.41	3.40	3.39	3.38	3.36	3.34	3.33	3.32	3.30	3.29	3.27	3.25	3.24	3.23
8	3.13	3.12	3.10	3.09	3.08	3.06	3.04	3.03	3.02	3.01	2.99	2.97	2.95	2.94	2.93
9	2.92	2.90	2.89	2.87	2.86	2.84	2.83	2.81	2.80	2.79	2.77	2.76	2.73	2.72	2.71
10	2.75	2.74	2.72	2.71	2.70	2.68	2.66	2.65	2.64	2.62	2.60	2.59	2.56	2.55	2.54
11	2.63	2.61	2.59	2.58	2.57	2.55	2.53	2.52	2.51	2.49	2.47	2.46	2.43	2.42	2.40
12	2.52	2.51	2.49	2.48	2.47	2.44	2.43	2.41	2.40	2.38	2.36	2.35	2.32	2.31	2.30
13	2.44	2.42	2.41	2.39	2.38	2.36	2.34	2.33	2.31	2.30	2.27	2.26	2.23	2.22	2.21
14	2.37	2.35	2.33	2.32	2.31	2.28	2.27	2.25	2.24	2.22	2.20	2.19	2.16	2.14	2.13
15	2.31	2.29	2.27	2.26	2.25	2.22	2.20	2.19	2.18	2.16	2.14	2.12	2.10	2.08	2.07
16	2.25	2.24	2.22	2.21	2.19	2.17	2.15	2.14	2.12	2.11	2.08	2.07	2.04	2.02	2.01
17	2.21	2.19	2.17	2.16	2.15	2.12	2.10	2.09	2.08	2.06	2.03	2.02	1.99	1.97	1.96
18	2.17	2.15	2.13	2.12	2.11	2.08	2.06	2.05	2.04	2.02	1.99	1.98	1.95	1.93	1.92
19	2.13	2.11	2.10	2.08	2.07	2.05	2.03	2.01	2.00	1.98	1.96	1.94	1.91	1.89	1.88
20	2.10	2.08	2.07	2.05	2.04	2.01	1.99	1.98	1.97	1.95	1.92	1.91	1.88	1.86	1.84
21	2.07	2.05	2.04	2.02	2.01	1.98	1.96	1.95	1.94	1.92	1.89	1.88	1.84	1.82	1.81
22	2.05	2.03	2.01	2.00	1.98	1.96	1.94	1.92	1.91	1.89	1.86	1.85	1.82	1.80	1.78
23	2.02	2.00	1.99	1.97	1.96	1.93	1.91	1.90	1.88	1.86	1.84	1.82	1.79	1.77	1.76
24	2.00	1.98	1.97	1.95	1.94	1.91	1.89	1.88	1.86	1.84	1.82	1.80	1.77	1.75	1.73
25	1.98	1.96	1.95	1.93	1.92	1.89	1.87	1.86	1.84	1.82	1.80	1.78	1.75	1.73	1.71
26	1.97	1.95	1.93	1.91	1.90	1.87	1.85	1.84	1.82	1.80	1.78	1.76	1.73	1.71	1.69
27	1.95	1.93	1.93	1.90	1.88	1.86	1.84	1.82	1.81	1.79	1.76	1.74	1.71	1.69	1.67
28	1.93	1.91	1.90	1.88	1.87	1.84	1.82	1.80	1.79	1.77	1.74	1.73	1.69	1.67	1.65
29	1.92	1.90	1.88	1.87	1.85	1.83	1.81	1.79	1.77	1.75	1.73	1.71	1.67	1.65	1.64
30	1.91	1.89	1.87	1.85	1.84	1.81	1.79	1.77	1.76	1.74	1.71	1.70	1.66	1.64	1.62
32	1.88	1.86	1.85	1.83	1.82	1.79	1.77	1.75	1.74	1.71	1.69	1.67	1.63	1.61	1.59
34	1.86	1.84	1.82	1.80	1.80	1.77	1.75	1.73	1.71	1.69	1.66	1.65	1.61	1.59	1.57
36	1.85	1.82	1.81	1.79	1.78	1.75	1.73	1.71	1.69	1.67	1.64	1.62	1.59	1.56	1.55
38	1.83	1.81	1.79	1.77	1.76	1.73	1.71	1.69	1.68	1.65	1.62	1.61	1.57	1.54	1.53
40	1.81	1.79	1.77	1.76	1.74	1.72	1.69	1.67	1.66	1.64	1.61	1.59	1.55	1.53	1.51
42	1.80	1.78	1.76	1.74	1.73	1.70	1.68	1.66	1.65	1.62	1.59	1.57	1.53	1.51	1.49
44	1.79	1.77	1.75	1.73	1.72	1.69	1.67	1.65	1.63	1.61	1.58	1.56	1.52	1.49	1.48
46	1.78	1.76	1.74	1.72	1.71	1.68	1.65	1.64	1.62	1.60	1.57	1.55	1.51	1.48	1.46
48	1.77	1.75	1.73	1.71	1.70	1.67	1.64	1.62	1.61	1.59	1.56	1.54	1.49	1.47	1.45
50	1.76	1.74	1.72	1.70	1.69	1.66	1.63	1.61	1.60	1.58	1.54	1.52	1.48	1.46	1.44
60	1.72	1.70	1.68	1.66	1.65	1.62	1.59	1.57	1.56	1.53	1.50	1.48	1.44	1.41	1.39
80	1.68	1.65	1.63	1.62	1.60	1.57	1.54	1.52	1.51	1.48	1.45	1.43	1.38	1.35	1.32
100	1.65	1.63	1.61	1.59	1.57	1.54	1.52	1.49	1.48	1.45	1.41	1.39	1.34	1.31	1.28
125	1.63	1.60	1.58	1.57	1.55	1.52	1.49	1.47	1.45	1.42	1.39	1.36	1.31	1.27	1.25
150	1.61	1.59	1.57	1.55	1.53	1.50	1.48	1.45	1.44	1.41	1.37	1.34	1.29	1.25	1.22
200	1.60	1.57	1.55	1.53	1.52	1.48	1.46	1.43	1.41	1.39	1.35	1.32	1.26	1.22	1.19
300	1.58	1.55	1.53	1.51	1.50	1.46	1.43	1.41	1.39	1.36	1.32	1.30	1.23	1.19	1.15
500	1.56	1.54	1.52	1.50	1.48	1.45	1.42	1.40	1.38	1.34	1.30	1.28	1.21	1.16	1.11
1000	1.55	1.53	1.51	1.49	1.47	1.44	1.41	1.38	1.36	1.33	1.29	1.26	1.19	1.13	1.08
∞	1.54	1.52	1.50	1.48	1.46	1.42	1.39	1.37	1.35	1.32	1.27	1.24	1.17	1.11	1.00

续表 $\qquad$ $\alpha=0.01$

df_2	df_1														
	1	2	3	4	5	6	7	8	9	10	12	14	16	18	20
1	405	500	540	563	576	586	593	598	602	606	611	614	617	619	621
2	98.5	99.0	99.2	99.2	99.3	99.3	99.4	99.4	99.4	99.4	99.4	99.4	99.4	99.4	99.4
3	34.1	30.8	29.5	28.7	28.2	27.9	27.7	27.5	27.3	27.2	27.1	26.9	26.8	26.8	26.7
4	21.2	18.0	16.7	16.0	15.5	15.2	15.0	14.8	14.7	14.5	14.4	14.2	14.2	14.1	14.0
5	16.3	13.3	12.1	11.4	11.0	10.7	10.5	10.3	10.2	10.1	9.89	9.77	9.68	9.61	9.55
6	13.7	10.9	9.78	9.15	8.75	8.47	8.26	8.10	7.98	7.87	7.72	7.60	7.52	7.45	7.40
7	12.2	9.55	8.45	7.85	7.46	7.19	6.99	6.84	6.72	6.62	6.47	6.36	6.27	6.21	6.16
8	11.3	8.65	7.59	7.01	6.63	6.37	6.18	6.03	5.91	5.81	5.67	5.56	5.48	5.41	5.36
9	10.6	8.02	6.99	6.42	6.06	5.80	5.61	5.47	5.35	5.26	5.11	5.00	4.92	4.86	4.81
10	10.0	7.56	6.55	5.99	5.64	5.39	5.20	5.06	4.94	4.85	4.71	4.60	4.52	4.46	4.41
11	9.65	7.21	6.22	5.67	5.32	5.07	4.89	4.74	4.63	4.54	4.40	4.29	4.21	4.15	4.10
12	9.33	6.93	5.95	5.41	5.06	4.82	4.64	4.50	4.39	4.30	4.16	4.05	3.97	3.91	3.86
13	9.07	6.70	5.74	5.21	4.86	4.62	4.44	4.30	4.19	4.10	3.96	3.86	3.78	3.71	3.66
14	8.86	6.51	5.56	5.04	4.70	4.46	4.28	4.14	4.03	3.94	3.80	3.70	3.62	3.56	3.51
15	8.68	6.36	5.42	4.89	4.56	4.32	4.14	4.00	3.89	3.80	3.67	3.56	3.49	3.42	3.37
16	8.53	6.23	5.29	4.77	4.44	4.20	4.03	3.89	3.78	3.69	3.55	3.45	3.37	3.31	3.26
17	8.40	6.11	5.18	4.67	4.34	4.10	3.93	3.79	3.68	3.59	3.46	3.35	3.27	3.21	3.16
18	8.29	6.01	5.09	4.58	4.25	4.01	3.84	3.71	3.60	3.51	3.37	3.27	3.19	3.13	3.08
19	8.18	5.93	5.01	4.50	4.17	3.94	3.77	3.63	3.52	3.43	3.30	3.19	3.12	3.05	3.00
20	8.10	5.85	4.94	4.34	4.10	3.87	3.70	3.56	3.46	3.37	3.23	3.13	3.05	2.99	2.94
21	8.02	5.78	4.87	4.37	4.04	3.81	3.64	3.51	3.40	3.31	3.17	3.07	2.99	2.93	2.88
22	7.95	5.72	4.82	4.31	3.99	3.76	3.59	3.45	3.35	3.26	3.12	3.02	2.94	2.88	2.83
23	7.88	5.66	4.76	4.26	3.94	3.71	3.54	3.41	3.30	3.21	3.07	2.97	2.89	2.83	2.78
24	7.82	5.61	4.72	4.22	3.90	3.67	3.50	3.36	3.26	3.17	3.03	2.93	2.85	2.79	2.74
25	7.77	7.57	4.68	4.18	3.86	3.63	3.46	3.32	3.22	3.13	2.99	2.89	2.81	2.75	2.70
26	7.72	5.53	4.64	4.14	3.82	3.59	3.42	3.29	3.18	3.09	2.96	2.86	2.78	2.72	2.66
27	7.68	5.49	4.60	4.11	3.78	3.56	3.39	3.26	3.15	3.06	2.93	2.82	2.75	2.68	2.63
28	7.64	5.45	4.57	4.07	3.75	3.53	3.36	3.23	3.12	3.03	2.90	2.79	2.72	2.65	2.60
29	7.60	5.42	4.54	4.04	3.73	3.50	3.33	3.20	3.09	3.00	2.87	2.77	2.69	2.62	2.57
30	7.56	5.39	4.51	4.02	3.70	3.47	3.30	3.17	3.07	2.98	2.84	2.74	2.66	2.60	2.55
32	7.50	5.34	4.46	3.97	3.65	3.43	3.26	3.13	3.02	2.93	2.80	2.70	2.62	2.55	2.50
34	7.44	5.29	4.42	3.93	3.61	3.39	6.22	3.09	2.98	2.89	2.76	2.66	2.58	2.51	2.46
36	7.40	5.25	4.38	3.89	3.57	3.35	3.18	3.05	2.95	2.86	2.72	2.62	2.54	2.48	2.43
38	7.35	5.21	4.34	3.86	3.54	3.32	3.15	3.02	2.92	2.83	2.69	2.59	2.51	2.45	2.40
40	7.31	5.18	4.31	3.83	3.51	3.29	3.12	2.99	2.89	2.80	2.66	2.56	2.48	2.42	2.37
42	7.28	5.15	4.29	3.80	3.49	3.27	3.10	2.97	2.86	2.78	2.64	2.54	2.46	2.40	2.34
44	7.25	5.12	4.26	3.78	3.47	3.24	3.08	2.95	2.84	2.75	2.62	2.52	2.44	2.37	2.32
46	7.22	5.10	4.24	3.76	3.44	3.22	3.06	2.93	2.82	2.73	2.60	2.50	2.42	2.35	2.30
48	7.20	5.08	4.22	3.74	3.43	3.20	3.04	2.91	2.80	2.72	2.58	2.48	2.40	2.33	2.28
50	7.17	5.06	4.20	3.72	3.41	3.19	3.02	2.89	2.79	2.70	2.56	2.46	2.38	2.32	2.27
60	7.08	4.98	4.13	3.65	3.34	3.12	2.95	2.82	2.72	2.63	2.50	2.39	2.31	2.25	2.20
80	6.96	4.88	4.04	3.56	3.26	3.04	2.87	2.74	2.64	2.55	2.42	2.31	2.23	2.17	2.12
100	6.90	4.82	3.98	3.51	3.21	2.99	2.82	2.69	2.59	2.50	2.37	2.26	2.19	2.12	2.07
125	6.84	4.78	3.94	3.47	3.17	2.95	2.79	2.66	2.55	2.47	2.33	2.23	2.15	2.08	2.03
150	6.81	4.75	3.92	3.45	3.14	2.92	2.76	2.63	2.53	2.44	2.31	2.20	2.12	2.06	2.00
200	6.76	4.71	3.88	3.41	3.11	2.89	2.73	2.60	2.50	2.41	2.27	2.17	2.09	2.02	1.97
300	6.72	4.68	3.85	3.38	3.08	2.86	2.70	2.57	2.47	2.38	2.24	2.14	2.06	1.99	1.94
500	6.69	4.65	3.82	3.36	3.05	2.84	2.68	2.55	2.44	2.36	2.22	2.12	2.04	1.97	1.92
1000	6.66	4.63	3.80	3.34	3.04	2.82	2.66	2.53	2.43	2.34	2.20	2.10	2.02	1.95	1.90
∞	6.63	4.61	3.78	3.32	3.02	2.80	2.64	2.51	2.41	2.32	2.18	2.08	2.00	1.93	1.88

续表 $\alpha=0.01$

df_2	df_1														
	22	24	26	28	30	35	40	45	50	60	80	100	200	500	∞
1	622	623	624	625	626	628	629	630	630	631	633	633	635	636	637
2	99.5	99.5	99.5	99.5	99.5	99.5	99.5	99.5	99.5	99.5	99.5	99.5	99.5	99.5	99.5
3	26.6	26.6	26.6	26.5	26.5	26.5	26.4	26.4	26.4	26.3	26.3	26.2	26.2	26.1	26.1
4	14.0	13.9	13.9	13.9	13.8	13.8	13.7	13.7	13.7	13.7	13.6	13.6	13.5	13.5	13.5
5	9.51	9.47	9.43	9.40	9.38	9.33	9.29	9.26	9.24	9.20	9.16	9.13	9.08	9.04	9.02
6	7.35	7.31	7.28	7.25	7.23	7.18	7.14	7.11	7.09	7.06	7.01	6.99	6.93	6.90	6.88
7	6.11	6.07	6.04	6.02	5.99	5.94	5.91	5.88	5.86	5.82	5.78	5.75	5.70	5.67	5.65
8	5.32	5.28	5.25	5.22	5.20	5.15	5.12	5.10	5.07	5.03	4.99	4.96	4.91	4.88	4.86
9	4.77	4.73	4.70	4.67	4.65	4.60	4.57	4.54	4.52	4.48	4.44	4.42	4.36	4.33	4.31
10	4.36	4.33	4.30	4.27	4.25	4.20	4.17	4.14	4.12	4.08	4.04	4.01	3.96	3.93	3.91
11	4.06	4.02	3.99	3.96	3.94	3.89	3.86	3.83	3.81	3.78	3.73	3.71	3.66	3.62	3.60
12	3.82	3.78	3.75	3.72	3.70	3.65	3.62	3.59	3.57	3.54	3.49	3.47	3.41	3.38	3.36
13	3.62	3.59	3.56	3.53	3.51	3.46	3.43	3.40	3.38	3.34	3.30	3.27	3.22	3.19	3.17
14	3.46	3.43	3.40	3.37	3.35	3.30	3.27	3.24	3.22	3.18	3.14	3.11	3.06	3.03	3.00
15	3.33	3.29	3.26	3.24	3.21	3.17	3.13	3.10	3.08	3.05	3.00	2.98	2.92	2.89	2.87
16	3.22	3.18	3.15	3.12	3.10	3.05	3.02	2.99	2.97	2.93	2.89	2.86	2.81	2.78	2.75
17	3.12	3.08	3.05	3.03	3.00	2.96	2.92	2.89	2.87	2.83	2.79	2.76	2.71	2.68	2.65
18	3.03	3.00	2.97	2.94	2.92	2.87	2.84	2.81	2.78	2.75	2.70	2.68	2.62	2.59	2.57
19	2.96	2.92	2.89	2.87	2.84	2.80	2.76	2.73	2.71	2.67	2.63	2.60	2.55	2.51	2.49
20	2.90	2.86	2.83	2.80	2.78	2.73	2.69	2.67	2.64	2.61	2.56	2.54	2.48	2.44	2.42
21	2.84	2.80	2.77	2.74	2.72	2.67	2.64	2.61	2.58	2.55	2.50	2.48	2.42	2.38	2.36
22	2.78	2.75	2.72	2.69	2.67	2.62	2.58	2.55	2.53	2.50	2.45	2.42	2.36	2.33	2.31
23	2.74	2.70	2.67	2.64	2.62	2.57	2.54	2.51	2.48	2.45	2.40	2.37	2.32	2.28	2.26
24	2.70	2.66	2.63	2.60	2.58	2.53	2.49	2.46	2.44	2.40	2.36	2.33	2.27	2.24	2.21
25	2.66	2.62	2.59	2.56	2.54	2.49	2.45	2.42	2.40	2.36	2.32	2.29	2.23	2.19	2.17
26	2.62	2.58	2.55	2.53	2.50	2.45	2.42	2.39	2.36	2.33	2.28	2.25	2.19	2.16	2.13
27	2.59	2.55	2.52	2.49	2.47	2.42	2.38	2.35	2.33	2.29	2.25	2.22	2.16	2.12	2.10
28	2.56	2.52	2.49	2.46	2.44	2.39	2.35	2.32	2.30	2.26	2.22	2.19	2.13	2.09	2.06
29	2.53	2.49	2.46	2.44	2.41	2.36	2.33	2.30	2.27	2.23	2.19	2.16	2.10	2.06	2.03
30	2.51	2.47	2.44	2.41	2.39	2.34	2.30	2.27	2.25	2.21	2.16	2.13	2.07	2.03	2.01
32	2.46	2.42	2.39	2.36	2.34	2.29	2.25	2.22	2.20	2.16	2.11	2.08	2.02	1.98	1.96
34	2.42	2.38	2.35	2.32	2.30	2.25	2.21	2.18	2.16	2.12	2.07	2.04	1.98	1.94	1.91
36	2.38	2.35	2.32	2.29	2.26	2.21	2.17	2.14	2.12	2.08	2.03	2.00	1.94	1.90	1.87
38	2.35	2.32	2.28	2.26	2.23	2.18	2.14	2.11	2.09	2.05	2.00	1.97	1.90	1.86	1.84
40	2.33	2.29	2.26	2.23	2.20	2.15	2.11	2.08	2.06	2.02	1.97	1.94	1.87	1.83	1.80
42	2.30	2.26	2.23	2.20	2.18	2.13	2.09	2.06	2.03	1.99	1.94	1.91	1.85	1.80	1.78
44	2.28	2.24	2.21	2.18	2.15	2.10	2.06	2.03	2.01	1.97	1.92	1.89	1.82	1.78	1.75
46	2.26	2.22	2.19	2.16	2.13	2.08	2.04	2.01	1.99	1.95	1.90	1.86	1.80	1.75	1.73
48	2.24	2.20	2.17	2.14	2.12	2.06	2.02	1.99	1.97	1.93	1.88	1.84	1.78	1.73	1.73
50	2.22	2.18	2.15	2.12	2.10	2.05	2.01	1.97	1.95	1.91	1.86	1.82	1.76	1.71	1.68
60	2.15	2.12	2.08	2.05	2.03	1.98	1.94	1.90	1.88	1.84	1.78	1.75	1.68	1.63	1.60
80	2.07	2.03	2.00	1.97	1.94	1.89	1.85	1.81	1.79	1.75	1.69	1.66	1.58	1.53	1.49
100	2.02	1.98	1.94	1.92	1.89	1.84	1.80	1.76	1.73	1.69	1.63	1.60	1.52	1.47	1.43
125	1.98	1.94	1.91	1.88	1.85	1.80	1.76	1.72	1.69	1.65	1.59	1.55	1.47	1.41	1.37
150	1.96	1.92	1.88	1.85	1.83	1.77	1.73	1.69	1.66	1.62	1.56	1.52	1.43	1.38	1.33
200	1.93	1.89	1.85	1.82	1.79	1.74	1.69	1.66	1.63	1.58	1.52	1.48	1.39	1.33	1.28
300	1.89	1.85	1.82	1.79	1.76	1.71	1.66	1.62	1.59	1.55	1.48	1.44	1.35	1.28	1.22
500	1.87	1.83	1.79	1.76	1.74	1.68	1.63	1.60	1.56	1.52	1.45	1.41	1.31	1.23	1.16
1000	1.85	1.81	1.77	1.74	1.72	1.66	1.61	1.57	1.54	1.50	1.43	1.38	1.28	1.19	1.11
∞	1.83	1.79	1.76	1.72	1.70	1.64	1.59	1.55	1.52	1.47	1.40	1.36	1.25	1.15	1.00

附表 11　Duncan's 新复极差检验的 SSR_α 值表

（上为 $SSR_{0.05}$，下为 $SSR_{0.01}$）

df	\multicolumn{14}{c}{P（检验极差的平均数个数）}
	2	3	4	5	6	7	8	9	10	12	14	16	18	20
3	4.50	4.52	4.52	4.52	4.52	4.52	4.52	4.52	4.52	4.52	4.52	4.52	4.52	4.52
	8.26	8.32	8.32	8.32	8.32	8.32	8.32	8.32	8.32	8.32	8.32	8.32	8.32	8.32
4	3.93	4.01	4.03	4.03	4.03	4.03	4.03	4.03	4.03	4.03	4.03	4.03	4.03	4.03
	6.51	6.68	6.74	6.76	6.76	6.76	6.76	6.76	6.76	6.76	6.76	6.76	6.76	6.76
5	3.64	3.75	3.80	3.81	3.81	3.81	3.81	3.81	3.81	3.81	3.81	3.81	3.81	3.81
	5.70	5.89	6.00	6.04	6.06	6.07	6.07	6.07	6.07	6.07	6.07	6.07	6.07	6.07
6	3.46	3.59	3.65	3.68	3.69	3.70	3.70	3.70	3.70	3.70	3.70	3.70	3.70	3.70
	5.25	5.44	5.55	5.61	5.66	5.68	5.69	5.70	5.70	5.70	5.70	5.70	5.70	5.70
7	3.34	3.48	3.55	3.59	3.61	3.62	3.63	3.63	3.63	3.63	3.63	3.63	3.63	3.63
	4.95	5.14	5.26	5.33	5.38	5.42	5.44	5.45	5.46	5.47	5.47	5.47	5.47	5.47
8	3.26	3.40	3.48	3.52	3.55	3.57	3.58	3.58	3.58	3.58	3.58	3.58	3.58	3.58
	4.75	4.94	5.06	5.14	5.19	5.23	5.26	5.28	5.29	5.31	5.32	5.32	5.32	5.32
9	3.20	3.34	3.42	3.47	3.50	3.52	3.54	3.54	3.55	3.55	3.55	3.55	3.55	3.55
	4.60	4.79	4.91	4.99	5.04	5.09	5.12	5.14	5.16	5.18	5.20	5.20	5.21	5.21
10	3.15	3.29	3.38	3.43	3.46	3.49	3.50	3.52	3.52	3.53	3.53	3.53	3.53	3.53
	4.48	4.67	4.79	4.87	4.93	4.98	5.01	5.04	5.06	5.09	5.11	5.12	5.12	5.12
11	3.11	3.26	3.34	3.40	3.44	3.46	3.48	3.49	3.50	3.51	3.51	3.51	3.51	3.51
	4.39	4.58	4.70	4.78	4.84	4.89	4.92	4.95	4.98	5.01	5.03	5.04	5.05	5.06
12	3.08	3.22	3.31	3.37	3.41	3.44	3.46	3.47	3.48	3.50	3.50	3.50	3.50	3.50
	4.32	4.50	4.62	4.71	4.77	4.82	4.85	4.88	4.91	4.94	4.97	4.99	5.00	5.01
13	3.06	3.20	3.29	3.35	3.39	3.42	3.44	3.46	3.47	3.48	3.49	3.49	3.49	3.49
	4.26	4.44	4.56	4.64	4.71	4.76	4.79	4.82	4.85	4.89	4.92	4.94	4.95	4.96
14	3.03	3.18	3.27	3.33	3.37	3.40	3.43	3.44	3.46	3.47	3.48	3.48	3.48	3.48
	4.21	4.39	4.51	4.59	4.65	4.70	4.74	4.78	4.80	4.84	4.87	4.89	4.91	4.92
15	3.01	3.16	3.25	3.31	3.36	3.39	3.41	3.43	3.45	3.46	3.48	3.48	3.48	3.48
	4.17	4.35	4.46	4.55	4.61	4.66	4.70	4.73	4.76	4.80	4.83	4.86	4.87	4.89
16	3.00	3.14	3.24	3.30	3.34	3.38	3.40	3.42	3.44	3.46	3.47	3.48	3.48	3.48
	4.13	4.31	4.42	4.51	4.57	4.62	4.66	4.70	4.72	4.77	4.80	4.82	4.84	4.86
17	2.98	3.13	3.22	3.28	3.33	3.37	3.39	3.41	3.43	3.45	3.46	3.47	3.48	3.48
	4.10	4.28	4.39	4.48	4.54	4.59	4.63	4.66	4.69	4.74	4.77	4.80	4.82	4.83
18	2.97	3.12	3.21	3.27	3.32	3.36	3.38	3.40	3.42	3.44	3.46	3.47	3.47	3.47
	4.07	4.25	4.36	4.44	4.51	4.56	4.60	4.64	4.66	4.71	4.74	4.77	4.79	4.81
19	2.96	3.11	3.20	3.26	3.31	3.35	3.38	3.40	3.42	3.44	3.46	3.47	3.47	3.47
	4.05	4.22	4.34	4.42	4.48	4.53	4.58	4.61	4.64	4.69	4.72	4.75	4.77	4.79
20	2.95	3.10	3.19	3.26	3.30	3.34	3.37	3.39	3.41	3.44	3.45	3.46	3.47	3.47
	4.02	4.20	4.31	4.40	4.46	4.51	4.55	4.59	4.62	4.66	4.70	4.73	4.75	4.77
24	2.92	3.07	3.16	3.23	3.28	3.32	3.34	3.37	3.39	3.42	3.44	3.46	3.46	3.47
	3.96	4.13	4.24	4.32	4.39	4.44	4.48	4.52	4.55	4.60	4.63	4.66	4.69	4.71
30	2.89	3.04	3.13	3.20	3.25	3.29	3.32	3.35	3.37	3.40	3.43	3.44	3.46	3.47
	3.89	4.06	4.17	4.25	4.31	4.37	4.41	4.44	4.48	4.53	4.57	4.60	4.63	4.65
40	2.86	3.01	3.10	3.17	3.22	3.27	3.30	3.33	3.35	3.39	3.42	3.44	3.46	3.47
	3.82	3.99	4.10	4.18	4.24	4.30	4.34	4.38	4.41	4.46	4.50	4.54	4.57	4.59
60	2.83	2.98	3.07	3.14	3.20	3.24	3.28	3.31	3.33	3.37	3.41	3.43	3.45	3.47
	3.76	3.92	4.03	4.11	4.17	4.23	4.27	4.31	4.34	4.39	4.44	4.47	4.50	4.53
120	2.80	2.95	3.04	3.12	3.17	3.22	3.25	3.29	3.31	3.36	3.39	3.42	3.45	3.47
	3.70	3.86	3.96	4.04	4.11	4.16	4.20	4.24	4.27	4.33	4.37	4.41	4.44	4.47
∞	2.77	2.92	3.02	3.09	3.15	3.19	3.23	3.26	3.29	3.34	3.38	3.41	3.44	3.47
	3.64	3.80	3.90	3.98	4.04	4.09	4.14	4.17	4.20	4.26	4.31	4.34	4.38	4.41

附表 12　$q_{0.05}$、$q_{0.01}$ 的临界值表（双尾）

（上为 $q_{0.05}$，下为 $q_{0.01}$）

df	P（检验极差的平均数个数）																		
	2	3	4	5	6	7	8	9	10	11	12	13	14	15	16	17	18	19	20
3	4.50	5.88	6.83	7.51	8.04	8.47	8.85	9.18	9.46	9.72	9.95	10.16	10.35	10.72	10.69	10.84	10.98	11.12	11.24
	8.26	10.62	12.17	13.33	14.24	15.00	15.64	16.20	16.69	17.13	17.53	17.89	18.22	18.52	18.81	19.07	19.32	19.55	19.77
4	3.93	5.00	5.76	6.31	6.73	7.06	7.35	7.60	7.83	8.03	8.21	8.37	8.52	8.67	8.80	8.92	9.03	9.14	9.24
	6.51	8.12	9.17	9.96	10.58	11.10	11.55	11.93	12.27	12.57	12.84	13.09	13.32	13.53	13.73	13.91	14.08	14.24	14.40
5	3.64	4.54	5.18	5.64	5.99	6.28	6.52	6.74	6.93	7.10	7.25	7.39	7.52	7.64	7.75	7.86	7.95	8.04	8.18
	5.70	6.97	7.80	8.42	8.91	9.32	9.67	9.97	10.24	10.48	10.70	10.89	11.08	11.24	11.40	11.55	11.68	11.81	11.93
6	3.46	4.34	4.90	5.31	5.63	5.89	6.12	6.32	6.49	6.65	6.79	6.92	7.04	7.14	7.24	7.34	7.43	7.51	7.59
	5.24	6.33	7.03	7.56	7.97	8.32	8.61	8.87	9.10	9.30	9.48	9.65	9.81	9.95	10.08	10.21	10.32	10.43	10.54
7	3.34	4.16	4.68	5.06	5.35	5.59	5.80	5.99	6.15	6.29	6.42	6.54	6.65	6.75	6.84	6.93	7.01	7.08	7.16
	4.95	5.92	6.54	7.01	7.37	7.68	7.94	8.17	8.37	8.55	8.71	8.86	9.00	9.12	9.24	9.35	9.46	9.55	9.65
8	3.26	4.04	4.53	4.89	5.17	5.40	5.60	5.77	5.92	6.05	6.18	6.29	6.39	6.48	6.57	6.65	6.73	6.80	6.87
	4.74	5.63	6.20	6.63	6.96	7.24	7.47	7.68	7.87	8.03	8.18	8.31	8.44	8.55	8.66	8.76	8.85	8.94	9.03
9	3.20	3.95	4.42	4.76	5.02	5.24	5.43	5.60	5.74	5.87	5.98	6.09	6.19	6.28	6.36	6.44	6.51	6.58	6.65
	4.60	5.43	5.96	6.35	6.66	6.91	7.13	7.32	7.49	7.65	7.78	7.91	8.03	8.13	8.23	8.32	8.41	8.49	8.57
10	3.15	3.88	4.33	4.66	4.91	5.12	5.30	5.46	5.60	5.72	5.83	5.93	6.03	6.12	6.20	6.27	6.34	6.41	6.47
	4.48	5.27	5.77	6.14	6.43	6.67	6.87	7.05	7.21	7.36	7.48	7.60	7.71	7.81	7.91	7.99	8.07	8.15	8.22
11	3.11	3.82	4.26	4.58	4.82	5.03	5.20	5.35	5.49	5.61	5.71	5.81	5.90	5.98	6.06	6.14	6.20	6.27	6.33
	4.39	5.14	5.62	5.97	6.25	6.48	6.67	6.84	6.99	7.13	7.25	7.36	7.46	7.56	7.65	7.73	7.81	7.88	7.95
12	3.08	3.77	4.20	4.51	4.75	4.95	5.12	5.27	5.40	5.51	5.61	5.71	5.80	5.88	5.95	6.02	6.09	6.15	6.21
	4.32	5.04	5.50	5.84	6.10	6.32	6.51	6.67	6.81	6.94	7.06	7.17	7.26	7.36	7.44	7.52	7.59	7.66	7.73
13	3.06	3.73	4.15	4.46	4.69	4.88	5.05	5.19	5.32	5.43	5.53	5.63	5.71	5.79	5.86	5.93	6.00	6.06	6.11
	4.26	4.96	5.40	5.73	5.98	6.19	6.37	6.53	6.67	6.79	6.90	7.01	7.10	7.19	7.27	7.34	7.42	7.48	7.55
14	3.03	3.70	4.11	4.41	4.64	4.83	4.99	5.13	5.25	5.36	5.46	5.56	5.64	5.72	5.79	5.86	5.92	5.98	6.03
	4.21	4.89	5.32	5.63	5.88	6.08	6.26	6.41	6.54	6.66	6.77	6.87	6.96	7.05	7.12	7.20	7.27	7.33	7.39
15	3.01	3.67	4.08	4.37	4.59	4.78	4.94	5.08	5.20	5.31	5.40	5.49	5.57	5.65	5.72	5.79	5.85	5.91	5.96
	4.17	4.83	5.25	5.56	5.80	5.99	6.16	6.31	6.44	6.55	6.66	6.76	6.84	6.93	7.00	7.07	7.14	7.20	7.26
16	3.00	3.65	4.05	4.34	4.56	4.74	4.90	5.03	5.15	5.26	5.35	5.44	5.52	5.59	5.66	5.73	5.79	5.84	5.90
	4.13	4.78	5.19	5.49	5.72	5.92	6.08	6.22	6.35	6.45	6.56	6.66	6.74	6.82	6.90	6.97	7.03	7.09	7.15
17	2.08	3.62	4.02	4.31	4.52	4.70	4.86	4.99	5.11	5.21	5.31	5.39	5.47	5.55	5.61	5.68	5.74	5.79	5.84
	4.10	4.74	5.14	5.43	5.66	5.85	6.01	6.15	6.27	6.38	6.48	6.57	6.66	6.73	6.80	6.87	6.94	7.00	7.05
18	2.97	3.61	4.00	4.28	4.49	4.67	4.83	4.96	5.07	5.17	5.27	5.35	5.43	5.50	5.57	5.63	5.69	5.74	5.79
	4.07	4.70	5.05	5.38	5.60	5.79	5.94	6.08	6.20	6.31	6.41	6.50	6.58	6.65	6.72	6.79	6.85	6.91	6.96
19	2.96	3.59	3.98	4.26	4.47	4.64	4.79	4.92	5.04	5.14	5.23	5.32	5.39	5.46	5.53	5.59	5.65	5.70	5.75
	4.05	4.67	5.09	5.33	5.55	5.73	5.89	6.02	6.14	6.25	6.34	6.43	6.51	6.58	6.65	6.72	6.78	6.84	6.89
20	2.95	3.58	3.96	4.24	4.45	4.62	4.77	4.90	5.01	5.11	5.20	5.28	5.36	5.43	5.50	5.56	5.61	5.66	5.71
	4.02	4.64	5.02	5.29	5.51	5.69	5.84	5.97	6.09	6.19	6.29	6.37	6.45	6.52	6.59	6.65	6.71	6.76	6.82
24	2.92	3.53	3.90	4.17	4.37	4.54	4.68	4.81	4.92	5.01	5.10	5.18	5.25	5.32	5.38	5.44	5.50	5.55	5.59
	3.96	4.54	4.91	5.17	5.37	5.54	5.69	5.81	5.92	6.02	6.11	6.19	6.26	6.33	6.39	6.45	6.51	6.56	6.61
30	2.89	3.48	3.84	4.11	4.30	4.46	4.60	4.72	4.83	4.92	5.00	5.08	5.15	5.21	5.27	5.33	5.38	5.43	5.48
	3.89	4.45	4.80	5.05	5.24	5.40	5.54	5.65	5.76	5.85	5.93	6.01	6.08	6.14	6.20	6.26	6.31	6.36	6.41
40	2.86	3.44	3.79	4.04	4.23	4.39	4.52	4.63	4.74	4.82	4.90	4.98	5.05	5.11	5.17	5.22	5.27	5.32	5.36
	3.82	4.37	4.70	4.93	5.11	5.27	5.39	5.50	5.60	5.69	5.77	5.84	5.90	5.96	6.02	6.07	6.12	6.17	6.21
60	2.83	3.40	3.74	3.98	4.16	4.31	4.44	4.55	4.65	4.73	4.81	4.88	4.94	5.00	5.06	5.11	5.15	5.20	5.24
	3.76	4.28	4.60	4.82	4.99	5.13	5.25	5.36	5.45	5.53	5.60	5.67	5.73	5.79	5.84	5.89	5.93	5.98	6.02
120	2.80	3.36	3.69	3.92	4.10	4.24	4.36	4.47	4.56	4.64	4.71	4.78	4.84	4.90	4.95	5.00	5.04	5.09	5.13
	3.70	4.20	4.50	4.71	4.87	5.01	5.12	5.21	5.30	5.38	5.44	5.51	5.56	5.61	5.66	5.71	5.75	5.79	5.83
∞	2.77	3.32	3.63	3.86	4.03	4.17	4.29	4.39	4.47	4.55	4.62	4.68	4.74	4.80	4.84	4.89	4.93	4.97	5.01
	3.64	4.12	4.40	4.60	4.76	4.88	4.99	5.08	5.16	5.23	5.29	5.35	5.40	5.45	5.49	5.54	5.57	5.61	5.65

附表 13 百分数反正弦表（$\sin^{-1}\sqrt{p}$）转换表

％	0	1	2	3	4	5	6	7	8	9
0.0	0	0.57	0.81	0.99	1.15	1.23	1.40	1.52	1.62	1.72
0.1	1.81	1.90	1.99	2.07	2.14	2.22	2.29	2.36	2.43	2.50
0.2	2.56	2.63	2.69	2.75	2.81	2.87	2.92	2.98	3.03	3.09
0.3	3.14	3.19	3.24	3.29	3.34	3.39	3.44	3.49	3.53	3.58
0.4	3.63	3.67	3.72	3.76	3.80	3.85	3.89	3.93	3.97	4.01
0.5	4.05	4.09	4.13	4.17	4.21	4.25	4.29	4.33	4.37	4.40
0.6	4.44	4.48	4.52	4.55	4.59	4.62	4.66	4.69	4.73	4.76
0.7	4.80	4.83	4.87	4.90	4.93	4.97	5.00	5.03	5.07	5.10
0.8	5.13	5.16	5.20	5.23	5.26	5.29	5.32	5.35	5.38	5.41
0.9	5.44	5.47	5.50	5.53	5.56	5.59	5.62	5.65	5.68	5.71
1	5.74	6.02	6.29	6.55	6.80	7.04	7.27	7.49	7.71	7.92
2	8.13	8.33	8.53	8.72	8.91	9.10	9.28	9.46	9.63	9.81
3	9.98	10.14	10.31	10.47	10.63	10.78	10.94	11.09	11.24	11.39
4	11.54	11.68	11.83	11.97	12.11	12.25	12.39	12.52	12.66	12.79
5	12.92	13.05	13.18	13.31	13.44	13.56	13.69	13.81	13.94	14.06
6	14.18	14.30	14.42	14.54	14.65	14.77	14.89	15.00	15.12	15.23
7	15.34	15.45	15.56	15.68	15.79	15.89	16.00	16.11	16.22	16.32
8	16.34	16.54	16.64	16.74	16.85	16.95	17.05	17.16	17.26	17.36
9	17.46	17.56	17.66	17.76	17.85	17.95	18.05	18.15	18.24	18.34
10	18.44	18.53	18.63	18.72	18.81	18.91	19.00	19.09	19.19	19.28
11	19.37	19.46	19.55	19.64	19.73	19.82	19.91	20.00	20.09	20.18
12	20.27	20.36	20.44	20.53	20.62	20.70	20.79	20.88	20.96	21.05
13	21.13	21.22	21.30	21.39	21.47	21.56	21.64	21.72	21.81	21.89
14	21.97	22.06	22.14	22.22	22.30	22.38	22.46	22.55	22.63	22.71
15	22.79	22.87	22.95	23.03	23.11	23.19	23.26	23.34	23.42	23.50
16	23.58	23.66	23.73	23.81	23.89	23.97	24.04	24.12	24.20	24.27
17	24.35	24.43	24.50	24.58	24.65	24.73	24.80	24.88	24.95	25.03
18	25.10	25.18	25.25	25.33	25.40	25.48	25.55	25.62	25.70	25.77
19	25.84	25.92	25.99	26.06	26.13	26.21	26.28	26.35	26.42	26.49
20	26.56	26.64	26.71	26.78	26.85	26.92	26.99	27.06	27.13	27.20
21	27.28	27.35	27.42	27.49	27.56	27.63	27.69	27.76	27.83	27.90
22	27.97	28.04	28.11	28.18	28.25	28.32	28.38	28.45	28.52	28.59
23	28.66	28.73	28.79	28.80	28.93	29.00	29.06	29.13	29.20	29.27
24	29.33	29.40	29.47	29.53	29.60	29.67	29.73	29.80	29.87	29.93
25	30.00	30.07	30.13	30.20	30.26	30.33	30.40	30.46	30.53	30.59
26	30.66	30.72	30.79	30.85	30.92	30.98	31.05	31.11	31.18	31.24
27	31.31	31.37	31.44	31.50	31.56	31.63	31.69	31.78	31.82	31.88
28	31.95	32.01	32.08	32.14	32.20	32.27	32.33	32.39	32.46	32.52
29	32.58	32.65	32.71	32.77	32.83	32.90	32.96	33.02	33.09	33.15

续表

%	0	1	2	3	4	5	6	7	8	9
30	33.21	33.27	33.34	33.40	33.46	33.52	33.58	33.65	33.71	33.77
31	33.83	33.89	33.96	34.02	34.08	34.14	34.20	34.27	34.33	34.39
32	34.45	34.51	34.57	34.63	34.70	34.76	34.82	34.88	34.94	35.00
33	35.06	35.12	35.18	35.24	35.30	35.37	35.43	35.49	35.55	35.61
34	35.67	35.73	35.79	35.85	35.91	35.97	36.03	36.09	36.15	36.21
35	36.27	36.33	36.39	36.45	36.51	36.57	36.63	36.69	36.75	36.81
36	36.87	36.93	36.99	37.05	37.11	37.17	37.23	37.29	37.35	37.41
37	37.47	37.52	37.58	37.64	37.70	37.76	37.82	37.88	37.94	38.00
38	38.06	38.12	38.17	38.23	38.29	38.35	38.41	38.47	38.53	38.59
39	38.65	38.70	38.76	38.82	38.88	38.94	39.00	39.06	39.11	39.17
40	39.23	39.27	39.35	39.41	39.47	39.52	39.58	39.64	39.70	39.76
41	39.82	39.87	39.93	39.99	40.05	40.11	40.16	40.22	40.28	40.34
42	40.40	40.46	40.51	40.57	40.63	40.69	40.74	40.80	40.86	40.92
43	40.98	41.03	41.09	41.15	41.21	41.27	41.32	41.38	41.44	41.50
44	41.55	41.61	41.67	41.73	41.78	41.84	41.90	41.96	42.02	42.07
45	42.13	42.19	42.25	42.30	42.36	42.42	42.43	42.53	42.59	42.65
46	42.71	42.76	42.82	42.88	42.94	42.99	43.05	43.11	43.17	43.22
47	43.28	43.34	43.39	43.45	43.51	43.57	43.62	43.68	43.74	43.80
48	43.85	43.91	43.97	44.03	44.08	44.14	44.20	44.25	44.31	44.37
49	44.43	44.48	44.54	44.60	44.66	44.71	44.77	44.83	44.89	44.94
50	45.00	45.06	45.11	45.17	45.23	45.29	45.34	45.40	45.46	45.52
51	45.57	45.63	45.69	45.75	45.80	45.86	45.92	45.97	46.03	46.09
52	46.15	46.20	46.26	46.32	46.38	46.43	46.49	46.55	46.61	46.66
53	46.72	46.78	46.83	46.89	46.95	47.01	47.06	47.12	47.18	47.24
54	47.29	47.35	47.41	47.47	47.52	47.58	47.64	47.70	47.75	47.81
55	47.87	47.93	47.98	48.04	48.10	48.16	48.22	48.27	48.33	48.39
56	48.45	48.50	48.56	48.62	48.68	48.73	48.79	48.85	48.91	48.97
57	49.02	49.08	49.14	49.20	49.26	49.31	49.37	49.43	49.49	49.54
58	49.60	49.66	49.72	49.78	49.84	49.89	49.95	50.01	50.07	50.13
59	50.18	50.24	50.30	50.36	50.42	50.48	50.53	50.59	50.65	50.71
60	50.77	50.83	50.89	50.94	51.00	51.06	51.12	51.18	51.24	51.30
61	51.35	51.41	51.47	51.53	51.59	51.65	51.71	51.77	51.83	51.88
62	51.94	52.00	52.06	52.12	52.18	52.24	52.30	52.36	52.42	52.48
63	52.53	52.59	52.65	52.71	52.77	52.83	52.89	52.95	53.01	53.07
64	53.13	53.19	53.25	53.31	53.37	53.43	53.49	53.55	53.61	53.67
65	53.73	53.79	53.85	53.91	53.97	54.03	54.09	54.15	54.21	54.27
66	54.33	54.39	54.45	54.51	54.57	54.63	54.70	54.76	54.82	54.88
67	54.94	55.00	55.06	55.12	55.18	55.24	55.30	55.37	55.43	55.49
68	55.55	55.61	55.67	55.73	55.80	55.86	55.92	55.93	56.04	56.11
69	56.17	56.23	56.29	56.35	56.42	56.48	56.54	56.60	56.66	56.73

续表

‰	0	1	2	3	4	5	6	7	8	9
70	56.79	56.85	56.95	56.98	57.04	57.10	57.17	57.23	57.29	57.35
71	57.42	57.48	57.54	57.61	57.67	57.73	57.80	57.86	57.92	57.99
72	58.05	58.12	58.18	58.24	58.31	58.37	58.44	58.50	58.56	58.63
73	58.69	58.76	58.82	58.89	58.95	59.02	59.08	59.15	59.21	59.28
74	59.34	59.41	59.47	59.54	59.60	59.67	59.74	59.80	59.87	59.93
75	60.00	60.07	60.13	60.25	60.27	60.33	60.40	60.47	60.53	60.60
76	60.67	60.73	60.80	60.87	60.94	61.00	61.07	61.14	61.21	61.27
77	61.34	61.41	61.43	61.55	61.62	61.63	61.75	61.82	61.89	61.96
78	62.03	62.10	62.17	62.24	62.31	62.37	62.44	62.51	62.58	62.65
79	62.72	62.80	62.87	62.94	63.01	63.08	63.15	63.22	63.29	63.36
80	63.44	63.51	63.58	63.65	63.72	63.79	63.87	63.94	64.01	64.08
81	64.16	64.23	64.30	64.38	64.45	64.52	64.60	64.67	64.75	64.82
82	64.90	64.97	65.05	65.12	65.20	65.27	65.30	65.42	65.50	65.57
83	65.65	65.73	65.80	65.88	65.96	66.03	66.11	66.19	66.27	66.34
84	66.42	66.50	66.53	66.66	66.74	66.81	66.89	66.97	67.05	67.13
85	67.21	67.29	67.37	67.45	67.54	67.62	67.70	67.78	67.86	67.94
86	68.03	68.11	68.19	68.28	68.36	68.44	68.53	68.61	68.70	68.78
87	68.87	68.95	69.04	69.12	69.21	69.30	69.38	69.47	69.56	69.64
88	69.73	69.82	69.91	70.00	70.09	70.18	70.27	70.36	70.45	70.54
89	70.63	70.72	70.81	70.91	71.00	71.09	71.19	71.28	71.37	71.47
90	71.56	71.66	71.76	71.85	71.95	72.05	72.15	72.24	72.34	72.44
91	72.54	72.64	72.74	72.84	72.95	73.05	73.15	73.26	73.36	73.46
92	73.57	73.68	73.78	73.89	74.00	74.11	74.21	74.32	74.44	74.55
93	74.66	74.77	74.88	75.00	75.11	75.23	75.35	75.46	75.58	75.70
94	75.82	75.94	76.06	76.19	76.31	76.44	76.56	76.69	76.82	76.95
95	77.08	77.21	77.34	77.48	77.61	77.75	77.89	78.03	78.17	78.32
96	78.46	78.61	78.76	78.91	79.06	79.22	79.37	79.53	79.69	79.86
97	80.02	80.19	80.37	80.54	80.72	80.90	81.09	81.28	81.47	81.67
98	81.87	82.08	82.29	82.51	82.73	82.96	83.20	83.45	83.71	83.98
99.0	84.26	84.29	84.32	84.35	84.38	84.41	84.44	84.47	84.50	84.53
99.1	84.56	84.59	84.62	84.65	84.68	84.71	84.74	84.77	84.80	84.84
99.2	84.87	84.90	84.93	84.97	85.00	85.03	85.07	85.10	85.13	85.17
99.3	85.20	85.24	85.27	85.31	85.34	85.38	85.41	85.45	85.48	85.52
99.4	85.56	85.60	85.63	85.67	85.71	85.75	85.79	85.83	85.87	85.91
99.5	85.95	85.99	86.03	86.07	86.11	86.15	86.20	86.24	86.28	86.33
99.6	86.37	86.42	86.47	86.51	86.56	86.61	86.66	86.71	86.76	86.81
99.7	86.86	86.91	86.97	87.02	87.08	87.13	87.19	87.25	87.31	87.37
99.8	87.44	87.50	87.57	87.64	87.71	87.78	87.86	87.93	88.01	88.10
99.9	88.19	88.28	88.33	88.48	88.69	88.72	88.85	89.01	89.19	89.43
100.0	90.00	—	—	—	—	—	—	—	—	—

附表 14 r_α 及 R_α 的 5% 和 1% 显著值表

自由度 (df)	概率 (P)	变数的个数（M）				自由度 (df)	概率 (P)	变数的个数（M）			
		2	3	4	5			2	3	4	5
1	0.05	0.997	0.999	0.999	0.999	24	0.05	0.388	0.470	0.523	0.562
	0.01	1.000	1.000	1.000	1.000		0.01	0.496	0.565	0.609	0.642
2	0.05	0.950	0.975	0.983	0.987	25	0.05	0.381	0.462	0.514	0.553
	0.01	0.990	0.995	0.997	0.998		0.01	0.487	0.555	0.600	0.633
3	0.05	0.878	0.930	0.950	0.961	26	0.05	0.374	0.454	0.506	0.545
	0.01	0.959	0.976	0.983	0.987		0.01	0.478	0.546	0.590	0.624
4	0.05	0.811	0.881	0.912	0.930	27	0.05	0.367	0.446	0.498	0.536
	0.01	0.917	0.949	0.962	0.970		0.01	0.470	0.538	0.582	0.615
5	0.05	0.754	0.863	0.874	0.898	28	0.05	0.361	0.439	0.490	0.529
	0.01	0.874	0.917	0.937	0.949		0.01	0.463	0.530	0.573	0.606
6	0.05	0.707	0.795	0.839	0.867	29	0.05	0.355	0.432	0.482	0.521
	0.01	0.834	0.886	0.911	0.927		0.01	0.456	0.522	0.565	0.598
7	0.05	0.666	0.758	0.807	0.838	30	0.05	0.349	0.426	0.476	0.514
	0.01	0.798	0.855	0.865	0.904		0.01	0.449	0.514	0.558	0.591
8	0.05	0.632	0.726	0.777	0.811	35	0.05	0.325	0.397	0.445	0.482
	0.01	0.765	0.827	0.860	0.882		0.01	0.418	0.481	0.523	0.556
9	0.05	0.602	0.697	0.750	0.786	40	0.05	0.304	0.373	0.419	0.455
	0.01	0.735	0.800	0.836	0.861		0.01	0.393	0.454	0.494	0.526
10	0.05	0.576	0.671	0.726	0.763	45	0.05	0.288	0.353	0.397	0.432
	0.01	0.708	0.776	0.814	0.840		0.01	0.372	0.430	0.470	0.501
11	0.05	0.553	0.648	0.703	0.741	50	0.05	0.273	0.336	0.379	0.412
	0.01	0.684	0.753	0.793	0.821		0.01	0.354	0.410	0.449	0.479
12	0.05	0.532	0.627	0.683	0.722	60	0.05	0.250	0.308	0.348	0.230
	0.01	0.661	0.732	0.773	0.802		0.01	0.325	0.377	0.414	0.442
13	0.05	0.514	0.608	0.664	0.703	70	0.05	0.232	0.286	0.324	0.354
	0.01	0.641	0.712	0.755	0.785		0.01	0.302	0.351	0.386	0.413
14	0.05	0.497	0.590	0.646	0.686	80	0.05	0.217	0.269	0.304	0.332
	0.01	0.623	0.694	0.737	0.768		0.01	0.283	0.330	0.362	0.389
15	0.05	0.482	0.574	0.630	0.670	90	0.05	0.205	0.254	0.288	0.315
	0.01	0.606	0.677	0.721	0.752		0.01	0.267	0.312	0.343	0.368
16	0.05	0.468	0.559	0.615	0.655	100	0.05	0.195	0.241	0.274	0.300
	0.01	0.590	0.662	0.706	0.738		0.01	0.254	0.297	0.327	0.351
17	0.05	0.456	0.545	0.601	0.641	125	0.05	0.174	0.216	0.246	0.269
	0.01	0.575	0.647	0.691	0.724		0.01	0.228	0.266	0.294	0.316
18	0.05	0.444	0.532	0.587	0.628	150	0.05	0.159	0.198	0.225	0.247
	0.01	0.561	0.633	0.678	0.710		0.01	0.208	0.244	0.270	0.290
19	0.05	0.433	0.520	0.575	0.615	200	0.05	0.138	0.172	0.196	0.215
	0.01	0.549	0.620	0.665	0.698		0.01	0.181	0.212	0.234	0.253
20	0.05	0.423	0.509	0.563	0.604	300	0.05	0.113	0.141	0.160	0.176
	0.01	0.537	0.608	0.652	0.685		0.01	0.148	0.174	0.192	0.208
21	0.05	0.413	0.498	0.522	0.592	400	0.05	0.098	0.122	0.139	0.153
	0.01	0.526	0.596	0.641	0.674		0.01	0.128	0.151	0.167	0.180
22	0.05	0.404	0.488	0.542	0.582	500	0.05	0.088	0.109	0.124	0.137
	0.01	0.515	0.585	0.630	0.663		0.01	0.115	0.135	0.150	0.162
23	0.05	0.396	0.479	0.532	0.572	1000	0.05	0.062	0.077	0.088	0.097
	0.01	0.505	0.574	0.619	0.652		0.01	0.081	0.096	0.106	0.115

附表 15　正交多项式表 $[C=Z(x)(N=2\sim13)]$

序号	N=2	N=3		N=4			N=5			
	C_1	C_1	C_2	C_1	C_2	C_3	C_1	C_2	C_3	C_4
1	-1	-1	1	-3	1	-1	-2	2	-1	1
2	1	0	-2	-1	-1	3	-1	-1	2	-4
3		1	1	1	-1	-3	0	-2	0	6
4				3	1	1	1	-1	-2	-4
5							2	2	1	1
A_j	2	2	6	20	4	20	10	14	10	70
λ_j	2	1	3	2	1	10/3	1	1	6/5	35/12

序号	N=6					N=7				
	C_1	C_2	C_3	C_4	C_5	C_1	C_2	C_3	C_4	C_5
1	-5	5	-5	1	-1	-3	5	-1	3	-1
2	-3	-1	7	-3	5	-2	0	1	-7	4
3	-1	-4	4	2	-10	-1	-3	1	1	-5
4	1	-4	-4	2	10	0	-4	0	6	0
5	3	-1	-7	-3	-5	1	-3	-1	1	5
6	5	5	5	1	1	2	0	-1	-7	-4
7						3	5	1	3	1
A_j	70	84	180	28	252	28	84	6	154	84
λ_j	2	3/2	5/3	7/12	21/10	1	1	1/6	7/12	7/20

序号	N=8					N=9				
	C_1	C_2	C_3	C_4	C_5	C_1	C_2	C_3	C_4	C_5
1	-7	7	-7	7	-7	-4	28	-14	14	-4
2	-5	1	5	-13	23	-3	7	7	-21	11
3	-3	-3	7	-3	-17	-2	-8	13	-11	-4
4	-1	-5	3	9	-15	-1	-17	9	9	-9
5	1	-5	-3	9	15	0	-20	0	18	0
6	3	-3	-7	-3	17	1	-17	-9	9	9
7	5	1	-5	-13	-23	2	-8	-13	-11	4
8	7	7	7	7	7	3	7	-7	-21	-11
9						4	28	14	14	4
A_j	168	168	264	616	2184	60	2772	990	2002	468
λ_j	2	1	2/3	7/12	7/10	1	3	5/6	7/12	3/20

续表

序号	N＝10					N＝11				
	C_1	C_2	C_3	C_4	C_5	C_1	C_2	C_3	C_4	C_5
1	−9	6	−42	18	−6	−5	15	−30	6	−3
2	−7	2	14	−22	14	−4	6	6	−6	6
3	−5	−1	35	−17	−1	−3	−1	22	−6	1
4	−3	−3	31	3	−11	−2	−6	23	−1	−4
5	−1	−4	12	18	−6	−1	−9	14	4	−4
6	1	−4	−12	18	6	0	−10	0	6	0
7	3	−3	−31	3	11	1	−9	−14	4	4
8	5	−1	−35	−17	1	2	−6	−23	−1	4
9	7	2	−14	−22	−14	3	−1	−22	−6	−1
10	9	6	42	18	6	4	6	−6	−6	−6
11						5	15	30	5	3
A_j	330	132	8580	2860	780	110	858	4290	286	156
λ_j	2	1/2	5/3	5/12	1/10	1	1	5/6	1/12	1/40

序号	N＝12					N＝13				
	C_1	C_2	C_3	C_4	C_5	C_1	C_2	C_3	C_4	C_5
1	−11	55	−33	33	−33	−6	22	−11	99	−22
2	−9	25	3	−27	57	−5	11	0	−66	33
3	−7	1	21	−33	21	−4	2	6	−96	18
4	−5	−17	25	−13	−29	−3	−5	8	−54	−11
5	−3	−29	19	12	−44	−2	−10	7	11	−26
6	−1	−35	7	28	−20	−1	−13	4	64	−20
7	1	−35	−7	28	20	0	−14	0	84	0
8	3	−29	−19	12	44	1	−13	−4	64	20
9	5	−17	−25	−13	29	2	−10	−7	11	26
10	7	1	−21	−33	−21	3	−5	−8	−54	11
11	9	25	−3	−27	−7	4	2	−6	−96	−18
12	11	55	33	33	33	5	11	0	−66	−33
13						6	22	11	99	22
A_j	572	12012	5148	8008	15912	182	2002	572	68068	6188
λ_j	2	3	2/3	7/24	3/20	1	1	1/6	7/12	7/120